U0181975

软物质前沿科学丛书编委会

"十三五"国家重点出版物出版规划项目

软物质前沿科学丛书

无处不在的巨分子

（原书第 2 版）

GIANT MOLECULES: Here, There, and Everywhere

(2nd Edition)

〔美〕亚历山大·Y. 格罗斯贝格
　　　　　　　　　　　　　　　　　　　著
〔俄〕阿列克谢·R. 霍赫洛夫

李安邦　译

科 学 出 版 社

龙 门 书 局

北 京

图字: 01-2017-8284

内 容 简 介

本书是 A.Y. 格罗斯贝格和 A.R. 霍赫洛夫这两位杰出的俄罗斯科学家合写的一本关于高分子聚合物物理学的科普性著作。它以清晰、简洁和幽默的语言回顾了高分子聚合物物理学的基本概念,并讨论了该学科的一些前沿知识,特别是在生物学领域的应用,甚至讨论了生物进化,充分地体现了此领域中的苏联/俄罗斯学派的思想和研究风格。书中还娴熟地介绍了相关的科学史,从而使得本书更具有丰富的信息,而且可读性强、易于理解。

本书不仅适合于从事高分子聚合物和生物大分子研究的专业人员和相关专业的学生,作为对这个学科的一个奇妙的叙述和有趣的历史,也适合于对科学感兴趣的一般读者阅读。

图书在版编目(CIP)数据

无处不在的巨分子:原书第 2 版(美)/亚历山大·Y. 格罗斯贝格等著;李安邦译. —北京:龙门书局,2020.1

书名原文:Giant Molecules: Here, There, and Everywhere (2nd Edition)

软物质前沿科学丛书 "十三五" 国家重点出版物出版规划项目 国家出版基金项目

ISBN 978-7-5088-5690-2

I. ①无… II. ①亚… ②李… III. ①高聚物物理学 IV. ①O631.2

中国版本图书馆 CIP 数据核字(2019) 第 286320 号

责任编辑:钱 俊 陈艳峰/责任校对:彭珍珍
责任印制:赵 博/封面设计:无极书装

科 学 出 版 社 出版
北京东黄城根北街 16 号
邮政编码: 100717
http://www.sciencep.com

北京虎彩文化传播有限公司印刷
科学出版社发行 各地新华书店经销

*

2020 年 1 月第 一 版 开本: 720×1000 1/16
2024 年 4 月第二次印刷 印张: 19 1/2 插页: 4
字数: 398 000

定价: **158.00 元**
(如有印装质量问题,我社负责调换)

丛　书　序

社会文明的进步、历史的断代，通常以人类掌握的技术工具材料来刻画，如远古的石器时代、商周的青铜器时代、在冶炼青铜的基础上逐渐掌握了冶炼铁的技术之后的铁器时代，这些时代的名称反映了人类最初学会使用的主要是硬物质。同样，20世纪的物理学家一开始也是致力于研究硬物质，像金属、半导体以及陶瓷，掌握这些材料使大规模集成电路技术成为可能，并开创了信息时代. 进入21世纪，人们自然要问，什么材料代表当今时代的特征？什么是物理学最有发展前途的新研究领域？

1991年，诺贝尔物理学奖得主德热纳最先给出回答：这个领域就是其得奖演讲的题目——"软物质". 按《欧洲物理杂志》B分册的划分，它也被称为软凝聚态物质，所辖学科依次为液晶、聚合物、双亲分子、生物膜、胶体、黏胶及颗粒等。

2004年，以1977年诺贝尔物理学奖得主、固体物理学家P.W.安德森为首的80余位著名物理学家曾以"关联物质新领域"为题召开研讨会，将凝聚态物理分为硬物质物理与软物质物理，认为软物质(包括生物体系)面临新的问题和挑战，需要发展新的物理学。

2005年，*Science*提出了125个世界性科学前沿问题，其中13个直接与软物质交叉学科有关。"自组织的发展程度"更是被列入前25个最重要的世界性课题中的第18位，"玻璃化转变和玻璃的本质"也被认为是最具有挑战性的基础物理问题以及当今凝聚态物理的一个重大研究前沿。

进入新世纪，软物质在国外受到高度重视，如2015年，爱丁堡大学软物质领域学者Michael Cates教授被选为剑桥大学卢卡斯讲座教授。大家知道，这个讲座是时代研究热门领域的方向标，牛顿、霍金都任过这个最著名的卢卡斯讲座教授。发达国家多数大学的物理系和研究机构已纷纷建立软物质物理的研究方向。

虽然在软物质研究的早期历史上，享誉世界的大科学家如爱因斯坦、朗缪尔、弗洛里等都做出过开创性贡献，荣获诺贝尔物理学奖或化学奖。但软物质物理学发展更为迅猛还是自德热纳1991年正式命名"软物质"以来，软物质物理不仅大大拓展了物理学的研究对象，还对物理学基础研究尤其是与非平衡现象(如生命现象)密切相关的物理学提出了重大挑战. 软物质泛指处于固体和理想流体之间的复杂的凝聚态物质，主要共同点是其基本单元之间的相互作用比较弱(约为室温热能量级)，因而易受温度影响，熵效应显著，且易形成有序结构。因此具有显著热波动、多个亚稳状态、介观尺度自组装结构、熵驱动的顺序无序相变、宏观的灵活性等特征。简单地说，这些体系都体现了"小刺激，大反应"和强非线性的特性。这些特性并非仅仅由纳观组织或原子、分子水平的结构决定，更多是由介观多级自组装结构决定。处于这种状态的常见物质体系包括胶体、液晶、高分子及超分子、泡沫、乳液、凝胶、颗粒物质、玻璃、生物体系等。软物质不仅广泛存在于自然界，而且由于其丰富、奇特的物理学性质，在人类的生活和生产活动中也得到广泛应用，常见的有液晶、柔性电子、塑料、橡胶、颜料、墨水、牙膏、清洁剂、护肤品、食品添加剂等。由于其巨大的实用性以及迷人的物理性质，软物质自19世纪中后期进入科学家视野以来，就不断吸引着来自物理、化学、力学、生物学、材料科学、医学、数学等不同学科领域的大批研究者。近二十年来更是快速发展成为一个高度交叉的庞大的研究方向，在基础科学和实际应用方面都有重大意义。

为推动我国软物质研究，为国民经济作出应有贡献，在国家自然科学基金委员会和中国科学院学科发展战略研究合作项目"软凝聚态物理学的若干前沿问题"(2013.7~2015.6)资助下，本丛书主编组织了我国高校与研究院所上百位分布在数学、物理、化学、生命科学、力学等领域的长期从事软物质研究的科技工作者，参与本项目的研究工作。在充分调研的基础上，通过多次召开软物质科研论坛与研讨会，完成了一份80万字研究报告，全面系统地展现了软凝聚态物理学的发展历史、国内外研究现状，凝练出该交叉学科的重要研究方向，为我国科技管理部门部署软物质物理研究提供了一份既翔实又前瞻的路线图。

作为战略报告的推广成果，参加本项目的部分专家在《物理学报》出版了软凝聚态物理学术专辑，共计30篇综述。同时，本项目还受到科学出版社关注，双方达成了"软物质前沿科学丛书"的出版计划。这将是国内第一套系统总结该领域理论、实验和方法的专业丛书，对从事相关领域的研究人员将起到重要参考作用。因此，我们与科学出版社商讨了合作事项，成立了丛书编委会，并对丛书做了初步规划。编委会邀请了30多位不同背景的软物质领域的国内外专家共同完成这一系列专著。这套丛书将为读者提供软物质研究从基础到前沿的各个领域的最新进展，涵盖软物质研究的主要方面，包括理论建模、先进的探测和加工技术等。

由于我们对于软物质这一发展中的交叉科学的了解不很全面，不可能做到计划的"一劳永逸"，而且缺乏组织出版一个进行时学科的丛书的实践经验，为此，我们要特别感谢科学出版社钱俊编辑，他跟踪了我们咨询项目启动到完成的全过程，并参与本丛书的策划。

我们欢迎更多相关同行撰写著作加入本丛书，为推动软物质科学在国内的发展做出贡献。

主　编　　欧阳钟灿

执行主编　　刘向阳

2017年8月

序

原子的概念可以追溯到古希腊，但对古希腊人来说，它真的只是一个公式化的假说，用以避免无限小对象的复杂性。2000多年之后这一概念才转变为实体。为此，需要证明我们周围通常形态的物质是由原子或称之为分子的原子团构成的。第一次测定分子大小的实验可能得归功于本杰明·富兰克林(Benjamin Franklin)：他知道(也是从古希腊人那里)，少量的油能抑制海面上的浪花。然后他选择了一个有微风的日子，走到一个池塘边，池塘的水面上有片片涟漪；然后他往水里倒了一匙油，测量了涟漪消失的区域：结果表明这个区域是很大的。按照我们现代的说法，他构造了很薄的一个单分子油层。用面积除以体积(一匙)，他可以测量出分子的大小(在这种情况下，大约等于2nm)。

很遗憾的是，富兰克林没有亲自做这个计算——它是在 100 年后由瑞利爵士(Lord Rayleigh)做的(正如坦福德(C. Tanford)的一本美丽的书[①] 所说明的)。但这个实验是一个历史性里程碑：历史上第一次，分子不再是哲学家在想像中虚构的东西。它们成了一个物理实物，通过测量它们的大小，可以得到明确的数目！

第二步涉及构成本书主题的是巨大分子(giant molecules，中文简称"巨分子")。我们周围的许多东西(木头、布料、食物、我们自己的身体……)都是由**大分子**(macromolecules)或**高聚物**(polymers[②])——我们现在这样称呼它们——构成的。但是大分子的概念却出现得非常缓慢。在19世纪，许多化学家合成了新的高聚物并把它们扔到污水槽里！在那些日子里，化学法则是制造新的物质，尽可能纯化它，并通过测量诸如熔点的性质来检验纯度：如果熔点是尖锐的，则产物被认为是"好的"。但大分子，不幸的是，没有尖锐的熔点(在一定程度上，本书对其原因进行了解释)。它们因此被认为是"垃圾"，并被丢弃掉。最终，在1920年，施陶丁格(H. Staudinger)确切地向化学家同行们证明了长链分子的存在。物理学家随后也参与到研究中来：库恩(R. Kuhn)第一个理解了许多高聚物的柔性、熵在这些系统中的作用，以及由此产生的橡胶弹性。在这里，我们有一

[①]C. Tanford. *Ben Franklin stilled the waves*. Duke University Press, 1980.

[②]"polymer"一词在国内通常也译为"高分子"，然而在本书中容易与巨分子(giant molecule)和大分子(macromolecule)产生混淆。因此本书把"polymer"译为"高聚物"或"高分子聚合物"。——译注

本描述这个故事的很棒的书①。然后是弗洛里(P. Flory)，他通过非常简单、但很深刻的思想，精通了高聚物的大部分物理性质。下一步得益于爱德华兹(S.F. Edwards)，他指出在链的构象与量子力学性粒子的轨迹之间深刻的相似性。这使得在量子物理中积累多达50年的理论秘诀被转运到了高分子科学!

本书描述了这一演化过程的最终状态。这两位俄罗斯作者具有使用简单风格来写作的天赋，他们在书中避免了那些在偏好数学的国家(例如俄罗斯和法国)中所偏爱的那种沉重的公式化写作风格。

这份最终成果既适合大学生，也适合研究工程师们。我相信它将在这个领域发挥非常有益的作用。巨分子在我们的日常生活中非常重要。但是，正如作者所指出的，它们也与一种文化联系在一起。库恩和弗洛里对高聚物所做过的，正如巴赫对羽管键琴所做的②一样。我们非常感谢那些现在让我们可以接触到这种音乐的人们。

皮埃尔-吉勒·德热纳(P. G. de Gennes)

1996 年 3 月

---

①H. Morawetz. *Polymers: the Origins and Growth of a Science.* John Wiley & Sons (USA), 1985.

②在巴赫时代(17世纪前后)，现代钢琴还没有诞生，那时最为流行的"键盘乐器"就是羽管键琴(harpsichord)。巴赫是一位管风琴和键盘演奏大师，为羽管键琴这件乐器写了很多不朽名作，包括《平均律》、《英国组曲》、《法国组曲》等，这些都是他首创的，因为在此之前没有人为羽管键琴写过协奏曲。这些协奏曲当时是一架或几架羽管键琴加一支弦乐队演奏的(现代通常是用钢琴来演奏)。── 译注

读者对本书第1版的评论

"《无处不在的巨分子》(以下简称《巨分子》)是一本关于高聚物科学的美妙的书,由本领域的两位领军人物编写,他们也非常熟练地将科学纳入科学史的背景。本书实际上是对高聚物物理学的一个奇妙的介绍……它既具有科学准确性,又可以被看作是对这个学科的一个奇妙的叙述和有趣的历史而阅读。这本书必须摆到所有高聚物科学家的书架上,并且将为对广泛的公众科普这一学术领域做出很大的贡献。"

Philip Pincus

加利福尼亚大学圣芭芭拉分校

(来自对本书手稿的评论,1996)

"巨分子是当今科学中最热门的课题之一。本书由两位才华出众的物理学家撰写,将引导读者穿越高聚物科学的前沿领域……作者使这个话题平等地适合于任何好奇的读者。作者是技巧高超的故事叙述者,这使得这本科学相关的书籍既有娱乐性又有丰富的信息。《巨分子》一书将对各种水平的科学爱好者都有用,只要他们对高聚物科学的最新进展感到好奇。这本书是不容错过的!"

田中丰一(1946—2000)

麻省理工大学

(来自对本书手稿的评论,1996)

"谁会想到两个理论学家会写作出一本可读性强、易于理解的高聚物物理学专著?然而,这正是A.Y. 格罗斯保格和A.R.寇克霍夫在这本极具吸引力的书中所做的……解释……大概是我在任何地方读到的最清晰的。"

Edwin L. Thomas

麻省理工大学　材料科学与工程系

(*Nature*,388卷,第842页,1997)

"……几乎不用数学就大分子而写一本书似乎根本不可能。然而，作者成功地写了一本准确而精确的书……我以前从来没有在哪里见过，能让简单化达成科学性毫无问题的描述……这使它成为一本既对对科学感兴趣的读者和非专家级的学生、也对富有经验的科学家都极有价值的书。

我很高兴地注意到每章开头的经典文学的引用，它们暗示了科学家和引文作者之间的思考中有一些令人惊讶的相似之处……"

Kurt Kremer

马克斯·普朗克高聚物研究所所长

梅因茨，德国

(*Physics World*, 1997年, 第49 页)

"该书回顾了高聚物物理学的基本概念，并讨论了该学科的一些现代前沿，特别是在生物学领域。总体水平适用于物理、化学或化学工程方面的高级本科生……专业人员也会发现这本书是很具刺激性的……"

Thomas Halsey

埃克森美孚研究与工程公司

Annandale，新泽西州

(*Physics Today*, 1998年2月, 第73页)

"……这是一本容易阅读的书，渴望对高聚物的生物学和物理学了解更多的读者将会发现《巨分子》非常友好和很受欢迎。"

Bernd Eggen

萨塞克斯大学

(*New Scientist*, 1997年8月16 日,第41页)

"作为一本科学读物，这本书毫无疑问是我遇到过的最简单的。尽管如此，它仍然是富含信息的……作者做到了在不损害科学内容的前提下，将一系列有趣的轶事以其真实背景纳入到科学中……我会向任何对高聚物科学感兴趣的人推荐这本书，无论是专家还是完全的新手——它真是对这门学科的一个很好的起点。"

Simon Biggs

利兹大学

(*Molecules*，第3卷142页, 1998年)

"我是半导体材料方面的物理教授。高聚物不是我的研究领域……我不敢相信这本好书还没有被评论过。是的，这是两位俄罗斯科学家写的。但是谁说俄罗斯人只能写严谨的数学书？这本书不是专著……它以清晰、简洁和幽默的语言解释了很多现象。有一点点数学，根本不难。大学新生的计算水平就足以读懂这本书了。"

Amazon.com网站上的一位读者评论

"我的建议：读这本书吧!"

Moisey I. Kaganov

俄罗斯科学院卡皮查物理问题研究所

(*Quantum Magazine*，第2期92页，1998)

(虚构的场景)

编辑(怀疑地): 哦, 不会又是你们吧……

作者(害羞地): 嗯, 你看, 我们已经写了一本关于巨分子的书……

编辑: 什么分子?

作者: 巨分子。(变得更加兴奋)只要您在这里听一小会儿!

编辑(不耐烦地): 哦, 不, 我没时间听。毕竟, 你们已经出版了一本关于它们的书[1], 那么, 还想写什么?

作者: 哦, 那一本是给专家们读的, 而这一本……

编辑(失去耐心): 这本大概是给家庭主妇读的吧! 这样吧, 你把前言拿给我, 我看看我能做什么。

作者: 这里就是!

前　　言

"前言"这种体裁的本质暗示着, 在前言里应该回答这样一个问题: 这本书是写给哪些人读的?

我们希望**这本书能使任何对世界充满好奇的人感兴趣**。这不是因为我们对自己评价过高! 相反, 真正给了我们希望的, 是这个研究领域的独特地位。它正处于当代发展和热切关注的许多道路的交叉路口。它与各种各样的东西有关, 例如现代材料(包括迷人的"智能"材料)和著名的DNA, 它们不仅仅只是以其专业而吸引人, 而且也已经成为一种工具在使用——例如, 在犯罪学中、在"DNA计算机"中。高聚物(polymer)物理学也涉及现代医学, 以及更多学科。总之, 人们每天谈论的很多事情都在我们的科学中有其根源。

这就是为什么我们认为是时候写一个关于巨分子的清晰易懂的故事了。

任何一个大学生都应该能够从头到尾地阅读我们这本书, 得到一个对该主题比较粗略但连贯一致的思路。而一个科学家, 无论是物理学家、化学家、材料工程师还是分子生物学家, 都可能有兴趣看看我们在回避科学语言的复杂性时如何触及那些熟悉的话题。

---

[1] A.Y. Grosberg, A.R. Khokhlov. *Statistical Physics of Macromolecules*. AIP Press, 1994.

尖端科学常常需要使用相当高深的数学来处理。经验表明，这一点对许多学生来说是最可怕的。然而实际上，只有当一个学生想成为专业人士并对科学进行新的探索时，数学方法才变得有必要。我们只在万不得已的时候才使用数学，而且我们的数学仅限于简单的代数，全都不超出典型的高中课程。与此同时，我们的物理学有时反倒相当复杂。

最后但并非不重要的是，我们希望所有的读者都可只要浏览本书，就能找出什么是"分子架构(molecular architecture)"，理解你剁碎一个花椰菜的时候会发生什么，或理解曾被称为"世界女王和她的影子"的是什么。

最后还有一件事。陀思妥耶夫斯基说过一句名言："美将拯救世界"①。虽然人们可以用不同的方式解读这句话，但毫无疑问，知识之美是科学最惊人的特征之一。确实，为什么最有效的东西也经常是最美丽的呢？我们不知道，但这似乎是事实！在这本书中，我们试图证明高分子聚合物和生物高聚物科学的美妙之处。

在目前的版本中，我们已经修改了很多地方的文字，就高聚物的合成、蛋白质折叠、高聚物打结写了新的章，并就分子马达、半柔性和蠕虫状高聚物等写了新的节。我们还增添了新的图片。总之，这本书大约有50%的内容是崭新的。

以前的版本包括一张关于高聚物的计算机模拟的光盘。我们决定不将其包含在这个版本中，因为实践证明，这一部分已经过时。我们现在正在研究如何以更有效的形式传播相应的材料。

书中所有彩图分为三部分列出②：(1)第2~5章；(2)第9~10章；(3)第11~14章。对它们的引用以字母"C"标记，如图C2.4等。

我们已尽力使这本书既有趣又有用。至于我们是否成功，则由我们的读者来判断。

作　者

编辑(自言自语)：好吧，如果他们没有说谎的话，这本书也许真的是有趣的……听起来，除了一般读者之外，这本书可能会让(数着手指头)APS，ACS，MRS，BPS……的人们感兴趣……我想我们应该出版它！

---

①陀思妥耶夫斯基(1821~1881)，俄国著名作家，这句话出自其作品《白痴》。——译注
②中文译本精选了部分彩图，并统一全部放在全书正文之后列出。——译注

致　　谢

本书经历了相当大的演变。第1版作为所谓的"量子书目"——给高中学生和教授等广泛阅读的系列书籍—— 的一部分于1989年在苏联出版[①] 。我们很荣幸被邀请为这一杰出的系列书籍做出贡献。

本书初稿经由M. A. Livshitz博士和S. G. Starodubtsev博士仔细阅读，我们感谢他们有用的评论。

我们感谢T. A. Yurasova博士和C. J. B. Ford博士在把我们最初以俄语写就的文本翻译成英文中的无限耐心。他们的工作成就了1997年的英文第1版[②] 。

这本书被许多大学用作教科书或补充材料，我们感谢所有与我们分享正面评价或批评意见的人，许多读者告知我们书中多个错误或不准确之处。我们特别感谢与休斯顿大学应用高分子科学研究中心的Byron K. Christmas博士的通信。威诺纳州立大学的Nathan Moore博士给了我们一个所发现的错误和错别字的列表。

在制作当前版本时，我们得到了来自Artem A. Aerov博士的很多帮助。他编辑了全书，再一次筛查了我们的失误，并在其它许多方面帮助了我们，特别是，他写了第15章中的"QWERTY"一节。

Olga E. Philippova教授和Elena V. Chernikova 博士帮助我们编辑了书中的化学部分。Vijay Pande、Rob Phillips、Eric Vanden-Eijnden和Alexander Volo-godskii 教授等阅读了手稿的各个部分并提供了有价值的反馈。

Andrey A. Askadskii、Sergei Buldyrev、Pavel G. Khalatur、Amit Meller、Vijay Pande 和Jean-Louis Sikorav等教授为本书制作了多幅精美的图片。打结表是Robert Scharein博士专门为此书制作的。Sergei B. Ryzhikov博士积极出力拍摄了几种实验装置的照片。我们感谢他们的帮助。

我们要感谢Sergei Buldyrev、Dmitry Cherny、Aleksandr K. Gladilin、Nicholas Hud、Mehran Kardar、Alexei Likhtman、Tom McLeisch、Amit Meller、Leonid Mirny、Jean-Louis Sikorav、Eugene Stanley、Peter Virnau、Alexander

---

[①]A.Y. Grosberg and A.R. Khokhlov. *Physics in the World of Polymers*. Moscow, Nauka, 1989.

[②] A.Y. Grosberg and A.R. Khokhlov. *Giant Molecules: Here, There, and Everywhere* ··· Academic Press, 1997.

Vologodskii 和Jakob Waterborg 等人惠允并帮助复制从他们的出版物中借用的图片。Jean-Francois Joanny、Kurt Kremer和Michael Lomholt极大地帮助了我们引用来自他们各自母语的资料。

后来，皮埃尔-吉勒·德热纳(1932—2007)教授为本书英文第1版写了一篇序。他也很鼓励我们努力以简单的方式提供材料，淡化技术(特别是过度的数学)，但仍然传达高分子聚合物科学的审美和文化基础。我们感谢他的帮助和支持。

最后，我们对伊尔亚·M. 栗弗席兹(Ilya M. Lifshitz，1917—1982)教授表示深深的感激；我们俩都很幸运，有他作为老师。他善于营造一种对科学产生热烈的、鼓舞人心的特殊气氛。现在取决于你们——读者们——来决定我们是否成功地——至少部分成功地——在我们这本书中重新捕获到这样的气氛。

目　　录

第1章　概述：巨分子世界中的物理学

分子通常被认为是很小的，不是吗？把其它含义放在一边，即使是"分子(molecule)"这个词也是来自一个字面意思为"一小块东西"的拉丁词。然而，对一个长达约1米的分子，或者对另外一个重达约1公斤的分子，你会说什么呢？**世界上存在着很多这样巨大的分子**。它们被称为"**高分子聚合物**"（"polymer"，中文简称为"**高分子**"或"**高聚物**"）——也许你已经听说过这个词。好吧，我们这本书就是关于高聚物的，关于**高聚物的世界**。

高聚物的世界？！高聚物真的是如此类型多样、数量众多，构成了一整个世界吗？这不是一个夸张的说法吧？

好吧，那么高聚物是什么？我们首先可能想到的是塑料袋和其它普通塑料，也可以想到橡胶及其所有产品，然后是合成纤维和织物，当然也包括天然纤维和织物。事实上，这个名单是无止境的：例如，纤维素(构成了木材和纸)，前往金星或火星的探测器的外壳，以及植入人体心脏的人工瓣膜……高聚物被用于各种各样的目的。现在全世界各地都在大量制造，实际上，全世界已生产的高聚物的体积已经超过了金属(尽管金属仍然以重量胜出)。

仅就应用来说，这就是对高聚物进行研究的一个好理由。这就像对——例如——半导体那样。然而，不仅仅是它们的应用使得高聚物如此令人着迷。**对高聚物进行科学研究的最大动力是生命本身**。现在即使是小学生也知道，我们所谓的"遗传蓝图"(即生下来为什么是狗、猫、男孩还是女孩，以及一个人是什么颜色的皮肤、头发和眼睛等)是包含在一种特殊的高聚物——"DNA(脱氧核糖核酸)"——的分子中。现代生物学把活细胞视为由DNA精细调整和控制的工厂。同时，这个工厂的所有工作设备(无论它们是化学的、电气的、机械的、光学的还是其它性质的)都是基于另一种称为"蛋白质"的高聚物。除此之外，高聚物还能制造蹄、角、指甲和头发，以及其它更多的东西！

高聚物不仅被发现在自然界中非常丰富，而且实际上起着至关重要的作用。所以波士顿工程学院的生物医学工程教授弗兰克卡门能斯基(M.D. Frank-Kamenetskii)在他的《揭秘DNA》(*Unraveling DNA*)(本书末尾的参考书目[45])一书中说DNA是"最重要的分子"并不是开玩笑。

你可能会说："好吧，我相信你，高聚物是很重要。也许，如果想要的话，人们甚至可以谈论'高聚物的世界'。但为什么要**谈高聚物的物理学**？"——好问题。我们会尽量在一分钟内回答，但在此之前，我们再说一句评论。

我们讨厌像那种信奉"只做有用的事情"的极度枯燥乏味的人。事实上，有时候，**只要追求任何能激发你的想像力的东西**就是一个好想法！这至少在科学研究方面效果很好。毕竟，很少能从一开始就清楚你的发现或想法有什么用处。幸运的是，优秀的科学家通常都会发展出一种"品位"：他们喜欢和想要做的事情往往也是有用的。

那么，让我们回到这个问题。为什么要研究高聚物的物理学？

我们现在可以给出一个很好的理由，这就是因为它**非常有趣**！它能提供很多东西，**美丽的效应**，与其它领域的本质性类比，以及**能解释复杂现象的清晰的物理原理**。这些正是我们试图在这本书中让大家感受到的。至于各种应用，还有其他人可以就它们写出更好的故事。化学家可以侃侃而谈如何合成高聚物，分子生物学家对生物高聚物知道得很多。然而，即使在这些领域，物理学家也没有理由感到任何不合时宜。

如果没有物理学，人们就很难对高分子化学或分子生物学达到通彻的理解。这就是为什么所有高分子科学家都知道高聚物物理学，并且都在一定程度上在他们的工作中使用它。这个组合常常被证明是成果颇丰的。

甚至在20世纪40年代和50年代有一段时期，**高聚物物理学**主要由专业化学家在发展。其中最值得注意的是美国物理化学家保罗·弗洛里(Paul Flory，1908—1982)。他由于在高聚物物理学方面的开创性工作，而被铭记在科学史上——于1974年获得了诺贝尔奖。

然而，科学倾向于变得越来越专业化。所以高聚物物理学最终成长为一个独立的研究领域也就不足为奇了。这得到了一些杰出的物理学家的帮助，例如俄罗斯的栗弗席兹(I.M. Lifshitz)、英国的爱德华兹(S.F. Edwards)和法国的德热纳(P.G. de Gennes)——他们在20世纪60年代中期转向高聚物的研究。他们揭示了高聚物物理学与普通物理学中一些最令人兴奋和最吊胃口的问题之间的根本相似性。高聚物出现在世界主要物理学期刊和大型国际会议上。更为迅速的是，在分子水平上形成了关于高聚物的基本物理性质的简单模型和定性思想的和谐体系。所有这些概念在物理化学和分子生物学中都得到了成功的应用。这也带来了一些术语的简化。例如，我们将经常遵循物理学的传统，把高聚物链单元称为"单体"，而不是化学家喜欢的"单体单元"。如果你了解高聚物的物理学，你就会明白为什么它们在日常生活和工业中得到了如此广泛的使用，以及它们在生物学中是如何工作的。

第2章　高聚物分子看上去是什么样的？

最重要的东西是眼睛看不到的。

安东尼·圣·埃克苏佩里
《小王子》

2.1　高聚物是很长的分子链

曾经有一段时间，在科学文章中，所有的物质都是用人如何感受它们来描述的。即使是现在，人们也可能会在某些教科书中遇到这样的表达事物的方式，例如，"水是一种无色、无味道、无气味的液体"，而现在这样的描述还可以包括从各种测量仪器获得的信息，例如光谱或材料参数。然而，毫不夸张地说，现代科学家——无论是物理学家、化学家还是生物学家——研究某种物质时，首先应该得到这种物质的分子的某种图像。

这就是我们要从我们可以称之为高聚物分子的肖像开始的原因。高聚物是由长长的分子链——即所谓的**大分子(macromolecule)**——构成的物质。一个有用的图像是，它是某种长长的、缠结在一起的三维的线、链、绳或丝。

这种大分子的化学结构会是什么？图2.1(a)示意性地显示了最简单的高聚物——聚乙烯大分子——的链的结构。我们可以看到，这种大分子完全是重复地由相同的—CH_2基团构成的，它们通过共价键连接形成一条链。其它高聚物(例如聚苯乙烯或聚氯乙烯)的分子也构成一条重复单元的链，不过单元本身可能有非常不同的原子结构(图2.1(b)和图2.1(c))。在本书中，我们将把高聚物链的基本单位称为**单体单元(monomer unit)**，或者简称为**单体(monomer)** [1]。

---

[1]在此我们必须提醒读者注意术语上的微妙之处。在化学文献中，单体通常是保留给那些相对较小的被用于有目的地制造或制备聚合物链的初始模块的分子。在这种语言中，高聚物的单元或聚合物链的"链节(link)"有时被称为单体残基(因为在结合成链时，单体通常会丢失一些化学基团，如—OH)，我们将在第3章中详细地讨论这些问题，但大部分情况下，我们将遵循物理文献的传统，简单地把"单体"一词用于已经制备好的分子链的单元。

要被认为是一种高聚物，分子必须是由大量的单元组成的，$N \gg 1$。在图2.1 中所显示的分子，如果是在化学实验室或工业过程中人工合成的，通常包含从几百到几万个单元：N约为$10^2 \sim 10^4$。天然高聚物链可能比这种"合成"高聚物更长。已知最长的高聚物是DNA 分子。在DNA 中单体单元的数量可以达到10亿(N约为10^9)，甚至100亿(N约为10^{10})。正是因为它们可以达到如此之长，高聚物分子被称为**大分子**(macromolecules)("macro"是希腊语中的"大")。

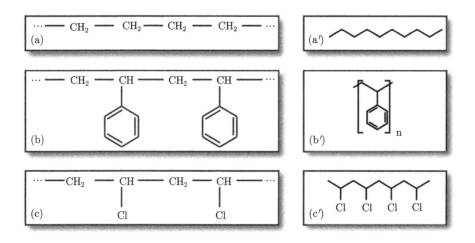

图 2.1 (a) 聚乙烯、(b)聚苯乙烯、(c)聚氯乙烯的化学结构。为了展现表示这类结构的各种方法，小图(a′)、(b′)和(c′)以其它不同的标记方式显示了相同的高聚物。例如，氢原子通常都不显示，碳原子也可能非显式地表示[(a′)和(c′)]；不显示链而只显示一个重复单元(b′)

高聚物分子是由单体长链构成的这一事实最初并没有被认识到。在20世纪初，人们终于证明了物质是由原子和分子构成的。然而，即使一些天然高聚物(如橡胶、纤维素、丝绸和羊毛)正在被广泛使用着，也没有人试图从分子的角度来看待高聚物。当时，关于高聚物的主导观点是，它们是某种复杂的胶体(colloid)系统。直到20世纪20年代初，才出现了德国物理化学家H. 施陶丁格(Hermann Staudinger)早期开创性的工作。他在分析了许多实验结果后提出，高聚物分子是链状的。这个想法最初受到了一些质疑，甚至在科学界受到了相当多的嘲讽。例如，有一次在一个研讨会上，施陶丁格被问到这个问题："你的那种分子的长度究竟有多长？有钉子或手指头那么长吗？"在场的所有人都认为这是非常荒谬的，并哄堂大笑。当然，从现代的观点来看，这没有什么可以取笑的——如果沿着链测量的话，DNA大分子可以长达几厘米。

虽然施陶丁格的假说没有马上被接受，但他仍然坚信着它，并继续积累更多的实验证据。结果,到了20世纪30年代初,大分子的链状结构的观念已基本确立起来了。

有时候人们认为,对任何科学观念的看法演变,可以划分出三个不同的阶段——最初,人们会说:"这是不可能的!";然后是"也许里面有什么东西!";最后:"哦,这是众所周知的事实!"**大分子是长分子链**的观念在短短的十年里经历了这三个阶段。值得提及的是,施陶丁格不得不等待了大约1/4个世纪,最终才在1953年荣获诺贝尔化学奖("奖励他在大分子化学中的发现")。

2.2　高聚物链的柔性

施陶丁格的工作为物理学侵入"高聚物世界"奠定了基础——通过考虑其组成成分的分子的链结构,解释各种高聚物的物理性质已经成为可能。但是,高聚物科学家首先必须辨别出不同高聚物的分子链的特定形状或**构象**(conformation)。

例如,让我们考虑稀释在某种普通溶剂(例如水)中的高聚物分子。这些分子链会具有什么样的形状?从高聚物链的线性结构来判断(图2.1),乍一看似乎可以合理地假设,大致地看上去链会像一条直线(图2.2(a))。但这不是真实的,事实上,它被缠结成一个随机的、松散的三维线团(图2.2(b))。这完全就是链具有**柔性(flexibility)**的结果。我们在此强调:它不是任何特定的**化学**结构的结果,而是分子的线性链结构的普适的**物理**规律。

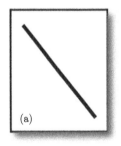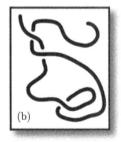

图 2.2　(a) 高聚物链的直线构象;(b)缠结线团的构象

一般来说,**柔性高聚物链**的观念可能会显得相当令人惊讶。人们在学校里学到,分子中的原子通过共价键以某种特定的顺序结合在一起。因此,它们在空间中彼此相对的位置也必须是固定的——完全遵从化学结构式。如果一个人只看链的一小段,这个观点将是相当正确的。

例如,图2.3显示了聚乙烯大分子链的一个小段的空间结构。从图中可以看到，主链是一个以共价键相连的碳原子序列，每个碳原子还连接两个氢原子。因此，与质朴的化学概念完全一致，每个单体单元的原子以及相邻单元的原子都是彼此相对地以一种完全确定性的方式定位的[①]。而且虽然主链的键形成一个曲折的模式，但是图2.3似乎表明整个链的形状应该或多或少地像一条直杆，如图2.2(a)所示。

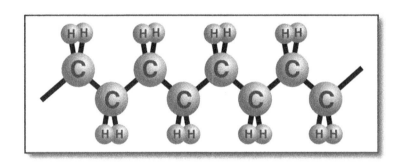

图 2.3　聚乙烯片段在能量最有利的构型中的空间结构

甚至有一个单独的研究分支，叫做**高聚物构象分析**。它处理的是原子在相当短的链片段——当然要比聚乙烯复杂得多——中的位置。图2.4描绘了一个例子：一段DNA双螺旋结构的链(我们将在5.5节和5.6节更详细地讨论DNA结构)。双螺旋的"肖像"确实是我们时代的文化图腾之一，从日历、T恤到一些建筑设计，它随处可见。它很容易识别，这一事实表明，每一个原子确实占据了某个特定的位置。

与此同时，当然，分子的原子在现实中并不是严格固定在它们的平衡位置上的。事实上，如果我们从物理上考虑，原子可能被某个力或某种冲击——例如来自从给定的大分子与溶剂分子之间的热碰撞——而推离平衡位置。更不用说，在冲击之后，原子也会在这些平衡位置附近振动。在实际系统中，原子的位置发生变化，首先是因为**键角 (即相邻化学键之间的夹角)可以变形**。第二，**分子的一些部分可以彼此相对地围绕着某个共价单键(但不是围绕共价双键)的轴而转动**。这种转动有时候用术语来表达是说一个分子具有几种不同的"**旋转异构体**"。但是振动几乎不改变共价键的长度。

因此，在许多情况下，你可以把分子看作是刚性杆的构造，有点像埃菲尔铁塔的微型仿制品。这些杆代表共价键，从原子的一边到另一边轻微地摆动，原子

---

①目前，我们忽略了一个事实，即图2.3中所示的聚乙烯片段的构象并不是唯一可能的。因为有几种旋转异构体的分子(见下文)，所以可以实现几个不同的构象。顺便说一下，这就是聚乙烯链的柔性的主要原因。

之间的夹角也随之而变化。这种键角振动的振幅，以及各种旋转异构体形式的概率，都取决于温度。例如，在室温($T \approx 300K$)下，典型分子的键角ϕ的振幅通常在1° ~ 10°内变化：$(\Delta\phi)_{T=300K}$约为1° ~ 10°。显然，对于普通的小分子来说，这样的振动显得不是很重要。事实上，埃菲尔铁塔也会有一点点振动，在大风的天气里其顶部会摆动几米，当你从远处看它或你坐在某个著名的塔顶餐厅中时，这实在是没什么。类似地，在高聚物链的短片段中，仅仅发生低幅度波动。这就是为什么在如此小的尺度很难注意到链的柔性，短链片段确实可以用如图2.3和图C2.4所示的方式来描绘。

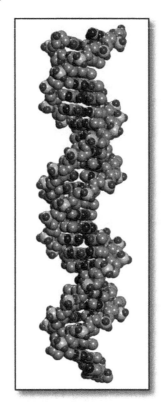

图 2.4　DNA双螺旋结构的链的空间构型。不同类型的原子以不同颜色的小球显示（书末附有彩图）

　　然而，**在更大的尺度上，所有的小角度变形都沿着链累积**，最终导致高聚物混乱地缠结成线团状(图2.2(b))。到底多长的链可以使局部波动导致整体缠结，则取决于特定的化学结构的特异性，不过，如果链足够长，那么缠结成团是不可避免的。

2.3 柔性的机理

正如我们已经看到的，仅仅是因为链的线性结构和相当长的长度，任何足够长的分子链都确实有一定的柔性。然而，这种柔性的性质对于不同种类的高聚物可能有所不同。例如，大部分最常用的合成高聚物(包括图2.1中的所有那些)，以及所有的蛋白质分子，沿着主链都具有C—C单键。这类分子主要是由**旋转异构**引起的，这是因为**分子的一些部分可以绕着单键旋转**。这一发现以及对这类高聚物柔性的研究的主要贡献来自于物理学家沃尔肯斯坦(M.V. Volkenstein, 1912—1992)和他在圣彼得堡(当时的列宁格勒)的团队。

具有不同的柔性机理的高聚物的一个典型例子是DNA双螺旋(图C2.4)，它是由两个盘绕在一起的"螺旋线"构成的，一条线中的转动被另一条线所阻碍。因此，链唯一可以弯曲的方式是**通过键之间的角度变形**。每个键角都有轻微的扭曲，所以链的柔性沿着双螺旋的分布相当均匀。例如，任何地方都不可能有扭结或直角转折。因此，DNA看起来就像一条有弹性的蠕虫状的线，如图2.5(a)所示。图2.5中的模型链被称为**蠕虫状链**，它被用来描述这种柔性(它有时也称为Kratky−Porod模型——这一名称源于1949年引入这个模型的研究人员)。DNA双螺旋结构可以用一个蠕虫状链模型来表示，这一事实是非常明显的，只要看图C2.4就够了；但是在一段时间内这一事实似乎是抽象的，远离任何实际用途。这种观点在1992年改变了：俄勒冈大学的布斯塔曼特(C. Bustamante)及其同事进行了一种全新的实验——他们能够测量单个DNA分子的弹性！他们的结果被用一种基于蠕虫状柔性概念的理论来全面解释。

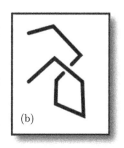

图 2.5 两个简单且最常见的高聚物链柔性模型：(a)蠕虫状链和(b)自由连接链

对高聚物的柔性的另一个，也许是最简单的模型，是所谓的**自由连接链**(freely jointed chain)。这是一个刚性杆的序列，每条刚性杆的长度为ℓ，它们以自由旋转的铰链相连接，见图2.5 (b)。这种铰链几乎完全不会出现在一个实际的高聚物中。然而，如果我们只对高聚物线团的大尺度性质感兴趣，那么链柔性的特殊性质就不再显得重要了。(在6.5节中，我们将讨论为什么这种不依赖于细节的独立性在大多数情况下是成立的，以及为什么有时候会失效)。因此，为了简单起见，我们将在本书中使用自由连接模型来解释一些概念和结果。

2.4　一幅高聚物链的"肖像"

一个由大量单元组成的自由连接链的高聚物线团的典型构象显示在图2.6中。你可以很容易地创建一个类似的模式图；如果你可以使用个人电脑，这也是一个很好的编程练习！但是，如果你只有一张白纸，我们建议按如下流程操作。画一条单位长度——比如1厘米——的直线。然后选择一些随机方向，例如，你可以这样做：通过描绘一个具有六个方向的"风向玫瑰图"(即某地风向的相对频率图)，方向的编号从1到6，然后扔一个骰子(如果在计算机上，你只需要使用一个随机数发生器来代替骰子)。现在，从直线的末端开始，在选定的方向画一条相同长度的新直线，重复这个操作多次(即选择与前一次无关的一个随机方向，然后添加另一条直线)。结果，你就会得到一个高聚物链的"肖像"，就像图2.6中的一样。实际上，这个图片确实是通过一个非常相似的过程获得的(在计算机上)，唯一的区别是该"风向玫瑰图"有多于六个不同的方向，而且它位于三维空间中而非二维平面上。

看着图2.6，你可能会想到在学习分子物理学时已经看到过一些类似的东西。没错！尽管在大多数分子物理学教科书中还没有关于高聚物的章节，但是它们中都包含有布朗运动。它们都展示出一张照片，是借助一台显微镜所描绘的，一个悬浮在液体中的微小尘埃颗粒受到无数分子随机碰撞时的随机运动路径。这样的随机行走和图2.6中的高聚物构象就像豆荚中的两个豌豆一模一样。为什么会这样呢？我们将在第6章中找到答案。

图2.6还更清楚地说明了高聚物链如何由于其柔性而缠结成一个随机线团(如我们已经讨论过的，参见图2.2(b))。我们可以使用任何柔性模型——不必是自由连接模型——复制出相同类型的模式图。

读到这里，你可能会想，为什么在刚开始讲述高聚物的故事时，我们就开始谈论诸如弯曲和高聚物链的形状之类的问题。事实上，链的弯曲(或者说它们的构象)在高聚物的性质中起着关键的作用。几乎整个这本书就是这样例子的集合，但在此我们只想举一个简单的例子。人类染色体中的DNA分子大约有1m长(因为在它里面要记录大量的东西，所以相当长！)，如果DNA链没有柔性，而是像辐条那样是刚性的，那么它们将如何打包并保存在小到$1\mu m(10^{-6}m)$的细胞核中？如图2.7所示，即使是一个细菌也有这个问题：一旦细菌的外壳被破坏，DNA将释放出来，从它释放出多少就可以知道，在细胞内它必定是非常稠密的!

图 2.6　一个高聚物线团的典型构象。在三维空间中对含10^6个片段的自由连接链进行了模拟计算。二维投影看上去像是平面上的高斯随机行走，但二维投影的每一步的长度不是约束为一个单位长度(本图承蒙S. Buldyrev许可)

2.5　异质高聚物、支链高聚物和带电高聚物

你现在知道，高聚物的特殊之处在于它们的**链状结构**、**极大的长度**和**柔性**。这些都是所有高聚物的共同特征。不过它们还不能解释一切。复杂之处在于，每种单体单元都有特定的化学结构；除此之外，还有三个主要的物理事实使事情变得更复杂，让我们现在来讨论。

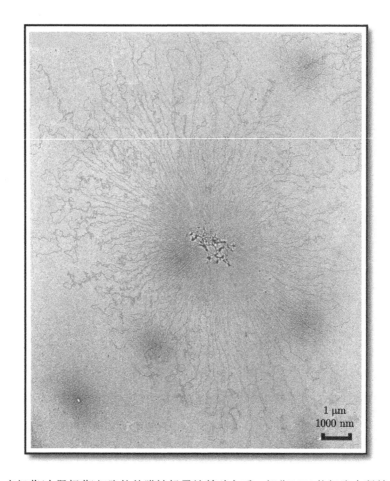

图 2.7　在细菌(大肠杆菌)细胞的外膜被轻柔地敲破之后，部分DNA从细胞中释放出来的电子显微镜照片。此图展示了在天然条件下DNA的打包是多么紧密：即使是泄漏出来的DNA也是相当紧密和缠结的，由此可以想像仍然留在细胞中的是多么紧密。图像中的刻度条对应于1μm，即1 000 nm——近似于细胞的大小(此图经允许复制自经典论文：Ruth Kavenoff, B.C. Bowen. Electron Microscopy of Membrane-Free Folded Chromosomes from *Escherichia Coli* . Chromo Soma, v. 59, n. 2, pp. 89-101, 1976)

2.5.1 异质高聚物

简单的高聚物链，如图2.1所示的那些，是由完全相同的单体单元构成的，有时称为**同质高聚物**(或称为"**均聚物**""**同聚物**")。然而，有些大分子是由几种不同的单体构成的，它们被称为**异质高聚物(杂聚物)**，或化学家所说的共聚物(我们这两个术语可互换使用) [①] 。其中最有趣的和最重要的，是诸如DNA(有4种不同种类的单体)和蛋白质(有20多种单体)这样的生物高聚物。沿着链的单体序列形成该链的**一级结构**。我们可以将生物高聚物的一级结构比拟成在一本非常有趣的、信息丰富的书中的一长列的字母序列，而这本书是我们还没有完全读懂的。

有些杂聚物不是生物性的，而是人工合成的。它们的一级结构可依据我们前面比拟的思想，就像被允许使用打字机的猴子所创作的一本书。这将是一个完全随机的字符序列(即统计共聚物)，或大量字母重复相同的块(例如"BBBBBZZZCCCC")("**嵌段共聚物**")，或一个简单的周期序列，如"ABABABABABABABAB"(后者也可以视为一个同聚物，其重复单元——单体——是AB)。顺便说一下，在它们的一级结构中缺乏"意义"，但这并不妨碍随机共聚物和嵌段共聚物具有一些非常有趣的物理性质，也不妨碍它们被广泛应用。

2.5.2 支链高聚物

高聚物科学中，不仅研究了简单的线性链，也研究了**支链高聚物**。它们可能具有像梳子(图2.8(a))、星星(图2.8(b))的形状或者更复杂的结构(图2.8(c))。这类中的其它种类是**宏观高聚物网络**(图2.8(d))，它们把分支的思想发挥到了极致。当大量缠结的高聚物链相互以化学连接或交联时，这种巨大的分子就出现了(见3.5节)，它可以横跨好几厘米。科学家们对它有一个特别的词：**凝胶(gel)**。与此同时，厨师们在使用同一个词的略有不同的形式"果冻(gelly)"时，甚至根本不会想到他们也在谈论高聚物网络！所以，当你吃喜欢的果冻时，你拿在手里的是一个单独的分子——它难道不是一个巨大的分子吗?! (好吧，一个严格的人会说，果冻不是真的单个分子，因为其中还有水和其它许多小分子⋯⋯这确实是正确的。但我们也是对的：至少在果冻中有一个很大的分子。)

①这里又有一个术语上的细微差别，这在很大程度上是由于历史上不同的化学和物理的文化传统。化学家们注意的是，一些高聚物(包括图2.1中的所有例子)只在主链中含有碳原子，而其它高聚物的主链中包括所谓的**杂原子**，即碳原子之外的诸如氮、氧等原子。实践上重要的例子包括大部分塑料、纤维素以及DNA和蛋白质等生物高聚物。后面这些类型的化合物有特殊的名字——**杂链高聚物**，但化学家们有时也把它们叫做杂聚物。在本书中一如既往地坚持简化的术语，所以在这种情况下，也普遍采用不仅在物理学上，而且在生物物理学上使用的术语：根据我们的定义，杂聚物也就是共聚物，是含有一种以上单体的链。

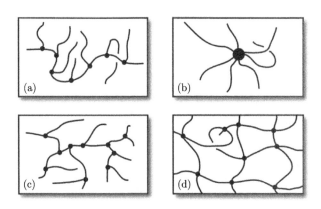

图 2.8   支链大分子：(a)梳状；(b)星状；(c)随机支链；(d)高聚物网络

2.5.3   带电高聚物

图2.1所画出的高聚物中没有任何一个含有带电的单体。然而，有些高聚物的单体可能会失去低分子量的离子而带电。这种高聚物称为**聚电解质**(polyelectrolytes，或称为**高分子电解质**)，脱落的离子通常称为**反离子**。

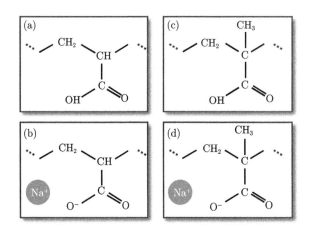

图 2.9   聚丙烯酸(图(a)，(b))和聚甲基丙烯酸(图(c)，(d))在中性和带电形式下的单体单元。如果你添加碱，一个单元得到一个电荷的途径是通过在水溶液中的离解(例如添加NaOH时，Na^+ 充当了带电单元(b)和(d)的反离子)

最简单的聚电解质是聚丙烯酸和聚甲基丙烯酸(图2.9)。当它们溶解在液体中时，如果加入碱，这些高聚物的单体就会离解并带负电荷。生物高聚物，如DNA和蛋白质，在它们的天然水环境中也是聚电解质——DNA链带有一个大的负电荷，而在蛋白质中的单体可以是中性的或带正负电荷的，这取决于单体类型和溶剂成分。顺便说一下，这样含有正、负两种单体的链也有特殊的名字，它们称为**聚两性电解质**(polyampholyte)。

2.6　环状大分子与拓扑效应

有些高聚物分子可以含有**环线**(loop)或具有**环**(ring)的形状(图2.10)。讨论它们的时候，重要的是要记住，这些封闭链的部分不能以鬼影或幻象的方式彼此穿越(图2.11)。换句话说，正如有时在科学文献中所说的那样，这些链"不是幻象"。因此，环状分子在其热运动中可以出现的构象数目受到了限制。任何从原始形状通过各种运动和变形—— 只要不是链穿越自身——而获得的形状都是允许的。这些对象的数学性质在拓扑学中得到了研究，因此这些性质称为**拓扑性质**。

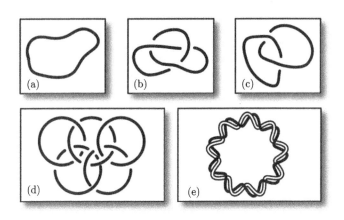

图 2.10　未打结的(a)和打结的(b)环状大分子；两个环状大分子的链接(c)；奥林匹克凝胶(d)；两条互补链缠结成双螺旋(e)

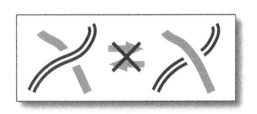

图 2.11　不可能的运动形式：两条链或同一条链上的两个片段不能相互穿越

　　然而，我们甚至不需要懂拓扑学，就可以理解环状分子可以被扎成某种形式的结(图2.10(b))，几个环可以形成各种相互缠结(图2.10(c))。图2.10(c)的一个奇特之处是虽然分子没有以化学键相连，但却无法轻易分开。即使是所谓的奥林匹克凝胶(图2.10(d))在原则上也是存在的，它看起来像是一种分子链邮票，很显然是因为它与奥运会会徽的耦合五环相似而得名。当然，在高聚物网络中也有相同的拓扑约束(见图2.8(d))。

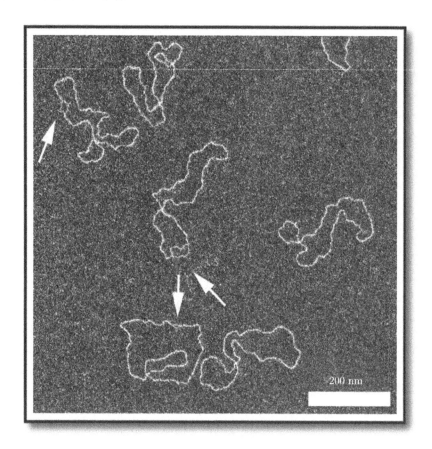

图 2.12　长约3 000个碱基对的DNA环。样品是在低浓度的盐水溶液中制备的，这导致在相对的两条DNA单链中带负电荷的磷酸基团之间有很强的静电斥力，这也是在图中多个箭头所指处双螺旋解开的原因。电子显微镜图像承蒙D. Cherry许可使用。另一个带结的DNA环的图像，图11.3，将在第11章讨论

　　我们将在第11章中更详细地讨论高聚物打结，但却不能推迟在此提及为什么拓扑效应特别有趣的原因之一：天然DNA分子通常，甚至可能总是环状

的(图2.12)。双螺旋的两条链能构成如图2.10(e)所示的一个非常高级次的链接。你可能会从如下事实中了解到拓扑结构的重要性。活细胞本身"提供了"特殊的拓扑酶，它们可以完成相当复杂的工作。例如，它们可以打破环状DNA分子的一股链，然后利用一些能量，通过翻转特定的额外次数来"重新排列"双螺旋，最后"治愈"断裂。显然，这不是偶然的，而是出于某种有助益的原因。

我们也要提及，有一些被称为"动基体(kinetoplast)"的生物体，其基因组储存在由许多DNA环构造而成的奥林匹克凝胶形式中。

线性高聚物链(开放状的而非封闭状的)肯定不是受到在同一意义上的拓扑约束，它总是可以走到一起或者分开。另外，你可能有时不得不与一团缠结的绳索或缆绳斗争，我们都知道这是多么耗费时间。理论上的"绳子可以分开"这一知识并没有什么有用的帮助！因此，基于这种日常的经验，我们可以预期，稠密缠结的线性链系统应该会表现出相当有趣和不同寻常的动态行为。我们将在第12 章讨论这个问题。

第3章 高聚物是怎么制作的

我的故事讲完了，

那里有一只老鼠在跑，

谁要是把它抓住了，

就可以用它制作一顶大毛皮帽。

格林兄弟《汉赛尔与格莱特》

我们已经讨论了不同类型的高聚物分子。看来现在是合适的时间来问："所有这些不同类型的高聚物——从最简单的线性高聚物链到复杂的稠密缠结结构的高聚物网络——是如何制造的？"

在活细胞内的生物大分子，生物高聚物(DNA、RNA、蛋白质、多糖)的链是由特殊的系统在被称为"**生物合成**(biosynthesis)"的由酶调控的过程中制造出来的。这种合成过程是非常健壮的。可以说，如果我们把人的一生中合成的所有DNA大分子完全拉伸，其总长度将达到天文级：两光年！所有以这种方式形成的大分子实际上是相同的。

高聚物的**人工合成**过程的健壮性比较差，这是高分子聚合物化学研究中的一个主要任务。然而，本书的目的集中在物理学上，所以我们将不讨论这个问题的任何详尽细节。尽管如此，了解高聚物合成方法的一些基本思想可能会对我们有所帮助。这将使我们能够更好地、更深刻地理解高聚物的物理性质。

高聚物长链是由作为单体的低分子量化合物合成的。合成方法主要有两种：**聚合法**和**缩聚法**。

3.1 聚 合 法

在聚合过程中，按照$A_N + A \longrightarrow A_{N+1}$的规则，单体先后(逐个)加入主链中。 例如，聚苯乙烯(图2.1)是通过苯乙烯聚合得到的：

$$n\mathrm{CH}_2 = \mathrm{CH} \longrightarrow \left[\ \mathrm{CH}_2 - \mathrm{CH} \ \right]_n$$

$$(3.1)$$

在此很自然地会问，需要什么条件才能使一条链开始生长？而这个过程又是如何停止的？像(3.1)这样的反应不能自行开始。要启动这样的反应，首先应该生成**活性中心**(可能是自由基、阳离子或阴离子)。为了这一目的，化学家通常使用所谓的**引发剂**——能够产生活性种(active species)的特殊物质。在一个简单的例子中，引发剂很容易分解并形成自由基，即**含有未配对电子的分子**，以这种方式引发的反应就是自由基聚合反应。自由基聚合反应的典型引发剂是含有不稳定化学键(例如过氧化键—O—O—)的化合物。过氧化氢是最著名的例子，但在(3.1)的反应类型中使用最广泛的是有机过氧化物，例如过氧化二叔丁基：

$$\mathrm{CH_3} - \overset{\overset{\displaystyle \mathrm{CH_3}}{|}}{\underset{\underset{\displaystyle \mathrm{CH_3}}{|}}{\mathrm{C}}} - \mathrm{O} - \mathrm{O} - \overset{\overset{\displaystyle \mathrm{CH_3}}{|}}{\underset{\underset{\displaystyle \mathrm{CH_3}}{|}}{\mathrm{C}}} - \mathrm{CH_3}$$

$$(3.2)$$

因为具有未配对电子，自由基通常是高度活跃的。特别是，它们可以与在诸如苯乙烯这样的化合物中的双键进行反应。在这样的键中，一个电子对被安全地保持在两个碳原子之间(σ - 键)，另一个电子对更松散(π - 键)。当自由基接近苯乙烯分子时，另一个稳定的 σ - 键就替换 π - 键而形成了，但未成对的电子被转移到单体单元，就像如下二叔丁基过氧化氢与苯乙烯的反应所示：

$$(3.3)$$

　　由此产生的自由基可以与另一个苯乙烯单体发生反应；自由基的位置被转移到它上面，如此等等。通过这种方式，不需要外界帮助，聚合反应就能自我继续下去，使链变得越来越长。自由基总是位于生长链的末端。这一过程称为**链传播**。

从这个例子我们可以看出聚合过程的主要特征。首先，为了实现这种合成，单体分子必须有一个二价(或三价)化学键。第二，整个过程仅仅是分子间化学键的重排(例如双键转化为两个单键)。这就是为什么通常在聚合过程中没有副产物产生，而且在大多数情况下，生长的分子包含着与初始化合物完全相同的原子。第三，从每个自由基可以产生一条高聚物链，因此，为了得到更长的链，通常应该降低引发剂的浓度，并增加单体的浓度。

如果链末端的活性中心结束其存在(例如，自由基的未成对电子变得钝化)，那么链就会停止生长。人们就说在这种情况下聚合终止。终止过程可以自发地发生(例如，如果两个独立生长的链的两端相遇并反应形成一个复合链)，但也可以被称为**抑制剂**的特殊物质所刺激，活性中心也可以从一个大分子转移到另一个大分子(称为转移反应)。在这种情况下，大分子失去它的传播能力，并停止生长，但是同时自发地出现新的活性链并开始传播。显然，当单体供应耗尽时，链也会停止生长。通过这样或那样的方式，链进行传播并最终生长成为大分子，例如图2.1(b)所示的聚苯乙烯。

聚合法被用于获得如图2.1所示的最常见的高聚物。苯乙烯的聚合(3.1)是在相当温和的条件下(大约100℃，常压，苯或甲苯作为溶剂)进行的。然而，乙烯的聚合需要更极端的条件(300℃和2 000 标准大气压)。

杂聚物也可以按这种方式合成，当然，在混合物中应该有不同类型的单体。

3.2 缩 聚 法

缩聚法与聚合法大不相同：在末端带有官能团的高聚物链片段，逐渐彼此连接起来：$a—A_N—b + a—A_M—b \longrightarrow a—A_{N+M}—b + a—b$。缩聚法可以这样形象化地想像：一群牵手的人们形成一个人链：每个人都有两只手，在高聚物的语言中对应着两个活性官能团。

对苯二甲酸($HOOC—C_6H_4—COOH$)与乙二醇($HO—C_2H_4—OH$)之间的反应就是这种过程的一个例子。在特定的条件下，这些分子的羧基($—COOH$)和羟基($—OH$)能反应形成酯键($—COO—$)：

$$HOOC—C_6H_4—COOH + HO—C_2H_4—OH$$
$$\longrightarrow HOOC—C_6H_4—COO—C_2H_4—OH + H_2O \tag{3.4}$$

由此产生的化合物会进一步增长，因为在其末端有潜在的活性官能团$—COOH$和$—OH$。很清楚，在这一过程中将会形成不同长度的片段，而这些片段可以进一步相互连接，形成一个新的酯键，产生具有以下重复单体单元结构的更长的连接链：—CO—C_6H_4—COO—C_2H_4—O—。这种高聚物叫做"聚对苯二甲酸乙二醇酯"，我们每个人在日常生活中都很熟悉这种高聚物：因为盛放冷饮的塑料瓶都是用它做的。而且，当你买衣服时，可能想要检查织物中合成纤维的比例，这通常被写成为"聚酯$X\%$"。在这种情况下，聚酯只是"聚对苯二甲酸乙二醇酯"的又一代名词(聚酯是这种大分子所属的一类高聚物)。

在缩聚过程中，通常会作为副产品而产生低分子量物质（例如，在反应(3.4)中即水）。这就是为什么生长中的分子的组成相对于初始化合物发生了变化，这与聚合过程不同。缩聚的另一特征是，只有当绝大部分官能团（例如，反应3.4中的羧基和羟基）参与了反应，才能形成长链。然而，要达到这一结果，参与反应的单体的数量应该相等才行。否则，我们最终将得到聚对苯二甲酸乙二酯链的短片段(低聚物)。在与人链的类比中，一种反应物略微过量的情况对应于一条男人和女人的链，其中每个男人只能和女人手牵手，反之亦然。很明显，在这种情况下，男性或女性的过量会导致有限长的链，而过剩的越多，平均链长就越小。

有时有必要刻意保证得到长度较低的高聚物(例如为了能更好地处理)。对类似于式(3.4)的反应，达到这一目的的方法之一，是把一种反应物加得略微过量。缩聚反应将持续进行到一个反应物耗尽了所有的链端，所有链的末端具有相同的官能团(—COOH 或—OH)。另一种在缩聚过程中达到期望链长的方法是添加少量只含有一个官能团的单体(链终止剂)。

很有趣而值得提及的是，第一个真正合成(不是基于天然产物)的高聚物材料是在1907年得到的由酚醛和甲醛缩聚而成的胶木(电木)。这种材料具有良好的介电性能，主要用作电绝缘体。而最著名的缩聚高聚物可能是尼龙，它属于聚酰胺类。其它常见种类的缩聚高聚物是聚酯(例如聚对苯二甲酸乙二醇酯)、聚硅氧烷、聚碳酸酯、聚硫化物、聚醚和聚酰亚胺。

3.3　高聚物合成的催化剂

高聚物合成的一个重要方面是使用不同的催化剂来促进聚合和缩聚。例如，在所谓的配位聚合反应中，只有当单体与官能金属活性中心形成复合物时，单体才能够加入到生长链的末端。最著名的配位聚合催化剂是Karl Ziegler(1898—1973)和Giulio Natta(1903—1979)在20世纪50年代所发现的(于1963年获诺贝尔奖)，它们是基于四氯化钛和甲基铝氧烷的。通过使用这些催化剂可以获得——

例如——更长得多、不分支、有规立构(即不是无规——更多细节见4.2节)的聚丙烯大分子。另一类重要的聚合催化剂是茂金属。读者如果希望了解更多,请参阅关于高聚物化学的书籍。

在这里,我们只想对生物界中的聚合过程的催化作用多说一句话。例如,DNA的合成是由称为DNA聚合酶的蛋白质催化的。与前述体系相反,这是在室温、正常压力下进行的,不涉及金属。这也再次证明了一个事实:大自然在分子进化过程中已经做出伟大工作,科学家们在改进他们的方法方面还有很长的路要走。

3.4 多分散性,活性聚合

看起来,由单体构成的高聚物链,由于随机化学反应,其长度应该有相当宽的分布。这确实是真的,高聚物中存在着不同长度的链,这种现象称为**多分散性(polydispersity)**。在分析高聚物的性能时,必须要把多分散性牢记在心。在实践中,有一些方法可以通过分离长度不同的链来降低多分散性。

一种有趣的方法是,基于所谓的**活性聚合**(living polymerization),可以获得多分散性相对较窄的高聚物,而不需要额外的分离过程。这是一种聚合反应,它使一个生长链末端的终止能力被移除,或将其活性种转移到另一个分子的能力被移除。为了减少多分散性,链的启动速率要比传播速率大得多。结果,实际上几乎所有的链都以大致恒定的速率同时生长,直到单体耗尽为止。活性聚合是一种常用的合成嵌段共聚物(见2.5节和4.7节)的方法,因为在初始的单体完全用完之前,生长链的末端仍然保持活跃(无链终止)。因此,在这个阶段可以添加另一种单体,新的链块就将开始生长。

活性聚合反应的第一个例子是由Michael Szwarc(1909—2000)于1956年发现的苯乙烯在特殊的催化体系中的阴离子聚合反应。在这种聚合中,活性链末端带负电荷,阻止了大部分终止过程。

很长时间里,阴离子聚合和后来发现的阳离子聚合给出了大多数活性聚合体系的例子。近年来,随着自由基聚合过程中更复杂的操作方法变得可用,出现了更多的活性聚合体系。这些方法基于使用能可逆地与增长自由基反应并能把它转化为所谓"休眠种(dormant species)"的化合物。当活性种和休眠种之间的平衡由基于过渡金属的特殊催化剂调控时,这个过程称为原子转移自由基聚合(ATRP)。如果这种平衡的稳定是由诸如氮氧化物的自由基提供的,这个过程称为稳定自由基聚合(SFRP)。如果休眠种是通过链转移而不是可逆终止反应而形成的,这种

过程称为可逆加成断裂链转移聚合(RAFT)。所有这些技术都能产生所需结构和
分子质量的大分子。

3.5 支链高聚物

现在让我们简短地谈谈支链高聚物。如果,例如,当缩聚反应正在进行
时,每个初始单体只有两个官能团,那么我们最终将得到线性高聚物链(有一小
部分的环)。然而,如果单体具有三个或更多的官能团,则可以合成支链大分
子(图2.8(c))。如果在一开始就有大量的"多功能"单体单元,人们甚至可以得到
高聚物网络(图2.8(d))。

支链大分子和支链高聚物网络也可以通过线性链的交联而形成。交联的化学
方法有很多种。有时使用化学活性交联剂,它们在不同链片段之间建立共价键。
另外,在高聚物系统中的离子化可以借助辐射来刺激。日常生活中最简单的交
联的例子是硫化——在此过程中,黏性的天然橡胶变成具有高度弹性的高聚物网
络(详见第7章)。

第4章　那里有什么样的高聚物物质？

> ⋯⋯ 他们知道如何织出最漂亮的颜色和
> 精美的图案⋯⋯
>
> 汉斯·克里斯蒂安·安徒生
> 《皇帝的新装》

4.1　物质和高聚物的"传统"状态

我们现在可以很容易地画出高聚物分子的肖像——它们是缠结成团的长链。然而，即使知道一种物质的分子结构，仍然很难预测其所有的性质。例如，水总是由我们熟知的相同的分子H_2O组成，依据不同的条件它可以是液体、固体(冰)，或气体(蒸汽)。那么高聚物物质呢？它们看起来如何？它们能处于什么样的状态？

每个人都熟悉物质的三种最简单的普通状态：固态(晶体)、液态和气态。此外，还有第四种状态：等离子体态。通常，它只在极高的温度下出现，那时热运动非常剧烈，以至于会导致原子的电离。如果高聚物被加热到这样的温度，它的分子链就会完全散架，因此这种物质就不再是聚合的，或者说，将发生高聚物的解体。因此，**高聚物的高温等离子体状态是不可能的。**

看来我们终究还是只有三种"传统"的物质状态。这个数字听起来太少了——我们可以试着想像一下日常生活中高聚物物质的多样性：塑料和橡胶、纤维和织物、木材和纸张、高聚物薄膜和清漆、染料和油漆，更不用说自然界中的各种高聚物了！因此，你完全可以怀疑物质的三种状态的普通观念不太适用于高聚物，特别是气体和晶体作为三种状态中的两种，对于高聚物来说并不典型。

实际上，如果你想制造一种高聚物气体，就必须得使长而重的分子(如图2.1中的分子)"飞"起来。如果没有重力，而且如果能在容器中保持低气压(也就是说，必须在那里提供高度真空)，这才有可能。显然，这种异乎寻常的条件是很难实现的,这就是至今还没有听说有高聚物气体的原因。

还有另外一个原因,使得无法从高聚物中获得完美的单晶(图4.1)。让我们拿一种液态的高聚物分子来做实验(图4.1(a))。如果我们把它冷却到结晶温度以下,那么完美晶体(图4.1(b))将是能量上最有利的状态,然而它不能直接形成。**结晶完全是在系统的不同部分进行的。**因此,开始出现的是许多彼此朝向随机的"晶核"。很显然,当晶核生长到足够大时,整个结构就变得有点"冻结"了(这是因为在结晶相要想彼此相对移动,高聚物链必须克服巨大的能垒)。因此,朝着图4.1(b)中的完美结构进一步演化几乎是不可能的。这就是为什么进行结晶的高聚物通常会形成**半晶相**,结晶区域被无定形层所分离(图4.1(c))。有时仍然可以通过特殊的技术获得高聚物的完美结晶,但是它们还没有找到任何广泛的实际用途。

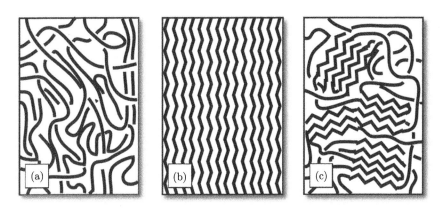

图 4.1　典型高聚物物质中分子排列的卡通图:(a)液体;(b)完美晶体;(c)部分结晶的高聚物

4.2　高聚物物质的可能状态

现在我们知道,**高聚物既不是气体,也不是晶体**(除罕见情况外),那么我们只好把所有的高聚物都归类为液体吗?!广义上说,如果我们把液体看作是**原子位置上长程无序的稠密物质**,那么就得这样。然而,对液体的这个定义不会有太多信息,这就是为什么有另一种更有成果的方式来对高聚物的相进行分类。这种分类方式通常可以区分出**半晶态、黏性高聚物、弹性高聚物**和**高聚玻璃**。到底出现这四种相中的哪一种,取决于单体之间的相互作用的种类和强度。

我们已经讨论过半晶态高聚物。现在我们简单地描述一下其它三种状态。在黏性状态下的高聚物纯粹是大分子液体，如图4.1(a)所示。其长链全部混合在一起，但在热运动中，它们很容易彼此相对移动。如果施加外部应力，则会发生分子的某种整体运动，即高聚物开始流动。由于大量的缠结，流动进行得相当缓慢。这就解释了为什么高聚物液体的黏度通常是相当高的。很自然地，这种高聚物的状态称为**黏性高聚物**，它的另一个名称是**高聚物熔体**。

现在让我们看看如果高聚物熔体的分子链以共价化学键结合在一起(交联)形成一个网络(见图2.8(d))(我们在第3章中讨论了如何合成高聚物网络的不同技术)时将会发生什么。很显然，这些链将不再能够彼此相对移动较长的距离(仅仅是因为它们被全部连接在一起成了一个网络)。因此这种高聚物就不可能流动了。同时，在较小的尺度上(即小于相邻两个交联之间的平均距离)，链的移动性不会受到交联的约束。这就是为什么如果对链最初处于卷曲状态的高聚物网络(图2.8(d))施加拉力时，它会伸展得相当大，导致异常大的弹性可逆形变。这种状态的高聚物称为**弹性高聚物**。显然，橡胶是一个众所周知的例子。

然而，弹性高聚物中链的交联不一定要由相邻分子之间的共价键引起。**等效交联**的作用可以由晶体相的晶核(图4.1(c))或拓扑缠结(图2.10(c)和(d))来行使；也可以由一些小的区域("玻璃状的"或"冻结的"区域)充当，在这些区域有特殊的链局部构象，使得链之间有相对较高的势垒，阻止链彼此相对移动。因此，弹性高聚物物质在原则上可以不需要化学交联而生成。

如果温度降低，许多高聚物倾向于从熔体转变为半晶态。然而，并非所有高聚物在冷却时都会结晶。当小晶种开始发育时，晶体的形成就开始了。一方面，晶相在热力学上是有利的，但另一方面，热运动足以使高聚物链重新排列形成种子。如果冷却足够快，我们就可以很容易地避开那个阶段，这样就不会形成晶体。这种说法对于低分子量物质也是适用的。高聚物的新特性是，"快速"冷却并不一定是字面意义上的"非常快"。正如你可从图4.1(c)中所看到的，与未连接成链的原子或小分子相比，重度缠结链形成晶种要花更多的时间。

此外，有些高聚物在原则上来说甚至不能结晶。实际上，只有在分子位置长程有序时(如图4.1(b)所示)，才可能出现结晶。然而，例如，对于一个由两种单元A和B组成的统计性共聚物来说，长程有序是不可能的(这仅仅是因为A和B在链上的序列是完全随机的)。这样的共聚物永远都不会在冷却时结晶。

在某些同聚物上也可以观察到相同的效果，虽然这些同聚物的单体在化学上是相同的，但可能会出现几个不同的空间构型，在这些状态之间存在着高势垒，阻碍了相互转换。例如，图4.2显示了丙烯的重复单元的两种可能的构型。如果在普通条件下进行合成，这两种构型将会以大致相等的比例存在，并沿链随机交替排列，这种聚丙烯被称为是**无规立构**的。显然，它不能结晶。然而，有一种特殊技术可以合成所谓的**全同立构**聚丙烯，它的单体全部只以其中一种构型排列，那么结晶就是很直接的了。

还有许多与聚丙烯相似的其它高聚物，在正常条件下合成时是无规的(即无法结晶的)，这包括——例如——聚苯乙烯、聚甲基丙烯酸甲酯(有机玻璃)、聚氯乙烯(PVC)——所提及的这几个都来自日常生活。

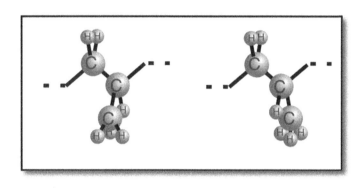

图 4.2   丙烯单体单元的两种可能构型

所以，当温度降低时，"无法结晶的"高聚物不会发生结晶。那么会发生什么样的过程？由于热运动变得更缓慢，分子相对运动的能垒等效地变得越来越高。渐渐地，这个运动开始"冻结"，首先是在最大的尺度上，然后是在越来越小的尺度上，最后在任何大于单体大小的尺度上热运动都不再存在。在这种"冻结"状态下的高聚物称为**高聚玻璃**，我们所描述的这一过程称为**玻璃化转变**。它通常发生在"**玻璃化转变温度**"T_g附近的一个相当狭窄的温度范围内。

因此，无法结晶的高聚物在低温下容易变成玻璃。你可能会对那些在前面已经提到的无规立构高聚物——聚苯乙烯、有机玻璃和PVC(前两者的$T_g \approx 100\,^\circ C$，而最后一个$T_g \approx 80\,^\circ C$)——制成的或多或少透明的玻璃相当熟悉了。然而，普通硅酸盐玻璃(例如用在窗户上的)并不是高聚物，它们是用诸如二氧化硅、氧化硼、氧化钠和氧化钙的低分子量化合物制造而成的。这种混合物在冷却时形成玻璃，方式大致与高聚物相同。

"玻璃"这个词毫无疑义地表明，这些物质主要用作透明隔板。你可能想知道为什么大多数高聚玻璃实际上是透明的，而半晶态高聚物通常是不透明的。原因是如图4.1(c)所示的结构在晶相和无定形相之间有大量的交界面，光被交界面反射很多次，最终在它们之间完全"失踪"了。结果，样品不让光透过，从而缺乏透明度。同时，例如，所谓的丙烯酸玻璃，具有更均匀的结构，或者至少不均匀性的尺度比可见光的波长小得多，因此光可以穿透这些物质而不发散——这就是为什么一些优质的餐具是用这种材料制作的。

4.3　塑　　料

从实际应用的观点来看，这四种高聚物状态都是非常重要的。例如，橡胶物质在弹性状态下使用，我们将在第7章中详细讨论。

在这一节中，我们将讨论塑料，这是我们在日常生活中非常熟悉的材料。在过去的几十年里，它们在工业中也得到了广泛的应用。全世界的塑料年产量超过1.5亿吨，我们很难想像生活中没有这些材料：还能用什么来制造钢笔或水瓶？与此同时，塑料正在危及环境：现在仅在海洋上就有大约1千万吨的塑料飘浮着，没有人知道该如何处理它们。要关注它们的有用性或危险性，有一件事是清楚的：我们必须了解塑料。因此，它们是什么？

根据定义，塑料是那些**被加工处理时处于弹性或黏性的高聚物**，而实际使用的材料必须是玻璃态或半晶态的物质。怎样才能把高聚物从一种状态转化为另一种状态呢？在许多情况下，这是通过改变温度来完成的：高聚物可以在较高的温度下加工，那时它是黏性液体，然后冷却成玻璃态或半晶态，按这种方式生产的物质称为**热软化塑料**。然而，一些高聚物往往表现出相反的行为——随着温度的升高而变为固体。例如，环氧树脂与固化剂混合，在加热时很快就会变成固体。这仅仅是因为在更高温度下能更迅速地形成交联，这样的材料有时被称为**热固性塑料**。

因此，高聚物的四种状态都对塑料的性质分担着"责任"。它们中的一些参与了生产阶段，其它一些是在塑料被付诸实际使用时发挥作用的。我们还应该指出玻璃状塑料与半晶态塑料的性质有何差别，半晶态热软化材料(例如聚乙烯、涤纶、尼龙、聚四氟乙烯)比高聚玻璃更容易变形、弹性更大，而且更易碎。通常它们也不是透明的，但是，与橡胶相反，它们往往在中等变形下能保持形状。

在物理学上用**杨氏模量** E 来描述固体材料能变形的程度。其定义如下。让我们想像一下，对一根长度为 ℓ、横截面积为 S 的圆柱杆，沿轴施加一个力 f 进行拉伸。正如英国科学家罗伯特·胡克早在1660年注意到的，该杆的变形 $\Delta\ell$(即其长度的变化)与力成正比(假设 $\Delta\ell$ 不是太大)，即

$$\sigma = \frac{f}{S} = E\frac{\Delta\ell}{\ell} \tag{4.1}$$

在这一公式中，σ是**应力**，即它是每单位面积上的力；E为杨氏模量。E的值取决于杆的材料，而不是取决于它的形状或大小。

现在让我们看看本章后面将要讨论的一些材料，看看它们在室温下有什么样的E值。因此有必要选择最硬的无机物质如钢、金属陶瓷合金等作为参考，它们的杨氏模量范围是$10^{11} \sim 10^{12}\text{Pa}$[①]，无机玻璃(用于窗户)的$E$值是在$10^{10} \sim 10^{11}$ Pa范围内，与此同时，**高聚玻璃**的典型值是E约为$10^9 \sim 10^{10}\text{Pa}$，这意味着它们的变形能力比钢要高两个数量级。正如我们已经说过的，半晶态塑料甚至更容易变形，事实上，它们的E约为$10^8 \sim 10^9\text{Pa}$。对于各种橡胶，以及其它通常在弹性状态下使用的高聚物，它们的杨氏模量往往非常低：$E < 10^6$ Pa。

我们如何解释不同高聚物材料的E值为何有如此大的差别呢？**弹性高聚物**中的热运动足够强烈，可以使链彼此相对地自由移动。然而，由于存在有交联，要进行链的长距离运动(即流动)则要困难得多。在外部张力作用下，链可以很容易地拉伸，这就解释了它们为何具有很低的杨氏模量。

相反，在**高聚玻璃**中，即使在单体大小的尺度上，链的相对运动也几乎是不可能的。这就是为什么它们的杨氏模量要高得多。这里要注意的一个细节是，高聚玻璃在室温下的E值仍然比无机玻璃要低一个数量级。这表明，在室温下，在高聚物中的运动不像在硅酸盐玻璃中那样"冻结"，仍然有一些自由度可供链来局部地重新排列它们的构象——这就增加了变形能力，降低了E值。

最后，在**半晶态高聚物**中，晶相区域之间有无定形分区(图4.1(c))。对于许多材料来说，这些分区在室温下并不完全处于玻璃态，所以我们真正拥有的是一种由橡胶状高聚物形成的"浆液"分隔开来的固态晶体"小岛"的混合物。显然，这种材料应该不易碎，弹性模量比高聚玻璃要低。

4.4　高聚纤维

我们已经描述了高聚物的可能状态，并讨论了最常用的材料——塑料和橡胶是如何进入这一图景的。然而，还有一类高聚物材料，我们目前还没有涉及，即**纤维**。纤维绝非那么不重要，一个很好的理由是，我们几乎所有的衣服都是由纤维制成的。那么它们是什么，它们表现为什么样的物质状态呢？

首先，我们应该说明，高聚纤维既可以是天然来源的，也可以是在化学实验

---

　　①如式(4.1)所示，E具有压强单位：单位面积的压力。这就是为什么我们用"帕斯卡(Pascal)"来表示它。请留意：单位Pa被定义为1N/m^2，而通常的大气压力非常接近10^5Pa。因为我们要了解分子的世界，有必要认识到1 MPa(兆帕)可以认为是1 pN／nm^2，其中"皮牛"为1 pN $= 10^{-12}\text{N}$，而"纳米"为$1\text{nm} = 10^{-9}\text{m}$。

室或工厂生产的。例如，**纤维素**是最广泛的天然纤维。在大多数植物中，纤维素的分子链构成了生物细胞的细胞壁，它们也是木材的主要成分。天然的纤维素纤维主要来源于亚麻、棉、麻等。我们熟知的其它天然纤维有绒毛和蚕丝。当然，它们来源于动物：绒毛是绵羊、山羊和骆驼提供给我们的，而蚕丝是由一种拉丁名字叫做*Bombyx mori*的毛毛虫(蚕)生产的(令人惊奇的是，一条蚕吐出来的单根纤维线大约有1公里长！)。在化学上，绒毛和蚕丝是由特定蛋白质的高聚物链构成的，分别称为角蛋白(绒毛)和丝蛋白(蚕丝)。

在工厂或化学实验室获得的纤维称为**化学纤维**。有两种类型：**人造纤维**由天然丝线制成，但为了改善其性能而进行了改性，而**合成纤维**则是由一些简单的化合物合成的。人造纤维主要来源于各种天然纤维素。例如，木材纤维素用于制造黏胶人造丝(rayon)，而棉纤维素可用于制造醋酸纤维和三醋酯纤维。

最有趣的合成纤维是尼龙和它的各种变体(称为聚酰胺纤维，因为它们都是由聚酰胺分子链制成的)，涤纶(聚醚纤维)，以及奥纶和腈纶(聚丙烯腈纤维)。

实际使用的高聚纤维的特定物理状态取决于它们的用途。显然，纤维必须相当坚韧，在使用中发生的纵向作用力的影响下，不应该显著拉伸[①]。这立即排除了黏性和弹性状态。至于其它两个状态，纤维可以是半晶体(纤维素纤维、尼龙、涤纶)或高聚玻璃(腈纶)。然而，在这些状态下，纤维的结构有其特殊之处。

半晶态纤维是与如图4.1(c)所示或图4.1(a)所示的高聚玻璃那样相同的方式排列的吗？实际上，如果是这样的话，这类材料的质量就很差。它们的强度不够，但很容易拉伸(只要比较上面两种典型高聚物的弹性模量的值，就会看出这一点)。然而，半晶态天然纤维的实验表明，它们的晶区不是随机朝向的(图4.1(c))，而是与纤维轴线平行(图4.3(a))。这种结构类型——分子链绝大部分平行于纤维轴线——就是化学纤维(半晶态和高聚玻璃，图4.3 (b))在生产时所希望达到的。因此，高聚纤维总是各向异性的，因为高聚物链有沿着纤维轴线的择优取向。各向异性越高，纵向变形的杨氏模量越大，纤维强度就越大。

对此我们怎么解释呢？为什么当各向异性增强时，纤维会变得更结实？为了回答这个问题，让我们再看一下如图4.1(b)所示的完美高聚物晶体。让我们看一看，当我们沿着高聚物链的方向开始拉伸样品时会发生什么？可以发现，拉伸会被长链中的单体共价键所阻碍。假设链上有碳"主链"(许多重要的高聚物就是这样的，如聚乙烯和聚氯乙烯)，在这种情况下，负责构建起链的共价键显然是

---

①顺便说一下，对用于制作衣服的纤维，限制因素不是衣服穿着时引起的应力。在利用纤维制造布料时，纤维先被纺成线，然后线被编织成最终产品。在大规模制造中，应力在纺纱、织造或针织阶段发生。这些应力通常比在使用成品织物时产生的应力要高得多。

C—C键，我们可以估计其可变形能力。我们知道金刚石的晶体结构是由C—C键形成的，杨氏模量E约为10^{12}Pa。很自然地，如图4.1(b)所示的晶体其E的数量级应该是相同的。这两种材料的断裂强度也应该相当相似(不过当然只有当张力被沿着高聚物链施加在图4.1(b)的样品上时)。

另一方面，我们知道，由于在晶层之间存在着无定形层，无序半晶态高聚物的杨氏模量为E约为$10^8 \sim 10^9$Pa。如果晶体区域在某个特定方向上开始变得有序(换句话说，如果图4.1(c)中的结构开始转变成图4.3(a)中的结构)，那么越来越多的链会沿着纤维轴线伸展。这样的链承受了变形产生的大部分张力，它们使纤维更结实，杨氏模量增大。当然，人们无法以这种方式获得金刚石级强度。然而，由于纤维各向异性的增加，材料的力学性能有可能提高1.5~2个数量级。正是这样的思想被用于强化玻璃纤维——推动从如图4.1(c)所示的结构向如图4.3(a)所示的结构进行转变，而且最好是在图4.3(a)的方向上。

到目前为止，我们已经讨论了纤维在可供使用时的最终结构。对于从天然产品(如棉花或羊毛)中获得的纤维，大自然本身就提供了正确的结构。实际上，这些纤维虽然是半晶态的，但高度各向异性(如图4.3(a)所示)。然而化学纤维怎么样呢？你可能会问，首先，它们是如何制造的？第二，如何提供必要的各向异性程度？

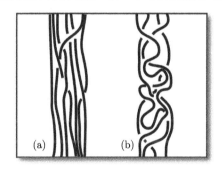

图 4.3　有取向半晶态纤维(a)和无定形纤维(b)的结构示意图

通常的策略如下。取出想要用于制作纤维的高聚物，并将其转化为黏性状态，这可以通过加热(如果高聚物的熔点相当低，如尼龙或涤纶)来实现。此外，对于特别耐熔的高聚物，可以放到良好的溶剂中稀释，结果得到高聚物的浓缩溶液，称为纺丝溶液。然后挤压溶液(或熔体)通过小洞(喷丝头)进入某种有助于把高聚物固化为细纤维形状的介质中，纤维就制成了。如果纤维是由熔体形成的，介质只需是冷空气即可。但如果使用的是高聚物溶液，则溶剂必须在通过喷丝板后从纤维中除去。通过将纤维置于热空气喷射嘴中，溶剂可以被蒸发掉。或者，丝线可以在所谓的沉淀池中处理，池中含有一种特殊的介质，使它在能量上有利于高聚物收缩并排出溶剂。

　　然而，以这种方式获得的纤维还没有完全对齐。它的结构类似于图4.1(a)或图4.1(c)。为了使结构类似于图4.3(b)那样，或者至少使其达到图4.3(a)那样，人们必须在使高聚物不会形成玻璃的足够高的温度下拉伸固态纤维。这个过程称为定向拉伸，能使高聚物链变得更加对齐。

　　图4.4显示了一条对半晶态高聚物材料很典型的应力σ与相对伸长$\Delta\ell/\ell$的关系曲线。如果σ不是太大，胡克定律(式(4.1))是有效的。在这种情况下的变形是弹性的(可逆)，在力停止作用之后，纤维开始返回到其初始状态。然而，当应力高到σ_0时(图4.4)，形势急剧变化。变形开始自行增加，而应力保持不变，甚至略有下降。在这个过程中，纤维中产生了某种"瓶颈"，它变长并最终达到了整个样品的长度(图4.5)。结果，纤维可以拉伸约两倍甚至更长。自然地，在形成"瓶颈"之后，纤维中发生的变形是不可逆的。

　　下面是一个非常简单的实验，你可以很容易地做，用以证明在高聚纤维中确实发生了上面所描述的过程。小心地切一条聚乙烯薄膜，长10厘米，宽1厘米(一小片塑料袋就可以)。拉伸它，你就会看到，在一定程度的变形之后，一个拉伸很长的区域出现在长条的中部。它继续变形，将沿整个条带传播。这个区域就类似于在拉伸的高聚纤维上形成的"瓶颈"——一旦它出现，变形就变得不可逆。

　　在分子水平上，显然"瓶颈"的发展意味着施加到纤维上的应力相当高，因此，它导致了微晶随机取向的半晶态结构(如图4.1(c)所示)的破裂。在"瓶颈"区，由于高聚物链的拉伸，结构重新排列。结果链最终以如图4.3(a)所示的朝向，因此纤维变得各向异性，从而更结实。

　　强度增大还得到另一方面的帮助。当图4.1(c)被转化成图4.3(a)时，结晶度增加(定量地说，半晶态纤维的结晶区体积比例增大)。这是因为链的一些初步取向为进一步的结晶铺平了道路。后者比在各向同性的样品中进行得更平滑，因为所有的结晶区都已经大致地沿纤维轴朝向。这样的朝向有助于结晶区的生长，较小的结晶区可以更容易地彼此相连。它解释了为什么纤维的结晶程度更高，以及为什么力学性能更好。

　　最终，人们获得了一些真正奇妙的材料。例如，使航天器在火星上软着陆的安全气囊[①]　是由被称为"维克特兰(Vectran)"(一种芳香族聚酯纤维)的液晶高聚

　　　　　　　　　　　　　　　　　　　　　　　　　

[①]美国宇航局（NASA）2003年发射的"勇气"号和"机遇"号的两个探测器于2004年1月到达火星并安全着陆。所搭载的火星漫游车（重约180kg）事先被包裹在由多个囊腔组成的着陆缓冲气囊中，在着陆过程的最后阶段，气囊被快速充气展开，并在火星表面经过多次弹跳缓冲减速，最终安全着陆。漫游车从放气后的气囊中走出并开始工作。两部漫游车分别在火星表面正常工作了7年和15年。2011年发射并于2012年8月成功着陆的"好奇"号由于重量较大（约900kg），并未采用气囊弹跳缓冲着陆方式，而是利用助降系统着陆。

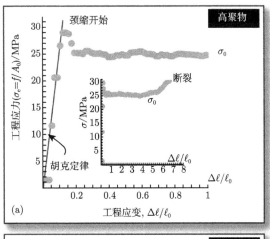

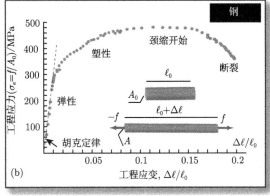

图 4.4 典型高聚物材料(a)的应力−应变图,并与钢(b)进行比较。实验方案在下图中的插图显示:取一个给定尺寸的样本,用一个已测定的力 f 来拉它。应力 σ 定义为力与样品*初始未变形*的横截面积 A_0 之比: $\sigma = f/A_0$。这就是所谓的**工程应力**,它是在实践中更容易测量的——而要想测定真实的应力 f/A,就需要测量 f 和 A。压力具有压强的量度,在此以兆帕(MPa)单位表示(一个有益的提醒:在关于分子的书中有 $1\mathrm{MPa} = 1\mathrm{pN/nm}^2$)。**应变**是以样品的长度相对伸长 $\Delta \ell/\ell_0$ 来表示。图(a)中显示的数据为各向同性半晶态高聚物材料,具体是低密度聚乙烯薄膜。插图显示了更宽的应变间隔。请注意,在低应变下,高聚物材料和钢的变形都服从常规的胡克定律,即应力对应变是线性的,如直线所示。对这些材料,当 $\Delta \ell/\ell_0$ 更大时,变形通常成为不可逆的。在许多材料中,**工程应力**曲线达到最大时,在样品中会产生瓶颈(图4.5);有趣的是,实际应力仍然保持不断增加,因为实际横截面积变得比 A_0 小得多。读者也应该认识到,虽然钢和高聚物薄膜的应力−应变曲线的整体形状有点相似,但相应的尺度却大不相同:在应变小一个数量级时,钢中产生的应力要大一个数量级。同时,读者应该认识到,虽然所绘的这些图片是很典型的,但具体的材料可能相差很大。本图的测量是在室温下进行的,薄膜厚度为60μm,条宽为2mm,长度为10mm(图片来源数据承蒙A. Askadskii许可)

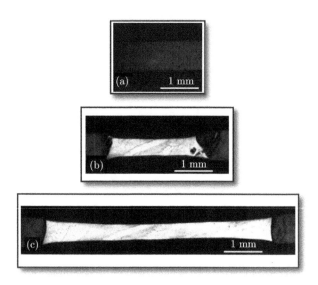

图 4.5　高聚物薄膜条带拉伸过程中"瓶颈"的发展。图(a)、图(b)和图(c)表示了瓶颈发展的三个连续阶段。这些照片是借助偏振光拍摄的(图像承蒙A. Askadskii许可)

纤维所制成的。这绝对是一种非常特殊的材料！

4.5　高聚物液晶与超强纤维

我们现在已经描述了化学纤维是如何生产的。在许多方面，这种人造纤维并不比天然纤维差。当前它们经常在纺织工业中被使用着。然而，高聚纤维的断裂强度或杨氏模量的典型值比钢要低1~2个数量级。所以问题就出现了：我们是否可以用上文刚才描述的相同的物理思想，进一步尝试消除这种差异呢？是否有可能生产出与钢差不多强度的高聚纤维呢？当然，创造这种超强力纤维是非常重要的。有许多应用场合需要使用轻质而坚固的材料。

我们确实可以利用高聚物来制造出一种超强的纤维，甚至比钢的强度还要高，但高聚物必须转化成一种特殊的液晶态，它实际上是一种黏性状态。如果你把黏性高聚物看作某种"高聚物液体"，那么液晶高聚物就可以被认为是一种"各向异性的高聚物液体"。各向异性是自发产生的，不需要来自外部的帮助(如定向场、机械应力或其它)。

让我们来看一个最简单的例子(图4.6)，看看这种自发的朝向是怎样出现的。简单地把一堆朝向随机的火柴扔到某个表面上(图4.6(a))。现在开始减少这些火柴所覆盖的面积，但要确保它们的朝向仍然保持相同的随机方式。我们逐渐进入图4.6(b)中的情形。在这个阶段，在保留朝向无序的条件下，不可能进一步缩小面积。这是否意味着我们已经达到了火柴的紧密打包排列？当然不是，它们可以被塞进一个更小的正方形中(图4.6(c))。然而，它们的朝向不再是随机的，所有的火柴都将朝向相同的方向。因此，我们得出结论，火柴系统可以被约束在比图4.6(b)更小的区域，但是系统将是各向异性的。

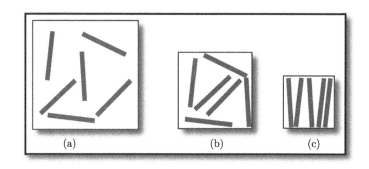

图 4.6 在一个表面上进行火柴实验。如果可用面积很大，火柴互不干扰，并以随机各向同性的方式分布(a)(b)；然而，如果可用表面很小，那么火柴别无选择，只能使其朝向有序(c)

现在，让我们想像，不是用火柴，而是有一个其分子具有细长形状的体系(一种溶液)。如果我们逐渐提高溶液浓度，会发生什么？在较低的浓度下，我们将观察到如图4.6(a)所示的模式，分子朝向的分布是各向同性的。然后，当浓度升高时，我们将达到如图4.6(b)所示的阈值状态。显然，在更高浓度时，溶液只能是各向异性的。这种各向异性没有任何外在的原因，而是自发地发生的，仅仅是因为足够稠密的细长粒子体系不可能以任何各向同性的方式排列。

这就是**液晶态**——在高浓度的细长分子溶液中自发发展成的一种各向异性的状态。由于它起源于分子的某种程度的不对称性(即长度与直径之比)，所以液晶态也可以出现在熔体中。

"液晶"这个名称反映了这种材料的二元性，根据其性质，它们可以处于在普通液体和固态晶体之间的某种状态。与液体相似，液晶在分子位置方面缺乏长程有序；大多数液晶实际上是流体。同时，就像固态晶体一样，液晶是各向异性的，因为它们的分子以各向异性的方式取向。

从图4.6中可以清楚地看出，液晶态对于分子具有细长形状的物质更为典型。而且，分子的不对称性越大，分子开始自发排列的溶液临界浓度就越低。这表明刚性高聚物链的溶液在相当宽的浓度范围内很容易成为液晶。实际上，在更大的尺度上，这种分子被缠结成线团。因此，它们的不对称度仍然可以被视为近似直线(即库恩片段，见6.5节)的最长链段的长度ℓ与链的特征直径d的比值来确定。对于棒状的高聚物链，比值ℓ/d可以相当高。例如，在芳香族聚酰胺的情形下，它甚至可以达到几百。这意味着，即使在芳香族聚酰胺的体积比仅为百分之几的情况下，这种溶液也仍然应该是液晶。换句话说，它的分子链应该主要沿着自发取向的轴排列。

现在让我们回到如何生产超强纤维的问题上来。一个很自然的策略是利用某种液晶溶液内在的各向异性，直接从这种溶液中形成纤维。如果这样做，我们最终将在成型、额外拉伸并排除溶剂之后立即得到高度取向的纤维。取向级次将比通常仅仅通过定向伸展所能达到的要高得多。在实践中，这种技术可以使芳香族聚酰胺的液晶溶液转化为真正令人惊异的纤维，其强度和杨氏模量与钢材为同一数量级。这样的纤维最早于20世纪70年代被创造出来，现在被广泛应用于工业的各个领域。

4.6　高聚物溶液

到现在为止，在谈到高聚物的各种状态时，我们通常指的是纯粹由高聚物分子组成的物质——虽然在讨论高聚纤维时，我们确实提到过它们通常是从高聚物溶液中形成的。

显然，**高聚物溶液**是长高聚物链和小而轻的溶剂分子的液体混合物。它们在高聚物物理中起着非常重要的作用，这就是为什么在这里简要地描述它们是有必要的。我们将讨论两种性质不同的均匀状态的高聚物溶液。

这些状态如图4.7所示，高聚物链用实线表示，而溶剂的小分子完全未绘出来。图4.7(a)对应于高聚物**稀溶液**；大分子以大距离隔开，几乎完全没有相互作用。这种溶液的性质仅受单个大分子的性质支配。例如，我们通过光散射或黏度测量，就可以判断高聚物线团的形状和大小。因此，可以说，高聚物稀溶液是最基本的高聚物体系，因为我们研究它时，实际上能了解单个大分子的性质。从这个意义上说，它类似于普通小分子的低密度气体。一般来说，在更复杂的高聚物体系中，链会高度缠结，彼此之间强烈地相互作用，因此很难辨别单个大分子的贡献。要了解单条链，你必须查看稀溶液的数据。

随着浓度的增加，高聚物线团迟早会开始交叠；然后我们最终得到如图4.7(c)所示的稠密缠结线团。显然，在图4.7(a)与图4.7(c)之间的中间情形下，会出现线团不发生交叠，而只是互相接触的时候(图4.7(b))，这意味着对应于中

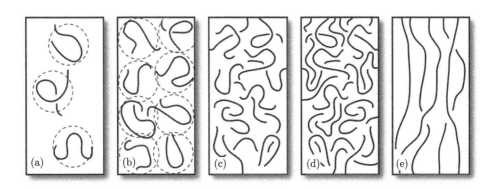

图 4.7 高聚物溶液浓度情态示意图：(a) 高聚物稀溶液——线团不交叠，$c \ll c^*$；(b)稀溶液与半稀溶液的交叠——线团(以虚线绘制以引导视线)处于交叠的边缘，$c \approx c^*$；(c)半稀溶液——线团强烈交叠，但浓度仍然较低，$c^* \ll c \ll c_{melt}$；(d) 浓溶液，$c \approx c_{melt}$；(e)液晶溶液

间情形的**临界浓度**c^*与每个线团中的单体浓度是相同的数量级。知道如何计算这个值或者至少知道如何估计它，是很有用的。这将有助于我们了解在不同条件下的高聚物溶液，哪种浓度情形是可行的或典型的。我们将在6.6节中回到这个问题，找出c^*的近似值。

4.7　高聚物共混物和嵌段共聚物

　　当然，高聚物链不仅可以与溶剂分子混合，也可以与其它高聚物混合，这样就会形成**高聚物共混物**。然而，并没有许多能以任意比例混合的成对的高聚物。两种高聚物A和B的混合物通常倾向于分离成A和B的近似纯相——即使A和B的单体之间的斥力很弱，在没有连接成链时能够混合，也是如此。

　　当无法混合的高聚物A和B形成一条链时，就会发生一种有趣的现象(图4.8(a))。这就是所谓的**嵌段共聚物**(见2.5节)。在这种情况下，块A和块B试图彼此分开。然而，由于A块和B块在链中紧密相连，所以宏观相分离是不可能的。结果是，我们得到主要包含A块或B块、由较薄的相间区域分隔的微观域模式(图4.8和图4.9)，这种效应被称为嵌段共聚物的微相分离，所浮现出的结构称为**微观域结构**。

　　依据A块和B块的相对长度，微观域可以采纳不同的形状。特别是，它们可以看起来像是嵌入在规则三维晶格中的A小球状体(胶束)浸没在B的"大海"中(图4.8(b))。如果A块比B块短得多，就会发生这种情况。增大A块的长度会

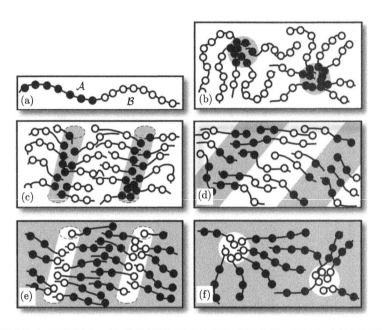

图 4.8   图(a)为由 $\mathcal{A}$(黑色)和 $\mathcal{B}$(白色)两种块组成的嵌段共聚物链；图(b)～图(f)为嵌段共聚物熔体中的几种类型的微观结构，灰色表示黑色单体占主导地位的区域，而白色区域是白色单体占主导

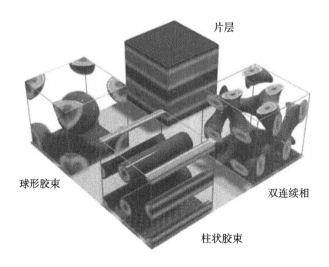

图 4.9   能在双嵌段共聚物熔体中存在的四种不同的微观相分离结构：片层(薄片)、球形胶束、柱形胶束和双连续相(本图承蒙P.G. Khalatur许可)

改变这个图景，最后我们会在$\mathcal{B}$单元的"大海"中看到圆柱状的$\mathcal{A}$域(图4.8(c))。当两个块的长度大致相同时，就会有$\mathcal{A}$层和$\mathcal{B}$层的交替(图4.8(d))。最后，对于较短的$\mathcal{B}$块，圆柱形(图4.8(e))和球形(图4.8(f))的$\mathcal{B}$"小岛"出现在$\mathcal{A}$单元的"大海"中。

球形胶束、柱形胶束和薄片(片层)并不是唯一可能的微相分隔结构。例如，胶束的特征是：想像一个小分子可以扩散穿过一个相(比如$\mathcal{A}$)，但不能溶解、也不能进入另一个相($\mathcal{B}$)。这种分子可以在反转胶束的情形下移动任意远(图4.8(e)或图4.8(f))，但将被锁定在正向胶束(图4.8(b)或图4.8(c))中。用类比的方法，我们可以想像一个城市和两种不同的人：一种人可以走在街上，但不能进入任何建筑物，而另一种则在建筑物内，不能离开它。显然，前者可以走很远，而后者却不能。在城市中，而且通常在二维中，人们无法想像互不相交的两个分隔的街道集合。有趣的是，在三维下，这种情况是完全可能的，而相应的相称为**双连续相**。与其它微观相隔离的状态展示于图4.9中。该图中没有显式地画出高聚物链(这与图4.8不同)，读者应该想像它们从一种颜色区域穿行到另一种颜色区域。

因此，即使是简单的二嵌段共聚物，也有种类丰富的很有趣的结构。我们有一个简单的工具来控制嵌段共聚物熔体的微观结构。你需要做的只是改变$\mathcal{A}$块和$\mathcal{B}$块之间的长度比。在三嵌段共聚物中存在着种类更丰富的结构——实际上太丰富了，以至于无法在本书中讨论。

4.8　离聚物和缔合高聚物

丰富的纳米尺度结构和不均匀性是高聚物很典型的特征。完全均匀的状态是例外而不是常律。现在我们来看所谓的**离聚物**(ionomers)，以探讨高聚物结构上的另一个特点。

我们已经在2.5节讨论过**聚电解质**。当称为**反离子**的小离子从链上脱离时，就形成了聚电解质，在单体单位上留下了相反的电荷。如果反离子逃离并开始了自己的"旅行"，则整个链获得了电荷，成为聚电解质(图4.10(a))。然而，这不是唯一的场景，热运动可能无法强烈到足以使反离子从离子化的单体上脱离下来。于是，两者会形成一个"离子对"。反离子停留在带电单体附近(平均距离为a)，这两个正负电荷形成一个电偶极子(图4.10(b))。如果所有的反离子趋向于停留在这样的离子对中，则该链就称为**离聚物**。

我们能准确地说出什么时候会发生这两种情况——聚电解质(图4.10(a))和离聚物(图4.10(b))吗？假设游离单体和反离子的电荷在大小上是相同的，都等于

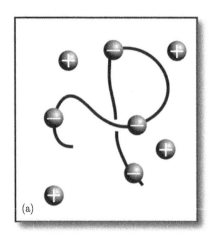 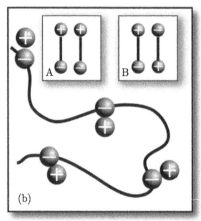

图 4.10　(a)聚电解质：所有的反离子都是自由的，没有黏附到高聚物链上；(b)离聚物：反离子"凝聚"在链的电荷上，形成离子对。插图：电偶极子(离子对)可以自由选择彼此相对的取向。它们更喜欢(B)，因为它给出的能量比(A) 要低，这对应于吸引力

电子电荷e，还假设介质的介电常数是ε。那么在离子对中的库仑相互作用的能量[①] 是$e^2/\varepsilon a$。如果这个能量比热运动的特征能量$k_{\mathrm{B}}T$——其中k_{B}为玻耳兹曼常量，T是绝对温度(见下文7.6节对特征热能量更详细的讨论)——小得多，即

$$\frac{e^2}{\varepsilon a k_{\mathrm{B}} T} \ll 1 \tag{4.2}$$

则反离子会把链折断。于是我们就得到聚电解质的情形。相反，如果

$$\frac{e^2}{\varepsilon a k_{\mathrm{B}} T} \gg 1 \tag{4.3}$$

则热运动不能分解离子对，链就是离聚物。

　　在这里，我们离开正题，来解释符号"$\ll$" 和"$\gg$"及其用法。形式上，它们的意思分别是"远小于"和"远大于"。当然，有人可能会问，"远"是多少？换句话说，如果$x \gg y$，这是否意味着x应该比y大两倍，或大十倍，或其它？大体上的答案不是与x和y 的具体数值有关，而是与当x和y 在变化时，事物对x 和y的

────────────

①在本书中，在只涉及电和磁的数量时，我们使用所谓的**高斯单位制**。事实上，这些单位除了与传统上所接受的电气工程单位(例如电流的安培单位)不吻合之外，在所有方面都是最方便的。由于我们无论如何也不会与任何技术方面打交道，所以我们坚持使用高斯单位。在这一单位制中，例如，库仑能量表达式中没有恼人的系数$1/4\pi\varepsilon_0$。如果读者您更习惯使用自己选择的单位制，我们鼓励你用你喜欢的单位重复所有的简单计算，看看结果是否不变。

依赖性有关。让我们用公式(4.2)和式(4.3)作为实例来阐释这个抽象的观点。公式(4.2)说，如果电离能远小于热能量k_BT，我们就得到聚电解质的情形。它的意义如下：无量纲参数$e^2/(\varepsilon ak_BT)$越小，就能更完全地电离，聚电解质的概念就越准确。类似地，公式(4.3)说，如果电离能远大于热能量k_BT，就会出现离聚物的状态。这意味着：能量比率$e^2/(\varepsilon ak_BT)$越大，离聚物模型就越准确。如果用印象派笔触来定性地描绘情境，可以说，我们处理的是聚电解质情形或离聚物情形。

相当类似地，我们在4.6节讨论了稀溶液情形和半稀溶液情形，它们在浓度c分别处于$c \ll c^*$(图4.7(a))和$c \gg c^*$(图4.7(c))时实现。

当然，这样的描述会留下一个"灰色地带"，当参数既不大也不小的一个中间区域，或者一个交叠区域。然而，当参数——例如浓度或电离能——改变许多个数量级时，"灰色地带"在许多情况下是微不足道的：是的，有可能体系既不真的是聚电解质也不是离聚物，既不是稀溶液也不是半稀溶液，而是两者之间的某种东西，但如果我们清楚地懂得两种限制条件，我们通常也就不会被中间体所吓倒。这就是为什么，在这本书中，正如在现代物理学中到处都有的习惯做法，我们将考虑由"强不等式""$\ll$"和"$\gg$"所划定的限制情形；此外，我们将经常简单地写"$<$"而非"$\ll$"，写"$>$"而非"$\gg$"，悄悄地假装交叠的"灰色地带"是非常狭窄的，对我们来说是不感兴趣的。请记住这一点，然后让我们回到离聚物和聚电解质。

我们已经说过，在溶解到水中时，蛋白质、DNA、聚丙烯酸和聚甲基丙烯酸都是聚电解质(见2.5节)。我们强调溶剂应该是水，为什么这是如此重要呢？水的介电常数是非常高的($\varepsilon \approx 80$)。因此，比率$e^2/(\varepsilon ak_BT)$是比较小的，不等式(4.2)成立。然而，如果使用其它溶剂，其ε值较小(通常在2～20)，则不等式(4.3)成立，那些高聚物是一种离聚物而不是聚电解质。这就是为什么聚电解质状况对溶于水的高聚物包括生物高聚物是很典型的，而离聚物状况对溶解在有机溶剂中的高聚物是典型的。

在熔体中(没有溶剂)，含有离子的高聚物链也通常存在于离聚物情形中，这是因为纯高聚物的介电常数往往很低。这种"离聚物"熔体的结构是什么样的？离聚物链包含一部分(通常是小部分)以离子对形式存在的单体(图4.10(b))。因为它们是电偶极子，所以它们彼此具有强烈地相互作用。其它单体没有电荷，电偶极子总是以这样一种方式排列，使得它们之间的相互作用是吸引的(图4.10中的插图)，这就是离子对相互吸引的原因。然而，它们是高聚物链的一部分，所以不能分离成一个显著的相。结果是，在中性单体的海洋中浮现出小岛(图4.11(a))。

这种聚集称为**离聚物多胚**(multiplets)。

　　比较图4.11(a)和图4.8(b)，你可能会注意到，在高聚物熔体中的多胚有点像在嵌段共聚物熔体中当一个块比其它块长得多时所形成的球形结构域，这种相似性并不令人惊奇。图4.11中的结构可以从图4.8(b)而获得，只要让较短的块趋向一个单体，并增加单体之间的吸引力就行。事实上，这是在高聚物结构中，当小的球形多胚("缔合体")是由强烈吸引的单体(无论它们的吸引作用的性质如何)形成时的一个相当普遍的模式。这种高聚物称为**缔合高聚物**(associating polymer)。

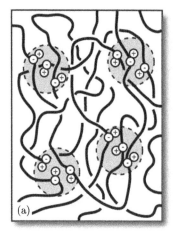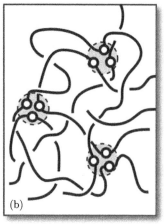

图 4.11　(a)在离聚物熔体中的多胚结构示意图。强烈地相互作用的离子对被显式地描画出来，多重体被圈出并绘有底纹。(b)缔合高聚物溶液的示意图。强烈地相互作用的单体被描绘成大空心圆。缔合体被圈出并绘有底纹。与图(a)相反，缔合高聚物之间的空间主要是溶剂分子占据的——链的单体单元所占据体积的比例相当小

　　缔合高聚物有许多实际用途，让我们举个最简单的例子。假设我们想要显著地提高液体的黏度，我们能通过仅仅增加一小点其它物质来做到吗？如果是的话，那么如何选择物质呢？正如你可能已经猜到的，由两种不同类型的单体组成的缔合高聚物(图4.11(b))可以起到这个作用。让我们看看它是如何工作的。大部分单体很容易溶解在液体中。然而，一小部分单体试图避开溶剂。与液体分子的任何接触对它们都是在能量上极为不利的。这种强烈缔合的单体聚集在一起形成聚集体(多胚)。溶液的结构如图4.11(b)所示。它看起来像高聚物网络(凝胶)。其特殊之处在于共价交联的作用是由强烈相互作用的单体提供的。这不是真正的网络(如2.5节中所描述的那样)。缔合体可以时不时地解离，也可以出现在一个新的

地方。因此，如果我们对这种液体施加剪切应力，它就开始与溶解在其中的缔合高聚物一起流动。然而，液体的黏度大大增加，因为这种缔合的解离是比较稀罕的。即使是少量的缔合高聚物也足以显著地增加液体的黏度。

4.9　导电高聚物

如果我们不在这里说到某些高聚物可能是导电体，那么我们对高分子聚合物材料的介绍就不够完整。在3.1节中我们了解了σ型和π型共价键之间的差别，而在关于导电性的背景下，进一步的差别是σ电子(即参与σ键的电子)是在两个相连的原子之间强烈**局域化**的，它们无法移动，从而对材料的导电性没有任何贡献。另一方面，在π键中，电子是更**离域化**的，因此可能展现出具有更高的从一个地方移动到另一个地方的能力。

不过，如果是高聚物材料是纯的(未掺杂)，则其电导率很低：即使它含有丰富的π-键，也通常在$10^{-10} \sim 10^{-8}$S/cm(相比之下，海水的电导率接近于0.02S/cm) [1]。原因是，π电子本质上存在于每一个键中，而由于泡利不相容原理——所有外周状态都由其它π电子占据，因此，它们中的任何一个都不能移动。但在**掺杂**之后，情况发生了变化。对于高聚物系统，掺杂通常意味着氧化，即去除一些离域化的π电子，这个过程类似于在半导体中形成"空穴"。在这种情况下，即使在很低的掺杂值($< 1\%$)下，电导率也可以增加几个数量级，达到约0.1 S/cm。迄今所报道的具有最高电导率的高聚物，是高度掺杂的聚乙炔，为8×10^4S/cm。这些材料是在20世纪80年代获得的；2000年的诺贝尔化学奖授予了Alan Heeger、Alan MacDiarmid和Hideki Shirakawa，"奖励他们发现和开发导电高聚物"。

导电高聚物的主要种类包括聚吡咯、聚噻吩、聚乙炔和聚苯胺。这些高聚物都有丰富的π电子键。人们大量地试图利用这些高聚物来设计有机太阳能电池、有机发光二极管、电致变色材料、电致发光材料、超级电容器等。使用高聚物代替无机材料的最大优点通常是它们的易加工性、良好的机械性能和低成本。

至此，我们结束了对最简单的高聚物可能存在的各种状态的概要介绍。当然，我们没有包罗所有各种高聚物系统。读者在本书后面将能找到少量其它的例子，也能在书末建议的进一步阅读的其它书本中找到。

---

[1]S/cm(西门子每厘米)是常用的电导率单位。西门子是电导的单位(电阻倒数)，它等于Ω^{-1}。一个长度为L、横截面积等于A的样品的电导为$\sigma A / L$，因此，电导率σ是材料的性能，其单位为电导除以长度。

第5章 自然界中的高聚物

真理高于谬误，犹如油在水上。

塞万提斯
《堂吉诃德》

在浴缸里，在浴盆里，在沐浴间，
在小溪里，在小河里，在大海里，
这里，那里，到处都是——
荣耀永远归于水!

K. 茹科夫斯基
《洗澡歌》(俄罗斯童谣)

有许多令人着迷的生物对象包含高聚物组成部分。例如，乌龟壳或甲虫坚硬的背部是由一种叫做甲壳素的高聚物"建造"成的，其链是由蛋白质(也是高聚物!)支撑起来的。还有病毒，它们是由蛋白质链制成的小盒子，每个盒子里面都有一条核酸链。有太多的例子了，根本说不完! 因此，我们在此不得不选取其中三个来讨论。作为物理学家，我们相信这三个是最有趣和最基本的。

然而，在我们开始讲述我们的高聚物故事之前，还有一件事要说：绝大部分生物高聚物是在水介质中行使其功能。人体质量中的60％是水，有些动物体内的水甚至更多。水库是生命之源(对此我们将在第15章更详细地讨论)。因此，在我们开始纵身跳入对生物高聚物的讨论之前，了解一点水分子的结构是很有帮助的。

5.1 关于水和对它的爱与恨

水分子，H_2O，化学结构是三角形的(图5.1(a))。电子云往往是偏离氢原子核的，而靠近氧原子核，平均而言，偏离$0.02\text{nm} = 2\times10^{-11}\text{m}$。

其结果是，氢原子核的正电荷没有得到很好的补偿。同样，在氧原子核周围也有未补偿的负电荷。乍一看，这种结构上的特殊性似乎不太重要。然而，它是水的所有特殊性质的根本原因，这些特殊性质使得水在生物体中起着重要的作用。到底有哪些性质呢？

首先，水分子具有相当大的**电偶极矩**，$p = 0.6\times10^{-29}$ C·m，即水是**极性的**(我们就是这样称呼分子电偶极矩不为零的物质)。这意味着，在外部电场中，水分子可以被视为小"**电偶极子**"，每个水分子带有两个电荷，$+e$ 和$-e$(e是质子电荷，$e = 1.6\times10^{-19}$C)，相隔距离为a，因此，$p = ea$。根据上面给出的p值，我们可以计算$a = p/e = 0.04\text{nm} = 4\times10^{-11}\text{m}$。这么小的电偶极子在外电场中能毫无困难地排列成行，这就解释了为什么水的介电常数远高于其它所有常见的液体：$\varepsilon \approx 80$。

在4.8节中，我们确认了，如此高的介电常数值意味着许多单体会在水溶液中解离。换句话说，相应的高聚物是聚电解质。特别是，主要的生物高分子聚合物——DNA和蛋白质——的聚电解质本性对其生物学功能是具有决定性意义的。

第二，水分子显示出，它们能在彼此之间形成所谓的**氢键**。氢键是在一对原子——例如O、C、N等——之间的一种可饱和的吸引性相互作用。这两个原子中的其中一个应该通过共价键连接到氢原子上。例如这样：

$$\text{O—H}\cdots\text{O}$$

其中，虚线表示氢键，实线表示共价键。粗略地说，吸引作用的发生是因为氢原子中的电子沿着共价键偏向了氧原子。结果是，在H核附近有一些多余的正电荷，而围绕O核有一些多余的负电荷。因此，H原子核可以被吸引到另一个分子的O核上，将两个分子连接在一起。

氢键的结合能约为$0.1\text{eV} = 1.6\times10^{-20}$J。这比共价键的键能(为1~10eV)要小一或二个数量级，但略高于室温下(300K)的热运动能量：$k_{\text{B}}T \sim 0.03$ eV，其中$k_{\text{B}} \approx 1.38\times10^{-23}$J/K是玻耳兹曼常量。这些能量的比较很能说明问题。

一方面，分子随机热运动能量$k_{\text{B}}T$几乎是无法打破共价键的，因此，共价键在室温下形如坚固可靠的锁。另一方面，氢键在室温下是不那么可靠的，它们的能量只是几倍于$k_{\text{B}}T$，所以虽然它们在大部分时间里是连接的，但时不时地会由于随机的分子碰撞而被打破。因此，水在任何时刻的分子结构看起来就像一个三维的氢键网络，但是与凝胶不同的是，由于热运动的存在，这个网络的每一部分都会不断地被撕裂并以一种新的方式重新粘在一起。

氢键网络是澄清水的许多特性——例如水的高热容——的关键概念。实际上，为了升高水的温度，你必须花费相当多的能量来打破氢键。

上面所说的这些，也解释了水作为溶剂的特殊特性。**非极性物质**(即分子没有电偶极矩的物质，例如最简单的有机化合物——脂肪和油)几乎不溶于水，而极性物质在水中的溶解度通常要大得多。这可以用如下方式来解释。如果一个**极性分子**被放入水中，它就会对水分子产生强烈的吸引力。这是由于小的电偶极子之间有相互作用，具有彼此反平行地排列成线的能力(请比较图4.10中的插图与4.8节)。对于低分子量的分子，这种吸引作用的能量通常在0.1eV左右，通常这足以提供显著的溶解性。相反，如果一个**非极性分子**置于水中，就不会与水分子有吸引作用，事实上，正好相反，水分子的结构会随着一些氢键的断裂而扭曲。显然，这是能量不利的，所以水分子将试图把异种分子"推"出去，这种分子实际上就几乎没有溶解性。

极性和非极性物质也分别被说成是**亲水的**(hydrophilic)和**疏水的**(hydrophobic)。这些名字从希腊文翻译过来就具有含义：$hydro(\nu\delta\rho o)$当然是水，$philos(\phi\iota\lambda o\varsigma)$意味着朋友，而$phobos(\varphi o\beta o\varsigma)$是讨厌。

亲水性和疏水性的概念在分子生物学中非常重要。

5.2　有头有尾的分子

把一些亲水性物质加到一杯水里，它就会完全与水混合，就像白糖一样。换句话说，它将被溶解。另一方面，疏水性物质不能溶解，它会像油一样从水中分离出来。然而，有一种更复杂的"**两亲性的**"分子，每个分子都含有亲水和疏水部分。它们在水中会发生什么事？

因为即使普通肥皂也是由两亲分子组成的(本节题头语就节选自童谣《洗澡歌》，我们怎么会避免提到肥皂呢？)，所以我们每个人肯定每天都做过多次这样的实验：观察两亲物质与水之间的相互作用。此外，生物系统中也经常遇到两亲分子。通常这种分子是由称为"头"的极性原子团(图5.1(b))和一个粘连在头上的疏水"尾巴"组成的。尾巴是一条中等长度的糖链$-(CH_2-)_n$；通常n的变动范围是5~20。整个分子看起来很像一只蝌蚪。严格地说，像如图5.1(b)所示的"蝌蚪"分子不完全是高聚物，因为n数不够高。然而，恰恰是因为它们有柔性的尾巴，所以这些分子表现出一些特殊而有趣的性质。

那么，如果你试图把如图5.1(b)中的分子溶解到水中，将会发生什么？一个

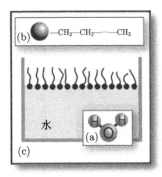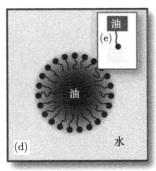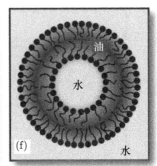

图 5.1 两亲分子在水中的行为。(a)一个水分子；(b)一个典型的两亲分子示意图，它包含一个亲水的头部(球)和一个疏水的尾部；(c)如果没有大量与水接触的两性分子，它们倾向于浮在水表面上；(d)两亲分子可以围绕在水中的一滴油；(e)在这个意义上来说，肥皂分子可以说是把水和油连接了起来；(f)包含有少量水在内部的脂质体，油性外壳把内部的水与外周水体分隔开来

直接的猜测是，如果它们数量不是太多，它们就会待在水面上，把头浸入水中，并把尾巴向上伸出来(图5.1(c))。顺便说一下，这清楚地表明了肥皂实际上是如何工作的。油、脂肪和其它非极性有机化合物不溶于水，所以不容易被水洗掉。然而，一旦两亲性肥皂分子加进来，就会产生很大的差别。它们的疏水尾巴会粘在油上。其原因是，疏水性粒子在水中聚集是在能量上有利的。对它们来说，聚在一起只是一种互相保护以防止靠水太近的方法。结果，水分子在油滴周围形成了一种"涂层"(图5.1(d))。这种"涂层"颗粒的整个表面由肥皂分子的亲水性头部组成，因此它们是可溶的，很容易用水清洗掉。因此，从某种意义上说，两亲性肥皂分子把油和水粘连在一起(图5.1(e))。

接下来要问的问题是：如果有太多的"蝌蚪"，以至于无法全部都摆放在水面上，那该怎么办呢？我们每个人都有使用肥皂和去污剂的经验，我们都知道一种很好的方法来容纳更多的"蝌蚪"分子——通过形成大量的泡沫来显著地增大表面积(这就是为什么由像"蝌蚪"这样的界面活性分子形成的物质，甚至被称为**表面活性剂**)。然而，如果没有办法再增大表面积，那么随着"蝌蚪"浓度的增大，就会按如图5.2所示的情形逐步发展。

第一阶段是"蝌蚪们"聚集在一起形成球状粒子，称为**胶束(micelle)**。每个胶束的外表面是由与水直接接触的亲水性头部构成的，而疏水性的尾巴藏在里面(图5.2(a))。一方面，很明显，这种胶束很容易在水中溶解，因为对水来说它们似乎是纯亲水的！另一方面，它们表现得像非常稳定、几乎坚不可摧的单元。

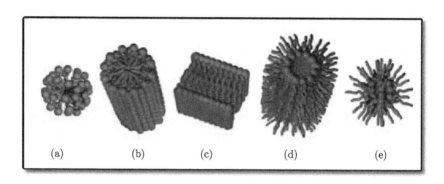

图 5.2 两亲分子溶液中形成的可能结构：球形胶束(a)、柱形胶束(b)、薄片或片层(c)、反转柱形胶束(d)、反转球形胶束(e)。这些结构在三维空间中会以与如图4.9所示极为相同的方式组织起来(本图承蒙P.G. Khalatur 许可)

　　如果溶液中有更多的两亲分子，球状胶束开始变得相当狭窄。"蝌蚪们"重新组合，形成一个平行的柱形胶束体系(图5.2(b))。现在让我们假设蝌蚪的数量继续增加。你可以把它看作是水变少了——不再足以填补柱形胶束之间的空隙。因此，两亲分子被迫再一次重新自我调整，这一次会形成平行的薄层，称为**片层**(图5.2 (c))。如果水更少，就会形成**反转柱形胶束**(图5.2(d))，再后来，会继续发展成**反转球形胶束**(图5.2(e))。我们最终就得到了大量各不相同、非常美丽的结构！

　　含有这类结构的物质具有非常特殊的性质。它们是流体，但在图5.2(b)和图5.2(d)的情形下，它们在平行和垂直于圆柱体的方向上的流动趋向性不同。同时，对于片层结构图5.2(c)，只有一个可能的流动方向——这些片层只能彼此平行地滑动。当然，光也会在沿着或穿越柱形胶束和片层上传播时有所不同，因此双折射是很典型的。说实话，你通常无法在同一种物质中得到所有五个相继的阶段(图5.2(a)～(e))。要么尾巴太厚，难以形成球形或圆柱形胶束；或者相反，它们可能太薄，无法构成反转胶束。通常一种物质只能表现出图5.2中的两种或三种结构。

　　让我们比较图5.2和图4.8。你可以很容易地发现"蝌蚪们"在水中形成的结构与在嵌段共聚物熔体中出现的结构之间的相似性，这不是巧合。实际上，嵌段共聚物也是两亲分子，就像"蝌蚪"一样。唯一的区别是，它们没有尾巴和头，而只有两条尾巴，彼此相互连接。

　　与图5.2中相似的结构通常被用在一种特殊的被称为乳液聚合的聚合过程中。在3.1 节中，我们描述了聚合反应是如何发生的。我们讨论了链的增长常常会因为它的两个生长末端碰到一起而"终止"。如果我们知道如何使两个末端尽量不要相遇，我们就能够生产出更长的高聚物。解决方法之一是在如图5.2(a)所示的体系中进行聚合反应。实际上，可以假定引发剂和单体都不溶于水，但它们并不介意"蝌蚪"的疏水尾巴。然后，如果你将它们两者都溶解到如图5.2(a)所示的体系中，它们将主要被疏水胶束所吸收。聚合反应将会在那些引发剂分子耗尽的胶束中开始。你可以调整浓度，使大多数胶束中的引发剂不超过一个分子。那么链的增长将能安全地避免终止。聚合过程会持续进行，直到胶束中没有单体为止。于是，我们就能制造出比使用通常方法更长的高聚物。此外，链往往生长得更快，因为单体被困在一个特殊的"微反应器"——胶束——之中。因为这个"微反应器"具有微观尺寸，它还有助于解决另一个问题，即带走在反应过程中放出的热量。

这些都相当有趣，但你可能会开始疑惑：它与生物学有什么关系？答案是：**磷脂**分子有"蝌蚪"的形状，不过通常有两个、有时甚至有三个尾巴。它们是**生物膜**的主要组成部分，而生物膜将生物细胞与外界分离，并将细胞分成若干个隔间。双尾具有相当的厚度，能防止磷脂聚集形成胶束，从而形成分层的墙壁。

磷脂甚至可以用作制作真实细胞模型的材料。所有你要做的是取磷脂悬浮液，并用适当波长的超声波信号给它一个良好的"摇动"。这样会形成在结构上类似于如图5.1(f)所示的"**脂质体**"。脂质体可以用于——例如——研究不同的药物是如何穿过细胞膜渗透到细胞中去的。

然而，磷脂层不是生物膜的唯一成分。还有一些蛋白质"漂浮"在脂质的介质中，如图5.3所示。此外，细胞膜(以及整个细胞)是由所谓的**细胞骨架**(cytoskeleton)支撑着的。它是由蛋白质和多糖(这也是高聚物！)组成的。这个奇怪的名字来自希腊语"细胞"(cytos)：$\kappa \upsilon \tau \tau \alpha \varsigma$。

2004年，Vincent Noireaux(现在在明尼苏达大学)和Albert Libchaber(纽约洛克菲勒大学)发表了一个标题为"囊生物反应器：对人工细胞组装体更进一步"的文章[1]。该文报告了使用类似于图5.1(f) 中的囊泡结构的一系列实验的数据，他们试图给它装配上那些对一个简单的生物细胞必不可少的器件。他们成功地在人工膜中植入了一些蛋白质，在细胞内植入了一些DNA，这向人工细胞又多迈进了一些脚步。

对细胞膜的研究是现代生物学中发展极为迅速的一个分支，它甚至有自己的名字"膜生物学(membranology)"。这一领域中有许多有趣的现象，其中有不少

---

[1]Vincent Noireaux and Albert Libchaber, A vesicle bioreactor as a step toward an artificial cell assembly. PNAS, v. 101, n. 51, pp. 17669-17674, 2004.

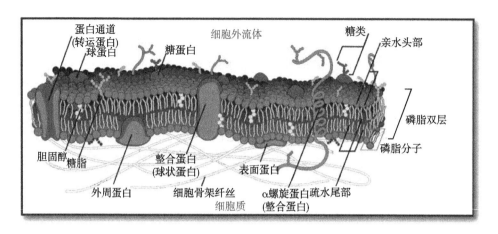

图 5.3　细胞膜的卡通示意图。各部分都标记在图中。此图由Mariana Ruiz Villareal创作，版权为公共领域许可(网址：https://commons.wikimedia.org/wiki/File:Cell_membrane_detailed_diagram_en.svg)（书末附有彩图）

与高聚物有关。很遗憾的是，在本书里无法全部描述它们，但是我们忍不住给出一个特别的例子。原则上，膜的"脂肪"层可以存在于两种不同的状态。其中一种状态几乎是固态的，疏水的"脂肪"尾巴彼此平行。相反，另一种状态是液态的，尾巴随机缠结。这两种状态之间有可能发生相变(确切地说，细胞骨架实际上也参与这一转变)。在正常细胞生命周期的不同阶段，它的膜处于这两种不同的状态中，有时从一种状态转变为另一种状态。(然而，肿瘤细胞很容易出现不可控的分裂，无法进行这种转变，所以它的膜一直保持为液态。这可能对理解癌症是很重要的——尽管我们还不知道为什么。)

　　因此，自然界中的磷脂分子可以构建一些相当复杂的结构。稍后我们将在讨论蛋白质和核酸时看到更有趣的"**建筑(architecture)**"。然而，我们首先应该解释是什么让我们要提到建筑。

5.3　分子生物学与分子建筑

　　在有关建筑史的书籍中，你可能会发现一个有趣的理论。热衷于科学解释的人可能会觉得它很吸引人。用我们自己的话来说，这一理论是如下这样的。

　　如果你愿意的话，你会如何分析出**历史上某个时期的建筑风格是什么样的**？事实证明，你并不一定要研究那个时代的美学观点。你所需要的只是去了解当时使用的建筑材料的力学性能的一些知识，即弹性和强度。

为了使这一点更清楚，我们举一些例子。当然，它们将是一些题外话，但它们是很有趣的，并能帮助我们理解该思想。一个由巨大的未粘连的石块构成的结构在受压时显得非常坚固，但在受剪切时非常虚弱，弯曲(扭转)只能由个别石块承受。用于埋葬法老的埃及金字塔就是这种建筑方法的一个极端例子，它们所具有的尖顶可以使用无法承受剪切应力的材料来制造。

相反，对于没有尖顶的建筑物，柱子(在受压状态下工作)被用来支撑连续梁(在弯曲状态下工作)。这恰恰就是雅典的壮观的帕特农神庙是如何设计和建造的。

多层的砖块或由互相黏合的小石块构成的系统仍然非常抗压，而且受剪切时也令人满意。然而，它们仍然完全不能耐受应力或弯折力。由这种材料制成的天花板的拱顶必须向上拱起。这种设计可以在克里姆林宫的堂厅和俄罗斯各地的白石教堂中看到。它们也出现在西欧的哥特式教堂中。事实上，在后者的情况下，许多小塔和拱壁被设计为保护墙壁的各个部分以应对任何拉伸应力，即使代价是引入了更大的压力。

圆木是一个不同的例子——它们在受到垂直于其长度的压力和顺着它的应力时很坚挺。显然，因此在俄罗斯北部建造的很多庙宇都是木制的[①]。

最后，钢筋混凝土能完美地承受所有类型的应力，这就解释了在现代建筑中可以存在有巨大的垂直表面和水平表面，例如摩天大楼或几百米高的电视塔。

当然，无论哪种风格和材料，都可能有各种各样的建筑——有些建筑缺少才华的火花，而有些则是天才的佳作。但那确实是另一个完全独立的讨论主题!

回到生物学上来。如果我们把一种化学物质看成某种建筑结构，把分子看成建筑材料，我们也会得到非常类似的情形。在第4章中，我们检视了各种高聚物链的性质最终是如何通过单个分子的链结构决定的。然而，在一个建筑师最坏的噩梦中，也没有谁会梦想成为一名高聚物技术专家。麻烦在于，一个高聚物科学家无法把分子像砖块或木头那样，在某个特定的地方一个接一个地垒起来。作为替代，必须使用间接的方法，例如，加热和冷却，或稀释和沉淀等，以鼓励分子以至少大致地与预先设计相似的方式自己排列起来(试想一下，一个建筑师试图用一堆砖来制造出某个有意义的东西，但只能通过摇动它们，或者把砖块浸泡在水里，然后把它们倒出来!)。这就是为什么合成材料(特别是高聚物)的分子片段和几何结构总是有许多毛病(或缺陷)，永远都不是完美的(例如，如果在一条纤维中盘绕高聚物链能达到一个整洁的小女孩的发辫那么完美，我们将能得到具有惊

---

①显然，也正是出于这个原因，大量的中国古代建筑都是使用木材建造的。其中使用了巨大的圆木作为柱子(能承受纵向的压力)，而在屋顶使用了大量的木梁(能承受横向的弯折力)。——译注

人强度的纤维——比从液晶溶液中制作出来的已知最好的纤维要强一个数量级)。然而，这只是使用人工材料的情况。(建筑将在本书中再次提到，见图13.2。)

生物学的情况完全不同。分子生物学确实与分子建筑有某些共同之处。首先，生物系统中的许多分子都是这样的，它们能够天然地在它们之中保持很高的有序性(我们已经从脂类上看到了)。第二，在活细胞中有一些特殊的系统，能够按照给定的结构排列分子，一个例子是负责蛋白质合成的核糖体。这就是为什么当一个物理学家开始谈论蛋白质和核酸的时候，一种奇特的新语言就开始使用了——这是非同寻常的，与讨论其它所有物质时都不同。

5.4　分子机器：蛋白质、RNA和DNA

生物大分子(蛋白质、RNA和DNA)的特殊之处在于它们需要实现生物学功能。你可以说，蛋白质、RNA或DNA不仅是特定物质的分子，而且每一个分子也是一个执行特定操作的装置或机器。从这个意义上讲，使用用于描述机器人的语言来讨论高聚物会更容易。

特别是，正如我们已经说过的，一个在一条生物高聚物链中严格固定的不同单体单位的序列，可以自然地与一个用适当的分子"字母表"写就的文本相比拟。由于这样一个序列在化学上决定了——比如说，一种蛋白质——的个体性，那么按照这个类比的精神，我们可以说一个"蛋白质文本"列出了或编码了蛋白质的功能，它应该被比作一台机器的蓝图。正如众所周知，**DNA**中的单体单元序列包含着遗传信息，它通过所谓的**遗传密码**来编码**蛋白质**的"文本"。这是在分子生物学中常常使用的控制论术语。

这种控制论的类比是漂亮的和可理解的，但它并没有告诉我们关于这种过程实际发生的途径的任何知识。为什么具有一小段给定文本的蛋白质能检测到眼睛视网膜中的光子，而另一个具有不同文本的蛋白质会引起肌肉的物理反应，而第三个蛋白质控制免疫系统，第四个······(我们无法轻易地罗列出蛋白质的所有功能：严格地催化特异性反应——包括蛋白质和DNA的生物合成；跨膜输运分子；在DNA上打结和解结等。——事实上，细胞中的所有过程都是由蛋白质执行的。)因此，DNA的文本如何阅读？以及如何根据它包含的指令而制造蛋白质？当然，所有这些以及类似的问题都与生物高聚物的物理学相关。我们已经知道了很多，但是要达到完全了解还很远。也许，无论你现在年轻或年老，如果有一天你决定参加这些研究，仍会有许多有趣的悬而未解的问题等待着你的好奇心。现在，我们只需简单地描述一下已知的知识。

5.5 蛋白质、DNA和RNA的化学结构

5.5.1 蛋白质

首先，讲几句关于研究对象的化学知识。蛋白质链的单体单元是所谓的**氨基酸残基**，它们具有一个类似于—CO—CHR—NH—的结构。它们被称为"残基"，是因为氨基酸左端有额外的—OH基团，右端有额外的H原子；当氨基酸组合起来构成多肽时，它们(几乎)每一个都失去水(H_2O)，所以进入链的是残基。例外的是在两端的两个单体：一个仍保留有—OH基团，称为链的C端，而另一个仍保留有H原子，称为链的N端。

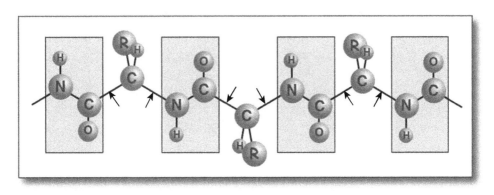

图 5.4　蛋白质链的化学结构。在本图中，平坦的肽基团被包围在矩形中。它们都含有在蛋白质链最终完成时在主链中形成的—N—C—肽键。箭头显示了蛋白质链可能围绕转动的键(相应的旋转角被称为拉曼钱德拉(Ramachandran)的φ角和ψ角)。R表示不同氨基酸残基的侧链

在上面所示的氨基酸残基的化学式中，R表示一个可以有20种可能类型的原子团。在最简单的情况下，它只是一个氢原子(—H)，相应的氨基酸残基被称为甘氨酸(Gly)。其余19种氨基酸基的R原子团有更复杂的结构，例如—CH_3(丙氨酸，Ala)、—CH_2—OH(丝氨酸，Ser)、—CH_2—CH_2—S—CH_3(蛋氨酸，Met)、—CH_2—CO—NH_2(天冬酰胺，Asn)、—CH_2—COO—(天冬氨酸、Asp)和—$(CH_2)_4$—N^+H_3(赖氨酸，Lys)。后面的两个例子表明，蛋白质链可能包含带有正负电荷的单体单元。如通常一样，系统作为一个整体必须是电中性的，所以当/或链离解时，氨基酸残基可能是带电的，这意味着它或者将其反离子释放进入周边水体中，或者从离解的水分子中接受一个离子。对不同的蛋白质，其链的氨基酸残基序列也不同；你可以把这个序列看作一种用含有20个字符的蛋白质"字母表"写就的"文本"。其可以与建筑类比的重点是，任何特定的蛋白质类型

的所有单个分子具有完全相同的残基序列。比如，身体内的所有血红蛋白分子都具有相同的序列。在每个分子中的单体单元数 N 随蛋白质而不同，通常在几十到几百的范围内。

在图5.4中描绘了一个蛋白质链短片段中的原子空间排列。由—CO—NH—键把每个单元所特有的—CHR—基团连接起来。它被称为**肽键**，这就是整个蛋白质分子常常被称为**肽链**(或**多肽链**)的原因。

5.5.2　核酸

DNA链的化学结构如图5.5所示。每一条单链都是由交替的糖基(脱氧核糖)和磷酸根构成的，每个糖基上都黏附着一个含氮碱基。其有四种可能的碱基：腺嘌呤(A)、胞嘧啶(C)、鸟嘌呤(G)和胸腺嘧啶(T)。它们都显示在图5.5中。RNA单链具有相似的结构，只有主链上有不同类型的糖，碱基尿嘧啶(U)取代了胸腺嘧啶。

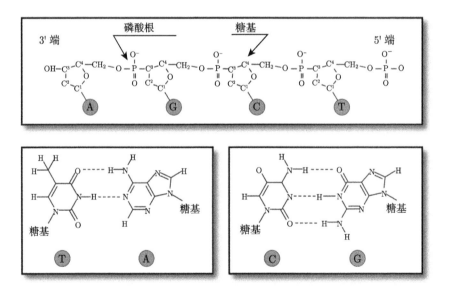

图 5.5　单链DNA的化学结构和互补碱基对的化学结构

至于三维结构，你可能知道，在活细胞中，DNA分子是由两条单链(图5.5)构成的，形成双螺旋结构(图5.10)。很重要的是，这两条单链是**互补**的。这意味着，一条单链中的腺嘌呤(A)总是与另一条单链中的胸腺嘧啶(T)相对应，而鸟嘌呤(G)总是与胞嘧啶(C)相对应。在物理上，其原因是因为硝酸基位于双螺旋的核心，只有A–T配对和G–C配对才可以完全契合，而不扭曲双螺旋的形状。图5.6以比较简化的方式解释了为什么会这样。因此，双螺旋的第二条单链并不包含额外的信息，只不过有助于复制信息和制作多份信息拷贝。

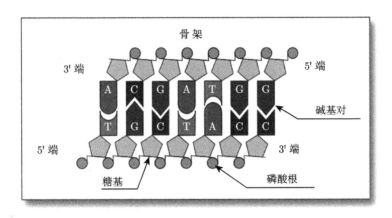

图 5.6 DNA双螺旋的两条单链之间的互补性的卡通图解

磷酸根基团在正常条件下是带负电荷的。当然，这意味着它们各自的带正电的反离子从它们身上解离下来，并在周围水体中游荡。作为一项规律，无论是在活细胞中还是实验室中，除了DNA反离子，还存在有许多其它离子。例如，通常有溶于水的盐类，如普通食盐NaCl，或KCl和$MgCl_2$等。这些分子也会解离，并以离子形式存在于水中，如Na^+(或K^+和Mg^{2+})和Cl^-等[①]。对离子微妙平衡的严格控制是对每一个细胞——无论是单个细胞有机体还是我们身体任何地方的细胞——的生存最严格的要求之一。我们不想介入任何细节，在此只指出，最重要的和最简单的条件是整体电中性：任何宏观体积中，正离子都几乎准确地由负离子所补偿。然而，当我们在分子尺度上讨论DNA时，我们是在处理带负电荷的分子。而且DNA的电荷相当大，如果所有的磷酸根基团被解离，线性电荷密度会是$-2e/a \approx -5.9e/\mathrm{nm}$，其中$a$是相邻的磷酸根基团之间的距离，约为0.34nm；换句话说，双螺旋的表面电荷密度将是$-2e/\pi da \approx -e/\mathrm{nm}^2$，其中$d \approx 2\mathrm{nm}$是双螺旋的直径。这是一个巨大的电荷密度！它是如此之大，以至于实际上在全部反离子中只有大约25%真正脱离了DNA进入到周围介质中，其余75%仍然停留在

---

①在这种情况下，问哪些特定的正离子——H^+或现存的一些金属正离子——是“专属于”DNA“自己的”反离子，是没有意义的。这可能会导致DNA和RNA是否配得上在它们的缩写名称拥有字符A——即“酸”——的问题，或者，也许把DNA看作相应的酸的盐更有启发性吗？这个问题对物理学家来说似乎是纯粹的术语问题，但化学家可能有不同的看法。关于这个话题我们只需引用沃森(J. Watson)和克里克(F. Crick)著名的第一篇论文——他们宣布发现了双螺旋——中的第一句："我们希望对脱氧核糖核酸(DNA)盐提出一种结构"。

双螺旋附近区域(这是所谓的昂萨格–曼宁凝聚)。但25％也挺多——事实上，对于任何天然的或人工的分子系统来说，它是实际上可能的最大电荷密度。所以，一言以蔽之，DNA是一种非常强烈地带电的东西！

对于知道一点静电学的读者来说，带电的磷酸根基团位于双螺旋的外表面并不令人惊讶。这是由于水的介电常数是非常大的，约为 $\varepsilon \approx 80$ (由于水分子具有偶极矩，它们是极性的)，而双螺旋的内部是非极性的，只能微弱地极化，所以当带电基团与水接触时，它们的能量大大减少。

5.6　生物大分子的一级、二级和三级结构

要进入生物高聚物的物理学，首先要理解的是它们的结构层次。正如你从本节的标题中猜到的，它们具有一级结构、二级结构和三级结构，有时甚至有四级结构。

5.6.1　一级结构：序列

一级结构，正如我们已经提到的，**是链中单元的序列**，也就是"文本"。它是在每个分子的生物合成过程中产生并被"记住"的；换句话说，除非整个分子被破坏，否则它不会被热运动所搅乱。对于一本书，很明显，页面中原子的热运动是远远不够把单词的字母对调的(把"on"变成"no"之类的)；对于一本分子书，这不太明显，但还是真的，因为无论在DNA或蛋白质中，字母序列是由很强的共价键所固化的，这些键在正常条件下实际上根本不会被热涨落所破坏。

生物化学家们已经学会了如何"读出"蛋白质分子的一级结构。尽管对天然DNA测序更困难，但已开发出一些方法。2003年，科学家们完成了一个惊人的项目——对(几乎)整个人类基因组进行测序：目前已经知道大约 3×10^9 个核苷酸的序列，并存储在计算机上。其它生物——从病毒到哺乳动物——的基因组现在正以日益加快的速度被破译，并有一个巨大的、不断增长的国际数据库存储相应的数据[1]。遗憾的是，早期的DNA测序方法相当费力，因此也很昂贵：测定第一个序列时，每个核苷酸的成本接近1美元，这意味着每个基因组要花费几十亿美元。但是，对更好的卫生保健的希望现在主要围绕着对DNA序列的了解——对病原体病毒或细菌的基因组的了解，对人类异常基因的了解等。因此，我们——人类——迫切需要将测序价格从最初的水平降低至少六个数量级，即降

---

[1]顺便说一句，在犯罪调查中使用DNA广为人知，那也是基于DNA测序，但不涉及基因；它着眼于所谓的DNA非编码部分中的短串联重复序列。

低到一百万分之一，以便使个体测序成为医学诊断工具。这方面的工作仍在继续，测序的价格在迅速降低，但我们需要降低得更多。

由于DNA具有独特的高聚物物理特性，本书中必须提到一种有望实现快速而廉价的DNA测序方法。它的思路如下(参见图5.7)。想像一下，取一定量的盐水，把它用一块膜分成两半，膜上有一个小孔。在水体的两边各放置一个电极，我们可以用电池来驱动由离子(由于是盐水，所以水中有离子；在典型情况下，当盐是普通食盐时，正离子是钠，而负离子是氯)携带的电流通过小孔。这部分实验很容易，每个人都可以在家里做。接下来是不那么容易的部分。首先，让我们在膜的一侧添加一些DNA到水中。然后，把膜上的小孔弄得很小，以至于只有一条DNA链可以挤在那里。这当然不只是不容易——实际上是非常困难的，但是科学家确实做成了。此外，还有两种方法可以做到这一点。第一，可以使用一种特殊的蛋白质，例如α溶血素，它能在脂膜中自组装形成一个良好的小孔；第二，可以使用半导体技术，在固体膜上打一个小孔。另一个严重的困难是，当膜孔只有一个分子的大小时，穿过它的离子电流真的是极其微弱的，只有约10^{-9}A(作为对比，典型的手表要从其电池消耗成千上万倍的电流)，这样的电流也是很难测量的——但是科学家们也做成了。现在，当DNA链把自己挤进洞里并像蛇一样爬过去时，它会阻止离子穿透小孔，并使电流进一步减小。此外，一个离子穿过去的概率在某种程度上取决于当前处在小孔中的特定核苷酸——因此，乐观主义者说，**如果我们实时监测在DNA爬过小孔时离子电流的微小波动，我们就能从这个电信号读出DNA序列**。听起来很美！有没有可能实现？这可行吗？与科学问题——明确的答案已建立起来——不同，这个问题目前众说纷纭，存在着各种意见——包括截然相反的观点。我们对这个主题推荐阅读文献[51]，它对这个问题进行了很好的综述。但我们可以肯定地说，这是一个真正令人兴奋的工作领域，当然，对测序还有一些其它的设想。

测序类似于阅读。但是，当一个幼儿掌握阅读时，他/她同时也学会了书写；那么是否有对生物高聚物序列进行写作的类似操作？是的，当然有！首先，**有DNA重组技术**——人们可以把预先设计的DNA片段添加到一个现存的有机体基因组——例如细菌的质粒——中去。这种方法可以强制使细菌生产一些对该细菌来说完全是外来的蛋白质，例如人胰岛素。其次，制造一条具有任何想要的序列的短DNA链——可达上千个核苷酸——现在已经是常规操作了：你可以在适当的网站上写下所需的序列，用你的信用卡支付少量的费用……然后就可以通过邮件接收DNA样品。这种"预订制作DNA"背后的流程相当复杂，但它的主要环节是所谓的聚合酶链式反应——普遍以缩写名"PCR"称呼之(使用缩写

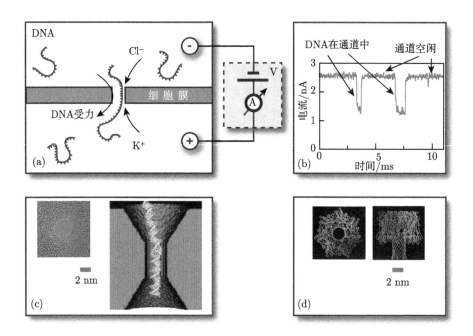

图 5.7　DNA穿过纳米孔实验示意图。图(a) 是整体实验装置的简图：一层薄膜与一个狭窄的
通道分隔两部分盐水。一旦由电池提供电压，就会引起电流通过孔洞，电荷是由盐离子——通
常是K$^+$和Cl$^-$—— 携带的。由于DNA是带负电荷的，所以它也会受到力的作用，DNA时
不时就会穿线进入孔洞。由于孔洞很狭窄，DNA就阻止了离子的通过，从而阻断了电流。
图(b)显示了典型的电流迹线，指示出了两个清晰可见的DNA通过通道的事件。无论是驻留时
间(DNA通过通道所需的时间)和捕获时间(下一个DNA到达孔洞所需的时间)都可以可靠地从
这些电流迹线上测量出来。图(c) 和(d) 展示了制作适当的纳米孔洞的两种可能途径。图(c)是
固态纳米孔：左边是在20nm厚的氮化硅薄片上制作的4nm孔洞的TEM(透射电子显微镜)图
像，右边是双链DNA穿过4nm孔洞的重构图像。图(d) 是α-溶血素蛋白的俯视图和侧面图，说
得更好，是7个蛋白质分子的自组装系统，当其"主干"浸入到脂膜中时，它是稳定的。蛋白通
道是狭窄的，只适用于单链DNA穿过(双螺旋不能匹配进入到该通道中)。注意在图(c) 和(d)
中的比例尺；蛋白纳米孔确实明显小一点(该图承蒙Amit Meller许可转载自：M. Wanunu,
M. Sutin and A. Meller, "DNA Profiling Using Solid-State Nanopores: Detection of DNA-
Binding Molecules", Nano Letters, 2009. Copyright 2009, American Chemical Society)

代替单词并不能增加语言的优雅性，但事实是一些缩写——DNA是最显著的例子——确实已经成为普遍接受的技术术语)。PCR技术使用DNA聚合酶来生产最初只由极少量分子所表征的DNA拷贝。随着反应的发展，所生成的DNA拷贝自动成为新拷贝的模板，这就是为什么它是链式反应，它是以指数方式发展的，可以快速生成大量的拷贝[①]。PCR技术之美在于，天然DNA聚合酶在本质上被用于作为一种有效的技术设备。

现在也可能有"写"蛋白质序列的方法：该方法被称为**蛋白质工程**，是由英国剑桥大学的艾伦·佛什特(Alan Fersht)爵士在20世纪80年代开创的。他的思想是使用一种在每一个活细胞中工作的天然生物合成系统；从这个意义上说，现在整个细胞就是一个技术设备。由于我们已经有能制备任意DNA序列的能力，原则上，我们可以获取一个细胞来生产我们希望的任意一级结构的蛋白质分子。然而，即使在技术方面没有问题，但问题是没有人真正知道希望制作什么。当单元的总数为$N \sim 10^2$，并且每个单元有20个"候选者"时，我们对长度约为100的链最终能得20^{100}个不同的可能序列。我们如何从如此庞大的数目中挑选出一些有意义的序列呢？当然，我们可以仅仅"复制"一些实际的蛋白质，严格地制造出现存于自然界中的分子。然而，这完全是一种非常奢侈的消遣；只有当我们能设法对大自然进行"改进"时，那才值得尝试。这有点像一个不会阅读的出版商：他可以自由地出版任何书籍，但是他如何选择一个能成为畅销书的令人兴奋和信息丰富的文本？对于生物大分子，尤其是对蛋白质和RNA，只有当它们的二级和三级结构形成之后，这些文本是否"令人兴奋和信息丰富"才变得更清楚。

5.6.2 DNA甲基化

这里我们要提到一种重要的复杂化情况。在特定的情况下，**DNA的化学结构可以通过添加甲基($—CH_3$)来修饰**，例如，把甲基添加到胞嘧啶环的5号碳原子(图5.5)。这通常起到调节作用，例如，它可能具有减少基因表达的特殊效果。在成年体细胞和胚胎干细胞中均观察到了DNA甲基化。有人认为，人类的长期记忆存储可能受DNA甲基化的调节，序列的甲基化是可以遗传的。

5.6.3 二级结构

二级结构和三级结构分别是单体位置上的短尺度和长尺度顺序。

---

①在PCR技术中的"链"这个词与我们在本书中讨论的分子链无关。在这种情况下，它是链式反应，因为在反应中，一步反应的产物在下一步中立即被用作试剂，这种化学反应在燃烧和爆炸等领域尤其常见。

　　蛋白质的主要二级结构是在20世纪40~50年代由在位于洛杉矶帕萨迪纳附近的加州理工大学的化学家莱纳斯·泡林(Linus Pauling)(1901—1994)发现的(这些研究工作是泡林于1954年荣获诺贝尔化学奖的一个重要部分，顺便说一句，他还获得了诺贝尔和平奖)。它们被称为α-**螺旋**和β-**结构**。它们是借助氢键的作用而稳定的。实际上，形成α-螺旋和β-折叠的原因仅仅是因为，这是**使氢键达到最大饱和**的排列方式。

图5.8　最常见的两种蛋白质二级结构之一：α-螺旋。请注意，主链是螺旋形状，而氨基酸残基的侧链从螺旋向外伸展，这就是为什么α-螺旋骨架的几何结构是比较普遍的，它对序列只有微弱的依赖性。在这个示意图中，为简单起见，只使用最小型的侧链基团(甘氨酸的侧基团为H原子，丙氨酸的侧基团为—CH₃)。α-螺旋的几何结构是，每一个氨基酸残基沿着螺旋轴方向前进0.15nm，而螺距(或沿螺旋轴每前进完整一圈)为0.54nm。这意味着，每个单体绕着轴线转动360°× 0.15 / 0.54 ≈100°；换句话说，每个螺旋圈有360°/100° ≈ 3.6个单体。相应地，氢键CO···HN(在图中显示为虚线)连接第k个和第k + 3个残基（书末附有彩图）

　　α和β这两种结构在多肽中非常普遍，它们的结构仅仅轻微地依赖于氨基酸序列(这种依赖性虽然很小，但仍然可能是重要的。例如，一些氨基酸使α螺旋更有可能形成，另一些会促进形成β-串，还有一些更愿意位于二级结构元素之间的环线上)。图5.8中显示了α-螺旋的卡通图，而图5.9显示了类似的β片卡通图。
　　最常见的DNA二级结构是由英国剑桥大学的弗朗西斯·克里克(Francis Crick)和詹姆斯·沃森(James Watson)于1953年通过使用在伦敦的国王学院的罗莎琳德·富兰克林(Rosalind Franklin)的实验数据而发现的——它就是著名的沃森和克里克双螺旋。作为科学史上的重大成就之一，DNA双螺旋的发现赢得了坚实而公正的声誉。DNA双螺旋模型的惊人之美在于它以富有才华的轻松性解释了真正的自然奇迹之一—— 所有生物都有自我繁殖的能力。实际上，当这两

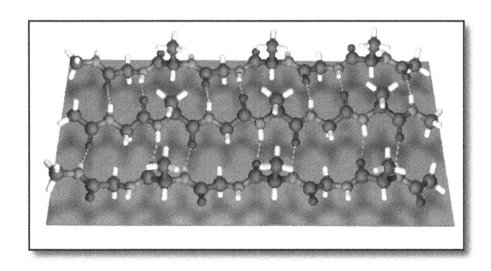

图 5.9 最常见的两种蛋白质二级结构之二：β片。它是由在多肽主链的原子之间的氢键所稳定下来的，这些氢键不涉及向β片上方和下方伸展的氨基酸残基侧基团。与α-螺旋的情形相似，本示意图中只使用了体积最小的氨基酸残基——甘氨酸和丙氨酸（书末附有彩图）

条互补的DNA单链分开时，它们就形成了类似于一对"印刷板"或模板的东西，可以用于制作两个相同的拷贝。这正是生物遗传如何在分子水平上发生的原因。规范的沃森–克里克DNA双螺旋结构显示在图5.10中。

我们也应该顺便提及一下，一些具有特殊一级结构类型的DNA片段。在某些条件下可能形成非常不寻常的——称为"非规范的"——二级结构。这些结构不同于常见的沃森–克里克右手双螺旋(在这种情境下称为B型双螺旋)。特别是，如果DNA受到扭转应力(例如，不适当地形成了一个环，或在实验室里受到磁镊的作用)，它的一些部分可以形成一个左手双螺旋(Z型)，还有可能形成三螺旋(H型)等。另一个例子是，你可以在DNA片段的一级结构中遇到回文。它们是在两个方向读起来都一样的句子；英语中有几个有趣的例子是"A man, a plan, a canal — Panama"（"一个人，一个计划，一条运河——巴拿马"），"Madam, I'm Adam"（"女士，我是亚当"），"And DNA"等[1]。DNA的回文片段往往采用十字架的形状(图5.11)。

也有一些不利的条件，使生物高聚物链中不会发展出二级结构。这可以通过仔细查看图2.12而看出来：它显示了一些在盐溶液浓度很低的条件下制备的DNA的电子显微照片。在这种条件下，彼此相对的DNA单链中带负电的磷酸

①中文里当然也有回文句子，例如"上海自来水来海上"。——译注

图 5.10　最常见的DNA双螺旋结构。在正常的生理条件(温度和离子强度)下，在每圈螺旋中含有大约10.4个碱基对，碱基对沿螺旋方向的距离约为0.34nm（书末附有彩图）

根基团强烈地排斥，这导致至少在一些地方出现了双螺旋的解旋，如图2.12中的箭头所指之处。更一般地，如果温度升高，或者一些低分子量的物质(例如盐)被添加到该溶液中(或从溶液中去除)，就可以导致螺旋的解旋，这被称为**螺旋—线团转变**。这种转变之所以有这个名称，是因为螺旋形状的高聚物链相当坚硬，而非螺旋形状的链是相对柔性的线团(图5.12)。因此螺旋–线团转变也被称为**螺旋熔融**。螺旋–线团转变的物理学让人很感兴趣。

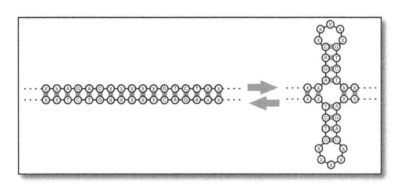

图 5.11　回文DNA链片段的类十字形结构。要使这个结构成为可能，序列必须是对称的，或者是一个回文序列。第二条单链的回文是不相同的，但是与第一条单链互补

　　螺旋–线团转变被优美地用于PCR技术。实际上，DNA单链的新拷贝是紧紧地缠绕着上一代的模板而生产出来的。要想解旋它们以便让它们作为下一代的模板，实验人员就需要提高温度，使螺旋进行螺旋–线团转变，并使互补的单链

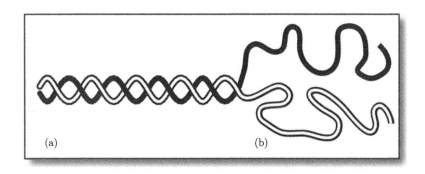

图 5.12 DNA链片段：(a)在双螺旋结构中；(b)在熔融状态

彼此扩散分开，然后可以降低温度，再重复整个过程。事实上，在历史上，应用PCR技术作为一种可靠的常规方法的决定性步骤，是利用从热稳定微生物(通常是细菌 *Thermus aquaticus*)上分离到的DNA聚合酶(所谓的Taq聚合酶)，它能够承受多次加热-冷却循环。

将螺旋-线团转变与固体的普通熔化之间进行类比是特别合适的，因为这两种转变都随着温度的升高而在一个很窄的温度范围内急剧发生。在熔融过程中，螺旋-线团转变伴随着吸收相当多的热量，用于打破形成螺旋的氢键。此外，就像晶体是以相当大块而非逐个原子地融化，螺旋-线团转变也是以相似的方式进行的，不仅螺旋的单个螺圈被破坏(这类似于一个晶体点阵的单个晶格熔化)，而且整个螺旋体也发生了解体。这是一个协同效应，即一个螺圈的丧失有助于邻近的螺圈解体。因此，普通熔化和螺旋-线团"熔融"的类比是相当普遍的，但是······无论类比有多好，螺旋-线团转变在某些方面不同于普通的熔化。主要的区别是，螺旋单链和非螺旋单链并不分离开来(就像，例如，在冬天的河流里的冰和水，或在饮料杯中的冰块)，而是沿链混合的。按照理论物理学的语言，我们可以说在螺旋-线团转变中不发生相分离，因此，严格来说，**这不是一个相变**。

对这一切的理论解释相当有趣。显然，螺旋-线团转变确实是一个真正的熔融过程，虽然不是三维晶体，而是一维晶体。在一维世界中，熔融是一个相当快速的过程，但并不导致相分离。这一事实被物理学家们称为**朗道定理**而为人们所熟知——因为它是在列夫·朗道(Lev D. Landau)和埃夫给尼·栗弗席兹(Evgenii M. Lifshitz)的10卷本《理论物理学教程》的某一卷中被简单地提及。

也很有趣的是，一个具有非均匀一级结构的实际杂聚物并不像专门制备的同聚物那样急剧地熔融。图5.13解释了原因。图中显示了具有不同一级结构的高聚物的**熔融曲线**以进行比较。它们是**螺旋比率**ϑ(有时也被称为**螺旋度**；

它是链中螺旋单元的占比率)对温度倒数T^{-1}的关系曲线。两个均匀的同聚物，例如，A—A—$\cdots$—A和B—B—$\cdots$—B都相当急剧地熔融，但是是在不同的温度下。例如，只含有A—T对或只含G—C对的DNA分子的熔点差别可以大到40℃——见图5.13(a)。显然，共聚物A—A—$\cdots$—A—B—B—$\cdots$—B将在两个阶段熔融(图5.13(b))。因此，一个具有单体A和B的复杂序列的实际杂聚物的熔融是一个渐进的过程，这也就不奇怪了(图5.13(c))。

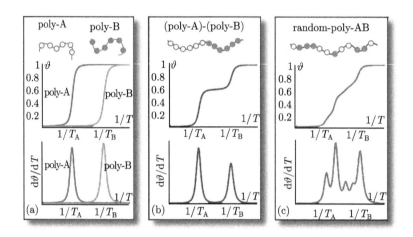

图 5.13　不同序列的熔解曲线和微分熔解曲线。图片顶部所示为不同的序列，上方为熔解曲线$\vartheta(T^{-1})$，下方为微分熔解曲线$\mathrm{d}\vartheta/\mathrm{d}T$。(a)poly-A和poly-B均聚物；(b)60% A和40%B的嵌段共聚物；(c)单体单元随机交替的杂聚物

　　如果我们来看所谓的**微分熔融曲线**——导数$\partial\vartheta/\partial T$与温度倒数$T^{-1}$的关系曲线(图5.13下方图片)，这些行为差异就更加明显了。微分熔融曲线表征了$\vartheta(T^{-1})$曲线(图5.13上方图片)的斜率。典型的微分熔融曲线看起来像一系列的峰，而图5.13解释了原因：如果在特定温度T_0下观察到某个峰，则它表明螺旋的某个特定片段在T_0或其附近熔融——即该片段的一级结构恰好以某种比例混合了"强"和"弱"碱基对，从而使该片段在T_0处熔融。

5.6.4　三级结构

　　因此，蛋白质的二级结构具有α-螺旋或β-折叠的几何构型，其基本单元(即螺圈或"发夹")包括链的三到十多个单体。

　　同时，三级结构是链作为一个整体的排布方式，也就是二级结构件被拼装到一起的几何构型。三级结构与二级结构有着本质的区别。当二次结构形成时，只

有沿着链紧密相连的单体被聚在一起。另一方面，三级结构的形成可能会使链的任意部分——其至是由很长的链片段所分开的部分——彼此靠近。

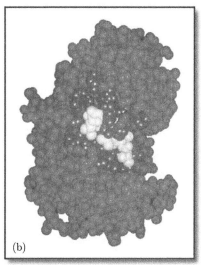

(a)   (b)

图 5.14 一种被称为天冬氨酸蛋白酶的分子识别实际图像。图(a)表示该球状蛋白在结晶态的微球的三维结构条带图。可以看出，微球由两个结构域组成，它们分别有175 个和153个残基。结合口袋位于两个结构域之间的缺口处。在图(b)中，同一蛋白质以空间填充方式显示；蛋白质微球的主体显示为蓝色，而黄色是被识别到的"目标"分子。红色是构成活性中心的蛋白质的一部分(经许可转载自：J. Gomez and E. Freire, "Thermodynamic Mapping of the Inhibitor Site of the Aspartic Protease Endothiapepsin", Journal of Molecular Biology, v. 252, n. 3, pp. 337–350, 1995) （书末附有彩图）

    图5.14中给出了一种蛋白质的球状三级结构的例子。这种特殊的蛋白质被称为天冬氨酸胃蛋白酶，但此时它的名字对我们并不重要。让我们先来看图5.14(a)，在图中用螺旋显示了α-螺旋(碰巧在这个特定的蛋白质中只有少量α-螺旋)，扁平的箭头表示具有β-结构的片段。这种描述蛋白质结构的方法是由杜克大学的生物物理学家简·理查德森(Jane Richardson)提出来的。这有助于使图片显得非常清晰；如果你试图更详细地画出三级结构，则图片会显得太复杂而很难理解。图5.14(b)以不同的方式——空间填充方式——展示了同样的结构。这个展示是很有用的，可以显示出微球实际上是非常紧凑的，原子基团是紧密地拼装在一起——但是，当然，这样我们就看不到内部的二级结构元件。

    图5.14中的蛋白质是一种球状蛋白质。这意味着它的三级结构折叠成紧凑、致密的**微球**(globule)。我们将在第9、10和15章中详细讨论高聚物微球。和其它

事情一起，我们将讨论这些微球是如何形成的和它们可以如何被破坏(或更普遍的说法：**变性**)，这是不是类似于熔融，是不是相变，以及为什么这个问题——**被称为蛋白质折叠问题**——被认为是现代生物物理学中的核心问题之一。在那里，我们还将讨论其它生物高聚物的微球状态，尤其是DNA(见9.9节)。

5.7　球状蛋白质酶

相当多的蛋白质都有球状结构。尤其是，其中包括催化活细胞中的各种化学反应——特别是新蛋白质和DNA的生物合成——的酶。请记住，催化剂是一种加速化学(或其它)反应的物质，但它本身并不受反应的影响。一个轻松愉快的例子是地铁自动扶梯。它的功能是搭载乘客上下。让我们把这两个操作看作是两个方向相反的"反应"：

$$[地铁里的人] + [电能] \Leftrightarrow [地面上的人]$$

从能量守恒的角度来看，这是非常简单和直观的。如果一个人在地铁里并有足够的电能，那么他或她就可以移动到地面上(正"反应")。或者，如果这个人在地面上，并且正在往下走，那么他或她的势能就可以转化成电能(逆"反应")。自动扶梯本身不会因搭载乘客上下而受到影响。这恰恰就是典型的催化剂所做的。你可以自己想出更多这样的例子。实际上，任何一种机械工具都起着催化剂的作用。顺便说一下，生物酶更像人造机器，而不像普通的化学催化剂(比如说，一种铂粉末，能加速二氧化硫向三氧化硫的氧化反应近1000倍，并被用于工业上生产硫酸)。

酶和机器有两个基本的相似之处。第一，反应加速的倍数极高。通常，反应甚至在没有酶的情况下不会发生，就像铁杆没有车床就不会自发地塑造成形为一个螺栓一样！第二点共性是极度的选择性。一种酶可以与一种物质一起工作，但不能与另一种物质——即使是非常相似的物质——一起工作。它就像一个切割制作特定直径的右旋螺栓的切割工具，但不会制作做左旋的或直径稍有不同的螺栓。

那么这些分子机器，酶球，实际上是如何工作的呢？图5.15示意性地显示了工作机制。一个"起始"分子即将经受处理。它冲进微球表面的一个被称为**活性中心**的一个特殊的空腔或口袋。在口袋里，该分子可能按下某种"按钮"，有时活性中心就是据此命名的。不管我们用什么术语，事情的本质都是活性中心的电子壳层被设置成快速运动，然后微球的其它部分开始运动(尽管不是那么快)。它们就像使用一副镊子来挤压"起始"分子，拉它、咬它、拧它，如此等等，使它变成预想的形状。其它蛋白质以类似的方式与我们身体的"入侵者"——例如细菌和病毒——作斗争，这些蛋白质能够高度特异性地识别其它分子。实际上，如图5.14所示的特殊蛋白是一种"分子识别机器"，该图描述了在这种情况下识别是如何达成的。

当然，我们对酶和免疫球蛋白的描述是极为近似的。另一方面，关于这些蛋白质实际上是如何工作的详细理论尚未完成。这种研究形成了一个名为bf酶学的学科。不管怎么样，在这个阶段看起来很明显的是，由于每一个工具或机器不是一堆随机的碎片，同样地，一个酶的微球应该是一个已组织好的结构，所有的单体都处在确定好的地方。

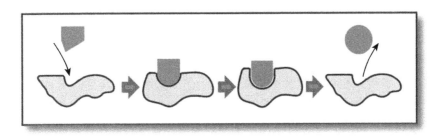

图 5.15　酶催化作用的不同阶段的示意图

这个结论可以很容易地通过实验来检验。如果这是真的，那么一个特定蛋白质的所有分子都应该是形状严格相同的微球。因此，如果它们相当集中，它们就会排列成一个规则的周期点阵(图5.16)，即形成一个蛋白质晶体。这正是实际发生的事情。如果你从一个细胞中提取一种蛋白质并制成浓缩溶液，然后经过一些巧妙的工作(瞄准适合精确测定的合适条件，如温度、盐度、pH值等——而这些条件通常必须纳入非常狭窄的"窗口")，那么你最终会得到蛋白质晶体。它们非常完美，当用X射线照射时，就能生成清晰的衍射图样。值得强调的是，不仅微球能形成规则点阵，而且每一个特定微球的每个内部元素在微球中的位置都与其它微球中的对应元素完全相同。研究这种衍射图样是了解微球的空间结构的一种很好的方法。这正是科学家们所做的。事实上，至今已有成千上万的蛋白质三级结构被"解码"了。

那么，是什么样的作用力使得蛋白质维持微球形状呢？微球必须非常紧致，因为所有的单体都必须占据固定的位置。事实证明，蛋白质分子收缩为微球，主要是由我们已经讨论过的疏水效应引起的。所有20个氨基酸残基中大约有一半是

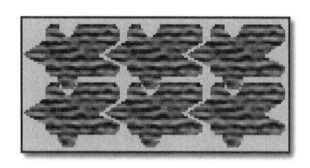

图 5.16　蛋白质晶体示意图

疏水性的，所以它们被填充到微球的内部，而让亲水分子在微球表面上占据位置。这样的排位让我们想起了球形胶束(图5.1(d)和图5.2(a))。唯一的区别是，现在我们只有一条长链，在微球中来回穿梭。因此，这种结构不完全是球形的，而是更复杂。

　　现在我们可以更好地理解蛋白质工程上的一些困难。其目的是设计一级结构，以使该链能盘绕起来形成一个具有所需的三级结构的微球，并按照预期的方式工作。这简直就像只借助随机操作字母和单词，使用看起来像是废话一样的语言，就高分子物理学写一本像样的书!

5.8　分子马达

　　我们提到过，蛋白质酶类似于人造机器——尽管是在纳米尺度上。我们忍不住想要提及，有一些这样的机器被正确地称为**马达**，因为它们所做的是以消耗化学能为代价进行反抗摩擦的机械运动。例如，人体内的一些**神经元**(神经细胞)的细胞体(主体)位于你的腰附近的背部，而它们的**轴突**一直延伸到脚趾的尖端——也许是大约一米的距离。有些蛋白质是在细胞胞体中合成的，但必须输送到细胞末端。它们是怎么被运输的? 通过简单扩散太慢了(扩散系数约为10^{-9} m²/s，这将需要大约10^9s，或30年)，细胞等待不了。作为替代，被称为**驱动蛋白(kinesin)**的特殊的马达蛋白，以沿着**微管**——顺便说一句，它也是另一种类似于高聚物的物质——行进的方式运送货物。而另一种被称为**动力蛋白(dynein)**的马达蛋白，则沿着相反的方向运送货物。

　　也许最广为人知的马达蛋白是**肌球蛋白(myosin)**，它负责我们的肌肉工作。另一种马达蛋白推动DNA以制造病毒。——这个例子列表可以很容易地继续写下去。

从化学的角度来看，这些马达蛋白所做的是催化三磷酸腺苷(ATP)的水解反应；每一次水解反应产生的能量约为$14k_BT$。马达蛋白利用这个能量在一个特别选定的方向上进行定向行走(而不是热平衡中在随机方向上随机行走)。

我们必须强调，分子马达不是在物理学和热力学课程中都很熟悉的经典热机。这并不是因为分子马达很小。而是因为它们**直接利用化学能，把它转化为机械功**。而人类制造的热机是把燃料的化学能转化为热能，再将部分热能转化为机械功，只有部分热能可以转化(只有**自由能**——而不是能量——才能用于做功)，这就是热机的效率总是小于100％的原因(这一说法被物理学家称为**卡诺定理**)。相反，分子马达在做机械功的时候不会将化学能消散为热能，这就是为什么它们的效率不受任何基本物理定律的限制，而且可以任意地接近100％——取决于我们如何定义它的效率。

分子马达不是热机这一事实也有其它非常直接的结果：作为机械装置，它们是**可逆的**。这是什么意思？例如，一个驱动蛋白的分子，在生理条件下，燃烧燃料(水解ATP)并把获得的能量花费在一个特定的方向行走。但如果我们故意提供过量的ADP和无机磷酸(水解产物)，使驱动蛋白缺乏ATP，并沿着驱动蛋白的轨道用力拉它，那会发生什么？嗯，你可能会猜想，这机器是可逆的——所以它将开始催化化学逆反应，以外部源向前拉动驱动蛋白做机械功为代价，用ADP和磷酸盐来生产ATP。乍一看，这可能听起来有点像希望通过拉动汽车的保险杠来让汽车开始生产汽油——但汽车马达是一种热机，这就是为什么它是不可逆的，不能逆向运行(生产汽油)，而驱动蛋白分子是一个可逆的机械系统。在这个意义上，驱动蛋白更像是一个电动马达，其反向运行——转动其转轴并输出电能——是物理学中一个很平常的课堂展示。

我们很想向读者讲述更多关于这些迷人的马达以及它们如何工作，因为这是非常有趣的。但我们必须克制自己。

5.9 物理学和生物学

我们还想再触及一个问题来结束这一章。我们一直在使用这些词：一级、二级、三级。接下来是什么？有时，当一些蛋白质微球粘接在一起，或者当一条蛋白质链形成多个小微球时，就引入了**四级结构**的名称。显然，存在着一整套结构层次：有链的复合物，这些复合物形成细胞的各部分，细胞构成组织，如此继续。

　　面对如此多种多样的结构和系统，物理学和生物学的分隔线在哪里？物理学家和化学家研究原子和分子。生物学家从另一端通过观察器官、组织和细胞……朝着他们而探索自己的道路。他们的道路是否会相遇，甚至重叠，还是被密不透水的石墙所隔开？这是一个极其重要的问题。如果有那么一堵墙，则我们就将永远无法成功地理解生命。由于生物高聚物在结构上具有三个层次(即一级结构、二级结构和三级结构)，看上去它们完全有可能连接物理学和生物学的领地。一方面，一条生物高聚物链仅仅是一个分子。从这个意义上说，探索它的性质应该是物理学的工作；而且，物理学和物理学家都有良好的装备去实现这一目标。另一方面，一个生物高聚物分子具有可称为"特异生物性"的方面，具体而言，它携带着由进化所创造的信息，并且它被用于执行特定的功能。

　　实际上，所有生物体——从大象到微生物——都有什么共同之处？其中一个主要特征是这种生物**从生到死都保持着某种"设计"或"构造"**。但这也正是我们关于生物高聚物链(尽管它的设计要简单得多)所要说的。一个生物高聚物从被合成——用化学方法或在细胞中——的时刻开始，直到被破坏为止，都保持其结构不变。而且，生物高聚物分子显然是所有具有"构造"或"设计"属性的系统中最简单的。这就是我们对作为物理学和生物学领域之间的真实桥梁的生物高聚物如此热衷的原因。

　　这个想法很吸引人，而且看起来极为简单。这似乎确实很明显！的确，真正的好想法的特征就是，*一旦它们被明确表述出来，就变得显而易见了！*而且通常很难确认谁是第一个提出这种想法的人。本书的作者知道，这个**把生物高聚物视为具有设计属性的物理对象**的深奥视角，是由我们的老师——位于莫斯科的物理问题研究所的俄罗斯物理学家伊尔亚·栗弗席兹(Ilya M. Lifshitz)——在1968年清晰地表述出来的。他创造了生物高聚物的"线性记忆"这一术语——好像它们总是能够"牢记"当它们在被合成时所赋予的线性结构。这个术语的发明看上去似乎并不特别成功，目前很少使用(如果有的话)。但这个想法本身超乎成功。栗弗席兹是第一人吗？他肯定是第一批人中的一个，而且他的思想也许在当时是最清晰和最领先的，但类似的想法通过在世界范围内相当多的人的工作而慢慢开始存在，而在20世纪80年代中期，这一想法已成为理所当然的事情了(你可能想要回顾我们对施陶丁格如何发现高聚物链结构的评论)。

　　因此，如果你开始研究具有线性记忆(用我们老师的话)的系统的物理学，你可能希望有一天能直面生物学的奥秘。我们将在后面的章节中进一步讨论这个问题。

第6章 简单高聚物线团的数学

富有的海盗习惯于从合适的衣柜开始。

马克·吐温
《汤姆·索亚历险记》

6.1 物理学中的数学

在前面两章中，我们研究了实际高分子聚合物物质的性质。我们既讨论了广泛用于工业或日常生活中的人造高聚物，也讨论了作为生命建筑砖块的天然高聚物。我们仅仅使用了文字来描述它们，没有使用任何数学。然而，这更像是讲故事，而不像是讲述科学，所以前面我们的描述相当肤浅。为了更好地理解高聚物，正如在物理学中经常发生的那样，我们必须从文字转向数学。这是因为"那些至少已经掌握了数学原则的人给人们的印象比其它人更有意义"(查尔斯·达尔文[1]。此外，"数学是神对人说话的语言"(柏拉图)。

然而，数学描述有其自己的"游戏规则"。实际系统是非常复杂的，如果你想充分地描述它们，你必须考虑到数量不可胜数的许多不同因素。这将是一个毫无希望完成的任务。出路在于简化现实，把握主要特征、而忽略所有次要的因素。幸运的是，甚至用一个非常简单的模型构建一个理论通常也是有回报的。

当你对简单模型的性质有深刻的体会时，它也会打开你的双眼，面对实际系统的行为。

在本章中，我们将讨论最简单的高聚物模型——即"理想高聚物线团"(这一名称的原因将在第7章中澄清)——的多个不同数学描述。

说句实话，本书的作者是物理学家，而非数学家。所以我们完全可以理解德国诗人歌德(J. W. von Goethe)说的笑话。他说："数学家就像法国人：无论你对他们说什么，他们都会将其翻译成自己的语言，于是它就成了完全不同的东西"。

---

①其它一些来源引用了一个稍微不同的提法："数学似乎赋予了人一种新感觉。"

歌德的讽刺也许是针对当时入侵德国的拿破仑法国军队，而不是针对可怜的数学家们。然而，他的态度得到了英国理论物理学家约翰·兹玛(John Ziman)的共鸣："没有什么比讲解推演纯数学家的工作所产生的定义、公理和定理会让普通人更排斥的了"。因此，我们将尽力用一些历史和各种物理类比来丰富下面几章。有时我们甚至会漫步走进一些"非高聚物"物理学中。无论如何，我们不是为了数学本身而做数学的。我们最关心的是数学公式的物理意义和含义。

6.2　高聚物链与布朗运动的相似性

想像一下你在一片茂密的森林里。你已经采摘了足够的蘑菇和浆果(或者你在那里收集的任何其它东西)作为食物，而天气变得很糟糕，你现在唯一想要的就是走出这个可怕的地方。但怎么做？树木和灌木丛阻碍了你的视线，使你难以行走。你看不到云层后面的太阳……似乎很确定，你正面临着艰难的时刻——除非你有指南针(哦，在理论上，人们说一个有经验的人可以通过观察树干上的苔藓和地衣的生长状况以及蚁冢在何处等，来辨别方向，但这并不是我们要讨论的主题)。但是即使有指南针，如果你没有地图，那又有多大用处呢？你不知道应该采取哪个方向为好……无论如何，看来一个指南针仍然是非常有用的。很快我们就会明白为什么了。

我们讲这个故事是有一个很好的原因。这将有助于我们理解一个深刻的数学概念，它在解释从高聚物的行为以及从生物学到经济学等领域的许多其它事物时卓有成效。历史上，这一概念最初是在研究**布朗运动**时发展起来的。

布朗(Brownian)运动本身，正如它的名称所揭示的，是在1827年由英国植物学家罗伯特·布朗(Robert Brown，1773–1858)发现的。他在透过显微镜观察悬浮在水中的花粉粒时，被花粉粒的随机"舞蹈"迷住了。这些粒子在显然没有外部作用的情况下自行移动着。所以很多人认为一定是有某种"活的力量"引起了这种运动(因为花是有生命的)。他们认为，这证明了有一种神秘的"物质"，使生命体区别于无生命体。

这个问题被争论了很长时间。每个人都可以自由地思考他们想要什么。然后在19世纪末出现了一场引人注目的热潮。布朗运动被看作是一种永恒的运动，所以它困扰着那些为科学的普适性问题而思考的人们。这些问题包括不可逆性的本质(即过去与未来的区别)，以及导致了物种完善性的达尔文生物进化与克劳修斯(Clausius)、汤普森(Thompson)和玻耳兹曼(Boltzmann)所描述的热力学演化—— 它会导致耗散或当时称为"热寂"——之间的区别。

最终，这一问题的答案是由阿尔伯特·爱因斯坦[①]和波兰物理学家马利安·斯莫卢霍夫斯基(Marian Smoluchowski，1872—1917)——后来莫卢霍夫斯基成为乌克兰利沃夫大学的教授——所发现的。爱因斯坦关于布朗运动理论的一篇论文的题目很有意思："关于分子动力学理论所要求的悬浮在静水中的粒子的运动"。爱因斯坦和斯莫卢霍夫斯基思考了分子的混沌热运动，并证实它可以解释这一切：因为布朗粒子是由一群分子在随机方向上推来推去，所以它是"坐立不安"的。换句话说，你可以说布朗粒子本身参与了混沌热运动。如今，科学上并不严格区分"布朗运动"和"热运动"这两个短语——唯一的区别遗留在历史中。爱因斯坦—斯莫卢霍夫斯基理论得到了让·佩兰(Jean Perrin，1870–1942)的美丽而精妙的实验[②]证实。这是一个人们期待已久、清晰明了的证据，证明所有物质都是由原子和分子构成的[③]。

我们将跳过这个冒险故事的更多细节。在回到高聚物之前，我们只需要再强调一件事。由于布朗粒子是因为与分子碰撞而移动，所以它的路径分裂成一系列非常短促的漂移和转折。从这个意义上说，布朗运动的轨迹与我们在2.4节中看到的高聚物链的形状(图2.6)非常相似。另一个明显的这种类型的例子是，一个人在森林里迷失了方向，如果没有指南针，就别无选择，只能随机游荡。

当然，没有哪个显微镜能让你看到单个分子的路径的扭曲和转折。然而，爱因斯坦—斯莫卢霍夫斯基理论告诉我们如何发现一条由许多细小的随机扭结(kink)组成的"模糊"折线与一条普通的平滑曲线之间的差别——即使我们不能辨别单个的扭结(我们并非总是需要看到所有的东西，例如，我们可以很高兴地辨别水和酒精，尽管每个单独的分子都是看不见的)。同样地，高聚物链看起来也完全不像一个在某个方向伸展开来的形状。而一个人在森林里的行走路径，也显而易见地取决于他是否携带了指南针!

那么，平滑的路径和"扭结"的路径之间的区别是什么呢?

对于直线运动:

$$R = v(t_2 - t_1) \tag{6.1}$$

对布朗粒子:

$$R = \ell^{1/2}[v(t_2 - t_1)]^{1/2} \tag{6.2}$$

此处的符号如下：在公式(6.1)中，R是位移大小，即在运动$(t_1 < t_2)$的初始位置$(t_1$时刻为$\boldsymbol{R}_1)$和终末位置$(t_2$时刻为$\boldsymbol{R}_2)$之间的距离$R = |\boldsymbol{R}_2 - \boldsymbol{R}_1|$;$v$是运动

---

①顺便提一下，爱因斯坦在同一年(1905年)提出了相对论和光是由光子组成的概念。

②你可以在一本有趣的书[55]中读到佩兰的实验。

③原子假说早在古希腊就提出来了，但等了两千年才得到证明!

的平均速率。而在公式(6.2)中，R也表示初始位置和终末位置之间的距离，但由于运动是随机的，所以应该理解为平均值；更具体地说，它是**均方根位移**：$R = \langle (\boldsymbol{R}_2-\boldsymbol{R}_1)^2 \rangle^{1/2}$，其中的角括号表示对许多不同的布朗路径进行了平均。除了R的定义这个技术细节，方程(6.2)与方程(6.1)在本质上是不同的，因为该式中R与所经过的时间的平方根成正比，而不是与时间本身成正比。代价是出现了一个新的参数ℓ，它具有长度量纲，其物理意义是我们将要讨论和解释的[①]。

爱因斯坦–斯莫卢霍夫斯基方程(6.2)的高聚物类比物是什么？设L为高分子链的伸直长度。由于化学结构不改变，它必然正比于链中单体的数量。链长度L对高聚物所起的作用，与$v(t_2-t_1)$的值对布朗粒子的作用是相同的。后者是粒子沿着路径运动时走过的总距离。由于链反复弯折、兜了很多圈子，两端之间距离的均方根，$R=\langle (\boldsymbol{R}_2-\boldsymbol{R}_1)^2 \rangle^{1/2}$是完全不同的，甚至与伸直长度$L$不成正比。如果你对公式(6.2)用$L$替换$v(t_2-t_1)$，就可以很容易地得到$R$：

$$R = \ell^{1/2}L^{1/2} = (\ell L)^{1/2} \tag{6.3}$$

6.3　高聚物线团的尺寸

让我们再看一下公式(6.1)和式(6.2)。它们实际上有多大的差别？而**末端距离R**与高聚物线团的伸直长度L有多大的相似性？答案是，这一差别是非常重大的，我们将试着解释为什么。

一眼看去，公式(6.1)和式(6.2)的主要区别可以看出来：R对时间间隔$\Delta t = t_2 - t_1$的依赖性的幂指数是不同的！假如你认为它是不重要的、不值得一提的，那我们将使用文字和数字而不是公式来把它弄得更清楚。

让我们从数字开始，换句话说，从估计事物的数量级开始。我们已经看到，在森林里迷路的步行者与一个在布朗粒子身上所发生的非常相似。假如说，步行者以$v=3$km/h的速度(在森林里很难运动得更快)每天花10小时步行(即$\Delta t = t_2 - t_1 = 10$h)。如果他使用指南针或其它手段来判断方向，他的路径会更像一条直线。位移大小将由式(6.1)给出；在此情况下，是30km。在走了那么远之后，精心准备的步行者很可能就会找到出路，或者至少能到达一条公路或主干道。然而，如果他在没有指引的情况下随机游走，情况就会变得更加严重。我们此时可以合理地假设，$\ell \approx 300$m；然后可以使用公式(6.2)，并发现这个可怜

---

①对于在温度T下，半径为r，质量为m的球形布朗粒子，在黏度为η的液体中运动时，爱因斯坦-斯莫卢霍夫斯基理论导出：$l=(mk_\mathrm{B}T)^{1/2}/(3\pi\eta r)$。

的家伙距其起始点走了不超过3km······因此，对于在森林中迷路的步行者的忠告是：不要冲动！只要保持按一个固定的方向走就可以了。只要你用一些路标来引导你走直线，走到哪里了并不重要①。

顺便说一句，迷路的步行者常常会感到他们在兜圈子。人们提出了各种荒谬的原因来解释这一点。一些人认为这是因为人的两腿在长度或强度上不同，另一些人指责科里奥利力，甚至是由于地球旋转造成的头晕。然而，正确的科学解释应该直接从图2.6开始。一条蜿蜒曲折的路径往往会多次跨越自身，所以一个迷路的旅行者偶尔地会发现自己来到一个以前到过的地方并不奇怪。在第8章中，我们将估算他们沿着一条随机路径会有多少次自我交叉。

那么，对高聚物来说，"自我交叉"是什么意思呢？缠结的形状使得一些由一长段链隔开的单体会靠得很近。它们甚至可能碰撞。这些单体在碰撞过程中的相互作用称为**体积相互作用**(volume interactions)。它们发生在高聚物线团的主体中，或者在它的"体积"内部——这与将相邻的单体沿着链结合在一起的"线性"相互作用相反。稍后，我们将详细讨论高聚物的各种性质是如何受到体积相互作用的影响。

让我们回到公式(6.1)和式(6.2)，来看另一个与高聚物直接相关的例子。你可能记得，人类或动物细胞DNA双螺旋的伸直长度可以达到一米那么长。问题是，如果双螺旋结构以类似于布朗运动的方式**随机行走**，所形成的线团将有多小？在实验中已经以很高的精度测量出了DNA的ℓ值：$\ell = 100\text{nm} = 10^{-7}\text{m}$。于是由方程(6.3)得

$$R \approx 3 \times 10^{-4}\text{m} = 0.03\text{cm} \tag{6.4}$$

这当然比1米长的伸直长度要小得多，但是要挤进直径约为10^{-6}m的细胞核仍然太大！因此，**DNA缠结**这一事实对于理解DNA是如何排布在细胞内是很重要的——尽管这还不够。当然，如果你对此思考一下，就会意识到它不可能是足够的，因为DNA的形状不可能是完全随机的，它里面必须有一些规律性，否则就不可能找到它的不同的链片段，并从其中"读取"信息。科学家们对大自然究竟是如何设法把双螺旋结构塞进细胞中去的(参见图2.7)仍然比较模糊。不过已经有一些思路，我们将在第9章讨论。现在我们只想说，主要部分是由上面提到的体积相互作用来完成的。它们帮助DNA折叠，使其大小与单体数N(即伸直

①即使森林是巨大的，而且你知道它的一条边界比另一条边界更近，你也不应该四处游荡，而是要沿着一条直线前进。只有当时间流逝表明你肯定偏离了最近的边境，你才可以忽然转向(例如，转过120°)，并尝试另一个方向。这听起来像是对数学爱好者来说是一个可爱的问题：已知步行者离最近的直线边界的距离，求出让他走出森林的最佳策略。

长度L)的比例关系不是幂指数为1(例如一根棍子)，也不是幂指数为1/2(例如由式(6.2)或式(6.3)描述的随机缠结线团)，而是更小的幂指数：1/3。

6.4　"平方根"定律的推导

现在我们知道，随机缠结的高聚物线团的主要特点是**它的大小与链的伸直长度的平方根成正比**：$R \sim L^{1/2}$(例如，见公式(6.3))。这就是为什么高聚物分子的大小显得比完全拉伸时要小得多(假设它相当长)。的确，对任何ℓ，比率$R/L \sim L^{-1/2}$随着L而减小，而且当$L \to \infty$时趋于零。然而，如果我们想找到一个具有给定的伸直长度L的特定分子的大小R，我们就**需要知道ℓ的值**。在任何情况下，如果我们对ℓ的物理意义知道得更多，都会对我们有帮助。此外，既然我们认识到"平方根"定律的重要性，那么看看**这个定律是怎么来的**可能是个好主意。

为了解决这两个问题，我们将放弃与布朗运动的类比，回到纯粹的高聚物世界，因为那样会更容易。让我们想象一条由N个单元构成的自由连接的高聚物链(图2.5(b))。从图6.1中可以明显看出，端-端向量$\boldsymbol{R}_N$可以由一个简单的公式给出：

$$\boldsymbol{R}_N = \sum_{i=1}^{N} \boldsymbol{r}_i \tag{6.5}$$

在这里，i标注链片段；N是链中的片段总数；$\boldsymbol{r}_i$是第i段的末端距矢量。所有的矢量$\boldsymbol{r}_i$的模量是相同的，都等于单个片段的长度：$|\boldsymbol{r}_i| = \ell$(我们特意选择这个符号来表示单个片段的长度)。同时，矢量$\boldsymbol{r}_i$的方向是完全随机的，而且彼此独立。

因此，描述线团大小的$\boldsymbol{R}_N$值可以写成是大量独立的随机项之和，正如式(6.5)所示。幸运的是，这类累加和的数学性质已经得到了很好的研究，因为它们经常出现在数学、物理学、工程学和生物学领域。

我们只举两个例子。例如，飞机所承受的压力取决于乘客、货物和机壳的总重量，因此总重量是这些随机贡献的累加和。类似地，在光散射中，散射波的电磁场是由单个原子产生的场的叠加(即累加和)。因为原子的热运动，这些贡献完全是随机的；当它们干涉时，它们可以相互增强或减弱。在这两个例子中，以及其它许多例子中，对平均值的可能偏离的答案都可以从**"平方根"定律**找出来。让我们从公式(6.5)来推导这条定律。

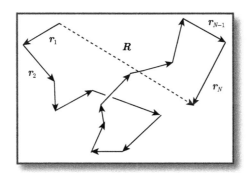

图 6.1 公式(6.5)图解：随机行走或高聚物链可以表示为连续的矢量r_i，它们的矢量之和就是末端距矢量R

除了R_N我们还需要对链的前$N-1$个单元引入类似的末端距矢量R_{N-1}。写下来如下：

$$R_{N-1} = \sum_{i=1}^{N-1} r_i, \quad R_N = \sum_{i=1}^{N} r_i$$

$$R_N = R_{N-1} + r_N \tag{6.6}$$

(这种递归关系在尝试对随机值排序时经常很有用)。

现在我们可以开始考虑如何计算出**平均末端距离**。但是，首先，我们需要考虑考察什么样的平均。要点是，矢量R_N本身以及它所有成分的平均值是零，即$\langle R_N \rangle = 0$。这是因为末端距矢量会以相同的概率等于R_N和$-R_N$。因此，矢量的平均长度$\langle |R_N| \rangle$才是有意义的，它能给予我们关于线团大小的一个概念。然而，更容易的是计算这个值：

$$R_N^2 = \langle R_N^2 \rangle = \langle R_N \cdot R_N \rangle = \left\langle |R_N|^2 \right\rangle \tag{6.7}$$

它也描述了线团的大小。式(6.7)中这个定义与我们在前面对R的定义是相同的。

根据式(6.6)，R_N^2可由下式给出：

$$R_N^2 = R_{N-1}^2 + 2R_{N-1}r_N + r_N^2 = R_{N-1}^2 + 2|R_{N-1}|\ell\cos\gamma_N + \ell^2 \tag{6.8}$$

其中，γ_N是矢量R_{N-1}与r_N之间的夹角；而ℓ，你可能还记得，是r_N的模量，即$\ell = |r_N|$。在自由连接高聚物的情况下，r_N的方向不依赖于链的其余部分的形状。这就是为什么角γ_N平等地有可能具有从0° ～ 180°的任何值，也就是说，$\cos\gamma_N$也平等地有可能是正的(γ_N处于0° ～ 90°)或负的(γ_N处于90° ～ 180°)。因此，余弦

的平均值为零，即$\langle \cos \gamma_N \rangle = 0$。这应该有助于我们直接从式(6.8)求出$\boldsymbol{R}_N^2$的平均值。实际上，由于右边第二项的平均值是零，得

$$\langle \boldsymbol{R}_N^2 \rangle = \langle \boldsymbol{R}_{N-1}^2 \rangle + \ell^2 \tag{6.9}$$

因此，如果一个额外的链片段被加到链上，则$\langle \boldsymbol{R}^2 \rangle$会增大$\ell^2$。现在，通过推导，可以很容易地证明：

$$\langle \boldsymbol{R}_N^2 \rangle = N\ell^2 = L\ell \tag{6.10}$$

现在，最后，我们可以使用方程(6.7)来求出含有N个单元的高聚物分子的大小：

$$R_N = \langle \boldsymbol{R}_N^2 \rangle^{1/2} = N^{1/2}\ell = L^{1/2}\ell^{1/2} \tag{6.11}$$

因此，"平方根($L^{1/2}$)"定律得证。

6.5   持续长度与库恩片段

我们只对具有独立的自由连接片段的特定高聚物模型证明了方程(6.11)。该公式是否适用于其它模型(包括随机行走的模型)？我们需要特别研究才能弄清楚。然而，这个研究可以简化为一个非常简单的论证。

正如我们已知的，高聚物链的柔性在较小的尺度上并不十分明显，但随着尺度的增加，它的柔性开始显现出来。这意味着每个高聚物都有一个临界长度ℓ_{eff}。**任何一段短于ℓ_{eff}的片段都可以看作是刚性的**，即其末端距离大致等于其伸直长度。同时，长度为ℓ_{eff}的不同片段的行为几乎是独立的。这种长度为ℓ_{eff}的片段被称为**有效片段**或**库恩片段**，这一名称来自于瑞士物理化学家维纳·库恩(Werner Kuhn, 1899—1963)，他首次使用统计力学来理解高聚物，尤其是，他提出了有效片段的思想。显然，一个伸直长度为L的分子含有$N_{\mathrm{eff}} = L/\ell_{\mathrm{eff}}$个库恩片段。由于库恩片段几乎是独立的，我们可以想像它们都是自由连接的，并使用方程(6.11)，得

$$R^2 = \langle \boldsymbol{R}^2 \rangle = N_{\mathrm{eff}}\ell_{\mathrm{eff}}^2 = \left(\frac{L}{\ell_{\mathrm{eff}}} \right) \ell_{\mathrm{eff}}^2 = L\ell_{\mathrm{eff}} \tag{6.12}$$

事实上，方程(6.12)给出了有效**库恩长度**的定义，即$\ell_{\mathrm{eff}} = R^2/L$。比较式(6.12)和式(6.3)，我们立即发现，出现在式(6.3)和式(6.12)中的ℓ值正是库恩长度。它给出了高聚物链(或随机步行者的路径)大致保持直线的长度的尺度。(这就是我们对在森林中迷路步行者估计$\ell \leqslant 300\mathrm{m}$的来源。)

实际高聚物的库恩长度有相当大的范围。简单的合成链的典型值大约为1nm,这个值是相当中等的;而DNA的有效片段伸展达100nm(这在分子世界中是一个巨大的数字——考虑到原子的大小是0.1nm的量级!)。

为什么会相差这么大?在每一种情况下,l_{eff}都是由链的柔性所决定的。看一看柔性和库恩长度这两个量是如何联系在一起的,可能很有意思。假设链的第一个片段的方向是固定的,让我们沿着链开始一段旅行(图6.2)。起初,方向的变化是非常平滑的,几乎察觉不到。看上去链好像保持着对初始方向的"记忆"。逐渐地,这个记忆开始褪色,最终完全消失。为了定量地描述这一点,我们选择链上由伸直长度s分隔的两个点(图6.2)。由于链有弯曲,它在两个点的方向是不同的;让我们假设它们之间的角度是$\theta(s)$。这个角度会由于涨落(即由于热运动)而变化。你可能会猜想,一个有意义的值是$\cos\theta(s)$的平均值。事实证明,如果s足够大,则$\langle\cos\theta(s)\rangle$呈指数衰减:

$$\langle \cos \theta(s) \rangle = \exp\left(-\frac{s}{l}\right) \tag{6.13}$$

这一公式实际上是一个非常重要的量l——即所谓高聚物链的**持续长度** (persistence length) ——的精确定义。

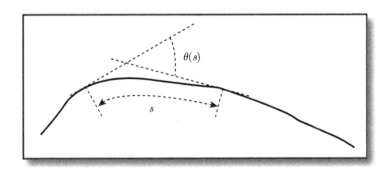

图 6.2 持续长度概念的图解。由伸直长度s分隔的两个点的切线之间的角θ,依赖于s;当s较小时,该角很小,它随着s而增大,并最终变得在$0\sim\pi$(或180°)均匀分布——见方程(6.13)

关系式(6.13)的物理意义是什么?要回答这个问题,让我们首先来看一段比l要短的片段。当$s\ll l$时,由公式(6.13)推导出$\langle\cos\theta(s)\rangle \approx 1$. 因此,角$\theta(s)$在零附近浮动。这很简单地意味着与$l$相比拟的链片段具有几乎相同的方向。而在相反的情况下,即$l\gg s$时,方程(6.13)导致$\langle\cos\theta(s)\rangle \approx 0$. 很清楚,这表明$\theta(s)$可以以相等的概率处于$0\sim180°$的任何值。因此,当链的长度大于$l$时,链的方向就会被完全"遗忘"。

总之，持续长度是定量描述高聚物链的一个参数。它的物理意义如下：**在比l要短的长度尺度上，链方向的记忆被保持着，但一旦超过l就会被遗忘**。换句话说，"持续长度"这个名字非常有意思：**链持续着方向不变直到长度l**。

由于记忆是在两个方向上伸展，所以**库恩片段的长度ℓ_{eff}必须大致等于持续长度l的两倍**。的确如此。此外，$\ell_{eff} = 2l$这一关系对蠕虫状高聚物链(见2.3节)也是准确的；对其它模型也是有效的，不过只有近似地有效。

原则上，持续长度应该随温度而变动。链的温度越高，弯曲的程度越大，它的持续长度和库恩片段的长度就越短。然而，在大多数情况下，这种依赖关系并不重要，因为甚至高聚物可能存在的温度范围也不是那么宽。

下面，我们将省略书写下标eff，把库恩片段的有效长度写为ℓ：$\ell = \ell_{eff}$。

6.6　高聚物线团的密度和高聚物溶液的浓度范围

"高聚物线团"这个短语也许会让你想到一个用线编织成的球体。从某种意义上说，线或绳确实与一条高聚物链很相似。尽管如此，一个线球与一个高聚物线团并没有任何共同之处。一个线球是被紧紧地缠绕着，没有空隙，而一条高聚物链是以非常松散的方式排布着的，如图2.6所示。然而，像球一样紧密的结构在高聚物世界中被称为**微球**(globule)。我们将把它们留到第9章再讨论，而现在让我们来寻找一种解释高聚物线团的这种低密度的理论。

正如我们已经看到的，一个由N个每个长度为ℓ的有效片段构成的分子的大小为$R = \ell N^{1/2}$(见式(6.12))。该线团的体积可以被估计为[①]：$V \sim (4\pi/3)R^3 \sim R^3 \sim \ell^3 N^{3/2}$。

只要知道了体积V和片段数目N，我们现在就可以求出线团中的**片段平均浓度**(单位体积内的片段数)c^*：

$$c^* = \frac{N}{V} \sim \frac{N}{\ell^3 N^{3/2}} = \ell^{-3} N^{-1/2} \tag{6.14}$$

到目前为止，我们的主要成果是发现了c^*对N的实际依赖关系。特别是，估算式(6.14)表明，如果一个链足够长($N \gg 1$)，则片段浓度c^*变得极低。

你可能还记得，我们在4.6节讨论高聚物溶液时已经遇到了浓度c^*。在那里，我们说过，如果溶液中高聚物的总浓度c小于c^*(即$c < c^*$)，那么单个线团几乎不会重叠，而溶液看起来像一个低压强的线团气体(图4.7(a))。另一方面，如

---

①符号~的意思是"在相同的数量级上"。当我们做粗糙的数量级估计时，诸如$4\pi/3$这样的因子就是不重要的，可以舍弃。

果$c > c^*$，则线团会彼此互相深深地穿透，链就发生缠结(图4.7(c))。c^*的值对应于阈值情形(图4.7(b))。现在我们已经看到，对于长的高聚物链，c^*的值是非常小的。这意味着高聚物溶液只能在非常低的浓度下由分离的、不交叠的线团构成。

如果我们以溶液中高聚物的**体积分数** ϕ来取代c^*的话，这一结论会变得更加清楚。设v是单个片段的体积，单位体积内这种片段为c个，这些片段所占据的总的体积分数为$\phi = cv$。ϕ的优势(相对于c)是没有单位，公式变得更容易。例如，在高聚物熔体的情形下(此时完全没有溶剂)$\phi = 1$。

设d是高聚物链的特征厚度。然后，把一个有效片段看作是一个直径为d、高度为ℓ的圆柱体，我们可以估计它的体积：$v \sim \ell d^2$(我们像往常一样舍弃不重要的因子$\pi/4$)。标志在图4.7(a)与图4.7(c)之间出现交叠的临界体积分数ϕ^*将近似如下：

$$\phi^* \sim c^* v \sim \left(\frac{d}{\ell}\right)^2 N^{-1/2} \tag{6.15}$$

在实践中，比值ℓ/d的范围是在2或3(对柔性合成链)到50(DNA双螺旋)。使用式(6.15)，我们可以查看特定的数字。例如，如果在一条柔性链中有10^4个单元，那么当高聚物的体积分数为10^{-2}时，即当高聚物只占溶液总体积的1%时，线团就已经开始交叠。

因此，如果$N \gg 1$，则必定在一个相当宽的浓度范围内$\phi^* < \phi < 1$ ($c^* < c < 1/v$)，线团严重地缠结($\phi^* < \phi$)，但仍然只有少量高聚物在溶液中($\phi < 1$)。这种类型的高聚物溶液被称为**半稀溶液**，正如图4.7(c)所示。真正浓稠的溶液对应着$\phi \sim 1$，此时高聚物与溶剂的体积分数可以相比拟(图4.7(d))。

顺便说一下，中间的、半稀的区域只有可能是因为高聚物链非常之长($N \gg 1$)。实际上，如果$N \sim 1$(即如果在溶剂中以小分子代替高聚物)，则这两个不等式$\phi^* \approx N^{-1/2} < \phi < 1$不能同时成立。因此，溶液只能要么是稀的($\phi < 1$)，在这种情况下，单个分子几乎彼此不发生相互作用；要么是浓的($\phi \sim 1$)，分子之间有强烈的相互作用。

图4.7(a)～图4.7(d)描绘了其中的高聚物链没有偏好取向的各向同性高聚物溶液。然而，正如我们已经提到的，在刚性高聚物($\ell/d \gg 1$)的浓溶液中可以出现自发有序，它们会变成液晶(图4.7(e))。在大多数情况下，这种各向异性的状态是在浓度$c > c_{cr}$时——其中$c_{cr} \sim \ell^{-2}/d^{-1} > c^*$——建立起来的，所以$c_{cr}$对应着一种半稀溶液。

6.7   高斯分布

在描绘单个分离的高聚物线团时，还有一系列问题需要我们解决。我们不妨从一个非常简单的问题开始：一个线团的大小与链长的平方根——即$L^{1/2}$或$N^{1/2}$——成正比，是什么意思？链是否可以偶然地伸展开来成一条直线？根据同样的思路，你可能会问，是否有可能在某一天，飞机上所有的乘客都很胖，以至于飞机无法起飞？一个能散射光的物体的电偶极子，能否凑巧地全部排列在同一方向上呢？房间里所有的分子能否都聚集在一个角落里呢？

你可能会同意，在原则上，所有这些事情都可能发生，尽管它们极不可能发生。事实上，链伸展成一条直线的概率与形成任何其它特定构象的概率一样(假设——貌似合理地——所有构象具有相同的能量)。但整个要点在于，存在着许许多多卷曲和缠结的形状，而直线形状只有一种，没有更多。这就是为什么一个高聚物，任由它自己的话，卷曲起来形成大小为$R \sim \ell N^{1/2}$的无数构象中的某一个是最有可能的。因此，这就是高聚物在一个数量级内的平均大小。一个高聚物由于涨落而扩张到$R \sim \ell N$的可能性是极其渺茫的。

为了使数学发挥作用，我们需要计算所有高聚物链的拉伸构象和卷曲构象。更精确地说，我们是想知道具有相同的末端间矢量$\boldsymbol{R}$的链有多少种不同构象。而这在所有可能的构象中所占比率又为多少？(换句话说，随机捡选的高聚物链具有末端间矢量$\boldsymbol{R}$的概率是多少？)这不是初等数学的常见任务。这个问题实际上就是，你能用多少种不同的方式来选择一个序列的项，并使它们的总和保持相同。

我们无法在此提供推导过程，于是我们只告诉你答案：

$$P_N\left(\boldsymbol{R}\right) = Q \exp\left(\frac{3\boldsymbol{R}^2}{2N\ell^2}\right) \tag{6.16}$$

这里，ℓ是有效长度或库恩长度；N是链中的库恩片段的数目；Q是一个不依赖于R的常数。Q值取决于我们用$P_N(\boldsymbol{R})$表达什么意思。它可以是两个东西，或者是具有给定R的构象总数(当然，是在某个无穷小的体积元中)，或者具有这个R的构象的概率(即这种构象的数目与所有可能构象的总数量之比)。特别是，如果P_N是概率，则

$$Q = \left(\frac{3}{2\pi N \ell^2}\right)^{3/2} \tag{6.17}$$

方程(6.16)是对矢量$\boldsymbol{R}$写出的。我们也想要看看它的分量R_x、R_y和R_z(它们

表明链的两端沿着x、y和z轴相距多远)。对于这三个分量中的任何一个都有

$$P_N\left(R_\alpha\right) = \left[\frac{3}{2\pi N\ell^2}\right]^{1/2} \exp\left[\frac{3R_\alpha^2}{2N\ell^2}\right] \qquad (6.18)$$

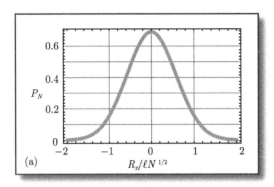

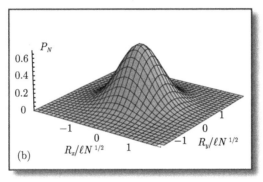

图 6.3 高斯分布。(a)由方程(6.18)给出的P_N 对R_α /(ℓ $N^{1/2}$)的关系曲线(指定了$\alpha = x$);(b)在重新标度的坐标x和y上,P_N对R_x / $(\ell N^{1/2})$ 和 R_y / $(\ell N^{1/2})$的二维分布。P_N在x、y和z三维上的分布与此非常相似——但我们无法画出它

公式(6.16)可以通过将三个分量$\alpha = x$,$\alpha = y$,$\alpha = z$ 的表达式(6.18)相乘而得到(我们把它留给你去检验和解释)。函数$P_N(R_x)$被绘制在图6.3中。你可以看到所有的R_x值从零到约$\ell N^{1/2}$有大致相同的概率。然而,如果R变得更大,概率会非常急剧地衰减。我们可以用这样的话来表述:如果链的第一个单元固定在原点,则最末的单元将有大致相等的机会位于在一个半径为$\ell N^{1/2}$的球体内的任何点。另一方面,在这个球体之外找到最末一个单元的可能性是小到可以忽略不计的。

对不同的$\boldsymbol{R}$值或其分量的概率方程(6.16)和方程(6.18),被称为**高斯分布**,这是因为著名的数学家高斯(K.F. Gauss,1777–1855)是第一个提出这个公式的

人——尽管是在不同的情境下。人们遇到高斯分布的情形的多样性令人惊异。除了高聚物和飞机乘客，你还可以考虑，例如，一些测量结果。正如你可能知道的，为了获得更准确的数据，以减少测量中不可避免的随机误差的影响，实验者必须多次重复测量。

假设实验者重复测量了N次。然后他们需要找到平均值。为此，他们首先必须把所有的测量结果加起来。因此，误差也累加起来了。然而，有些误差是正的，有些是负的，它们随机分布(似乎我们永远无法摆脱随机值的总和)。这就是为什么总和中的误差正比于$N^{1/2}$，而不是正比于N。最后，取平均值，总和被除以N。这就是为什么平均误差将表现为$N^{-1/2}$，因此它确实会随着测量次数的增多而降低。

总的来说，我们可以说，**大量随机值的总和受到概率的高斯分布的控制**(类似于式(6.16))。这是**概率论**的核心思想之一。由于高斯分布的重要性，它被赋予了一个时髦的名字，叫做**中心极限定理**。为什么有"极限"？事实上，高斯分布式(6.16)只在有极大数量的项数($N \gg 1$)的条件下才严格有效。对于有限数量的项数，它只是近似的。然而，即使在适度数量的项数(或单元片段数N)的情况下，高斯分布也能提供可接受的精确度[①]。

很自然，一个自由的单个高聚物线团通常被称为**高斯线团**，这一名称来源于分布公式(6.16)。

---

① 如果你喜欢优雅的数学轶事，你可能会对下面的例子感兴趣。它是关于所谓的"幸运"公交票。在以前，俄罗斯的公共汽车票上有六个数字，学生们都喜欢相信(不管是认真的抑或不是)，如果前三个数字之和与后三个数字之和相同，那么车票就是"幸运的"。可以证明，在总数为1 000 000张六位数票中共有55 252张"幸运"票。所以幸运票的概率是5.5252%。另一方面，一个数字的三位之和实际上是几位随机项的一个和。虽然在这种情况下只有三项，你仍然可以尝试使用中心极限定理来估计幸运票的概率。你会得到一个近似的答案为5%，这与精确值惊人地接近。因此，即使N只有3这么大，中心极限定理也能合理地工作。

第7章　高弹性的物理学

事实上，他可能不是那么正常。

J. K. 罗琳

《哈利·波特》

7.1　哥伦布发现了……天然橡胶

在一些科普读物中，人们说，天然橡胶是我们的祖先所遇到的第一种高聚体。如果你对此略作思考，你的反应可能是："胡说！人们早就一直知道木材和藤蔓之类的东西。更不用说史前人类和现代人类本身都是由高聚物构成的！"然而，事实是，在许多材料中，高聚物的性质虽然重要，但却只是以相当微妙的方式显现出来的。例如，有一些低分子量化合物，看起来与处于半结晶态、黏性态或玻璃态的高聚物非常相似。与此同时，有一个性质是非常明显的，而且完全是高聚物的性质：**高弹性**，该性质对小分子是不可能的。欧洲人碰到的第一种具有高弹性的物质确实是天然橡胶。

当第一批欧洲探险家和移民到达美洲时，当然，他们被很多新事物惊呆了。他们发现了土豆、烟叶、甜玉米、番茄——如此等等。他们在那里遇到了有着不同寻常的生活方式的奇怪的当地人。因此关于发现美洲的书是如此的吸引人也就不足为奇了。不幸的是，一些新来者非常贪婪且具有侵略性，这些特征有时主宰了发现者天生的好奇心。这不仅使美洲土著人饱尝苦难，而且对他们的文化造成了不可逆转的破坏。

制造橡胶的文化是一个幸运的例外。来自哥伦布首支探险队的人们对美洲土著人所玩的球感到惊奇。在那时的欧洲，球通常是把牛的膀胱包裹在一个皮革(顺便说一句，这也是高聚物!)的外壳内而制成。相反，美洲的球是实心的，沉重的，而且具有令人惊讶的弹性。它们是由一种被土著人称为"考楚克(caoutchouc)"的物质制成的。仅仅十年之后，当欧洲人到达巴西时，他们发现"考楚克"是从一种被称为"黑伟(heve)"的树分泌的乳白色树脂，通过采用在树干上斜向削砍而收集并提取出来。当时，由于入侵者们沉溺于好战的亢奋之中，他们有一段时间忘记了橡胶树。二百多年之后，"黑伟"树才得到植物学家正确的科学描述(1738年)。现在它们被称为"巴西橡胶树(Hevea Brasiliensis)"而广为人知，而且"考楚克"在一些欧洲语言中仍然是表示"天然橡胶"的单词。

7.2 高 弹 性

橡胶具有非常不同寻常的性质。在一定的条件下，它保持为固体(非流体)，但极有弹性。相当低的应力能够使一块橡胶显著地变形(比普通固体大得多)。变形是可逆的(弹性)，即当应力撤除时，样品会恢复其原有的未变形的形状。

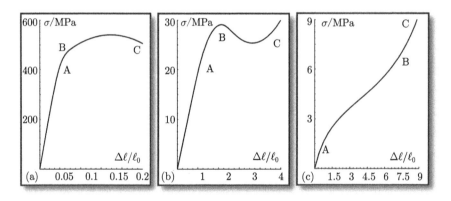

图 7.1 钢(a)、固态(部分结晶)高聚物材料(b)和高弹性(橡胶)高聚物材料(c) 的(工程)应力–应变关系简图。工程应力的解释请参见图4.4的图注。在每个图中都指出了基本点；弹性响应(应力)在变形中保持线性直到A点，即材料服从胡克定律；同时，变形仍然是完全可逆的。在点A到B之间的变形仍然是可逆的，样品在撤除载荷时能恢复其尺寸和形状，但应力–应变关系不再是线性的。在B点之后，变形变成塑性的，即不可逆的。在C点，材料失效(断裂)。虽然所有这些特征都是所有所显示材料的共同点，但它们表现出不同的应力和应变值

为了欣赏橡胶的弹性，让我们看看它与普通材料——包括非高聚物材料——有什么区别。以钢或塑料为例。图7.1比较了钢棒(a)、塑料线(b)和一块橡皮(c)的应力σ与应变 $\Delta l/l$ 之间的关系曲线。这三个图有一些共同之处。它们开始的时候，σ和$\Delta l/l$之间都是线性关系，即变形足够小的时候遵循胡克定律(公式(4.1))。在此范围内，变形几乎是完全可逆的。在所有三幅图片中，线性大致延伸到A点左右。然后，在A和B之间，曲线变弯。此处的变形明显地变成非线性，但仍然

维持为可逆的。有趣的行为是从B点开始的，这是可逆性最终消失的位置：正如人们所说，样本开始流动。即使应力撤除，材料仍保留有一定的残余(塑性)变形，并且永远无法回到原始形状。最后，在C点，样品被扯断。

虽然所有三个图都有A、B和C点，但它们的位置不同。在数字上也有很大的不同。例如，为了扯断钢(即达到C点)，你只需要拉伸它增长百分之几。它的可逆变形永远不会超过1%。相比之下，橡胶条可以轻松地伸展到原始长度的八倍(伸长700%)。而且，这仍然是可逆的！断裂点处的实际应力值也是相差极大的。钢大约是2 000MPa，而橡胶是39MPa。所以我们对应力σ和应变$\Delta\ell/\ell$谈论的是完全不同的尺度，这就是杨氏模量E也有差异的原因。实际上，根据方程(4.1)，杨氏模量是由如图7.1所示曲线的线性部分的斜率决定的。因此，我们对钢得到$E \approx 2 \times 10^5$MPa，对橡胶得到$E \leqslant 1$MPa。这一差距是巨大的，超过了五个数量级(我们在第4章中已经提到过)。另一个区别是橡胶的非线性、但可逆的变形范围(从A到B之间)非常宽，而对于钢，这个区域几乎是不存在的。另一方面，钢的σ $(\Delta\ell/\ell)$曲线具有一个相对较宽的塑性变形区域(从B到C)，而橡胶几乎在开始流动之后就马上断裂了(图7.1(c))。

现在你知道人们谈论橡胶的高弹性时意味着什么了。简而言之，**高弹性意味着材料在适度的应力下容易产生非常高的、非线性的然而可逆的变形**。

7.3 硫化的发现

除了球以外，美洲土著以前常常用橡胶制成许多其它的便利用品，如防水披巾、长筒靴、水瓶等，但它们远未达到完美。所有的东西都很黏，而且容易磨损。更糟糕的是，在炎热的天气里，它会完全融化！欧洲人接手之后，继续试图为这种不寻常的物质找到一个更好的使用方法，但这并不那么容易。

问题是，天然橡胶并不是真正的固体。任何外力(例如重力)都会使它流动——尽管很缓慢。严格地说，它是在黏性状态下的液态高聚物熔体。因此，任何天然橡胶制品都会持续地改变形状。到底它怎么"抖动"或"渗流"，强烈依赖于温度。在高于室温时，天然橡胶更像是液体。而在低温下，渗流几乎停止。但此时高弹性也消失了，橡胶变得坚硬。

有一个引人发笑的真实故事可以说明问题。这个故事是关于一个来自苏格兰格拉斯哥的名叫查尔斯·麦金托什(Charles Mackintosh)的人的兴盛与衰败。那个聪明的家伙决定把橡胶用于制造雨衣。他把一层薄薄的橡胶放在两层织物中间。它工作得很好，这种雨衣(又称橡皮防水布(macintosh))在众所周知潮湿的英国变得非常流行。麦金托什在1820年的冬天开始了他的雨衣生意，很快就发了财。然而，当夏季到来时，气温升高，所有橡胶都从橡皮防水布中流了出来。这个可怜的发明家破产了，于是，用橡胶填充外套的整个想法都被摒弃了很多年。

　　然而没有过多久，在1839年出现了突破。美国人查尔斯·固特异(Charles Goodyear，1800—1860)提出了对橡胶进行硫化的过程。在分子水平上，橡胶是由含有密集双键的高聚物链组成的(图7.2)。硫化涉及在橡胶中加入硫原子。它们能在链与链之间形成共价键(图7.2(b))，所以链就被硫桥连接在一起。你就得到了一个高聚物网络。即使是在相对较高的温度下，当一个普通高聚物熔体的未粘连的链将开始流动时(由于激烈的热运动，使链彼此相对移动)，这种高聚物网络也不是流体。与此同时，没有任何东西会阻止这样一个网络的扩展。在应力作用下，所有的链都会如图7.2(c)所示那样进行拉伸，所以它仍然是具有高弹性的。当然，固特异当时并不知道橡胶是一种高聚物(这几乎是一百年后才发现的)。他甚至做梦都不会想到我们会按上面所说的那样来解释橡胶的硫化。但他的发明开创了商业化使用硫化橡胶的新时代。

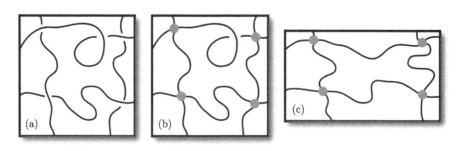

图 7.2　解释橡胶硫化原理和硫化网络的高弹性的示意图。图(a) 描绘了硫化前的高聚物链体系；图(b) 显示了硫化后的同一个高聚物链体系：链被交联起来，现在形成一个网络(交联点显示为灰色球)；图(c) 给出了网络在发生变形时的行为的概念图。在此图中，样品被水平拉伸，垂直方向有所收缩，以维持几乎不变的体积(图中不变的面积)。变形是通过释放其中的一些环线和蜷曲线、链沿拉伸方向解卷到必要的程度而达成的；链在垂直方向会变得更皱。要点是，链的长度实际上没有变化，只有它们的形状发生了重新排列

　　这个发现的故事本身很有趣。固特异并不是现代意义上的科学家。他的受教育程度不高，他的志向主要是在商业方面。有一次他碰巧买了一个用美洲(天然)橡胶制作的救生圈。这种不同寻常的材料捕获了发明家的想象力。他简直痴迷于使橡胶变得坚固而柔韧的想法。固特异几乎把所有可能的方法都尝试过了！他把橡胶和松节油、烟灰和油混合在一起。据说印第安人把橡胶放在阳光下能有所改善，他就在烤炉里把它进行烘烤。有很多次，固特异认为他已经成功了。然

后，他就会说服投资者支持企业，并马上按一个真正的美国规模开始生产。唉，每次橡胶都会开始跑。这些产品会渗出，有时发出一种可怕的气味，不得不被埋到地下！债务无法付清，固特异的许多孩子只好生活在贫困中，有时候他甚至因为债务而入狱。但没有什么能使他停下来。

公平地说，固特异并不是唯一致力于改进美洲橡胶的人。甚至在19世纪20年代至30年代初在北美洲有一股"橡胶热"。然而，是固特异而非其他人最终取得了突破。

这完全是偶然的。有一天，他把橡胶与硫磺和其它各种配料混合在一起，并撒了一些在热炉上。第二天早上，炉子凉了，靠近硫磺一边的橡胶块已变得面目全非。它看起来像我们现在日常使用的普通橡胶。在这个阶段，固特异做了一件最重要的事情，这使他真正获得了应得的名声，而非一个仅凭幸运而得到答案的家伙。他注意到了所发生的事情，意识到了它的意义，并得出了正确的结论。成功的秘诀是做两件事：把橡胶和硫磺混合起来，然后加热。

这是固特异关于其发现所写的文字："我在自己的努力中是被这一想法鼓舞着的：那些隐藏而未知的、无法用科学研究发现的东西，将最有可能被偶然发现，而且最终，将会由那个把自己最执着于该对象、最专心关注与此相关的一切事物的人所发现[①] 。"

固特异辞世的时候，几乎像他年轻时那样穷困。尽管如此，他的发明即使在他有生之年也已经变得广受欢迎。他设计的硫化方法直到今天也几乎没有任何变化。此外，固特异的很多关于如何获得各种具有特定功能的橡胶的想法也已经得到了成功的利用。例如，加入惰性填料(如炭黑)，导致产生了非常坚硬和坚固的橡胶，特别适用于轮胎(其工作原理是在网络的网格中填充少量的煤烟颗粒，这使得它更不易被压扁)。为了获得相反的效果，可以添加一种增塑剂(例如有助于填充物沿着网络移动的一些油)，这使得橡胶很容易磨损，就像用于橡皮擦之类的。

因此，自19世纪下半叶以来，橡胶工业发展非常迅速。野外生长的巴西橡胶树的胶乳长期以来是该行业中唯一的原料。然而，在1870年，英国人从巴西走私了100 000棵橡胶树种子。然后，这些种子在英国植物园里培育出了幼树。他们在殖民地种植了大量的橡胶树，主要分布在马来西亚、印度尼西亚和锡兰(斯里兰卡)。到第一次世界大战时，世界上只有微不足道的一部分橡胶生产来自巴西。

---

①引自参考书[53]第124页。

7.4　合成橡胶

在那些没有机会接触到热带橡胶树种植园的国家，特别是俄罗斯和德国，科学家们努力研究如何利用可用的原材料来制造合成橡胶，这些研究是成功的。他们发现了一种用丁二烯制造合成橡胶的方法，并在20世纪30年代开始生产。结果很好，合成橡胶令人满意，看起来和天然橡胶非常相似。

所有其它工业国家仍然对天然橡胶感到满意。它的总体质量仍然更好。然而，所有的一切都在第二次世界大战期间发生改变，当时几乎所有东南亚的橡胶种植园都被日本人占领了。这促使人们探索合成橡胶的新方法，尤其是在美国和加拿大。不久，世界上的人造橡胶产量赶上了天然橡胶，而到了20世纪60年代，则已经超过了。

与硫化相反，这一次全都是科学作出了贡献。橡胶合成的研究跟上了**高聚物是长链分子**的新思想(你可能还记得，H. 施陶丁格开创了这一理论，并且在20世纪20~30年代由许多实验确切地证实)。合成橡胶的努力不仅带来了新产品，也具有科学价值。这些研究证实，高弹性并不是天然橡胶的一个独特性质，而应是所有高聚物网络或凝胶(只要没有发生玻璃转变或结晶，那时链的运动将受到限制)的典型特性。

7.5　高弹性与单条高聚物链的拉伸

我们已经说过，**高弹性是高聚物网络的一个共同特性**。然而，这听起来有点太笼统了。让我们聚焦一下，看看它对特定的分子意味着什么。图7.2(b)描绘了一个典型的高聚物网络。你可以看到通过交联剂共价(化学键)桥接在一起的一批长链分子，它看起来像一种三维框架。你认为这种结构的基本"砖块"是什么？如果我们想理解网络的变形，我们应当考虑的最小片块是什么？答案可从图7.2(b)和7.2(c)中清楚地看到：是两个相邻的交联(网桥)之间的一串链。我们将为这样的链串引入一个新单词：**子链**。由于高聚物链是如此柔韧和随机卷曲，通常只要轻微地解卷开一些链串就足以来实现某种相当明显的网络变形。因此，如果一个高聚物网络被拉伸，许多子链将有所解卷，而它们中的一些实际会有点被压缩(图7.2(c))。因此，整个高聚物的弹性是所有单条子链的弹性之和。这就是为什么在考察整个网络之前有必要先探索**单条子链的弹性性质**。

因此，让我们看看如果一条单独的链被外力**f**拉动时会发生什么(图7.3)。实际上，这种单链拉伸实验是可以做的——这是一个了不起的实验成就。布斯塔曼特(C. Bustamante)及其同事们于1992年初在俄勒冈大学首次完成了这项工作，然后在世界各地的许多实验室里得到了重复。有几种版本的可让实验者操纵单个分子的装置，如光镊、磁镊等，我们不能在此讨论，但鼓励读者阅读这一主题，例如论文[52]。实际上，有点出乎意料的，执行这种单链拉伸实验最方便的高聚物是双螺旋DNA。不用说，用DNA做实验是令人激动的，因为它揭示了这一最重要的分子的性质——我们将回到这一点(见7.12节)。但是现在，让我们只用DNA的例子来整理高聚物物理学的基础知识。我们想像链的一个末端黏附着在原点的一个固定不动的支撑物上(我们可以任其所好地选择原点)，然后另一端受到力的作用，其位置可由熟悉的末端间矢量$\mathbf{R}$描述(图7.3)。因为$\mathbf{R}$依赖于所施加的力$\mathbf{f}$，所以我们要找出$\mathbf{R}$的平均值。

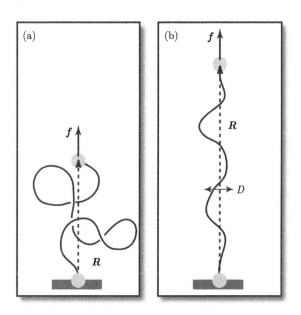

图 7.3　为了让一条单独的高聚物链保持一个给定的末端间矢量$\mathbf{R}$，我们需要施加一个外力$\mathbf{f}$。在这本书的第一版类似的图中，我们把$\mathbf{f}$看作是一个抽象的理论概念。而现在，使用DNA作为高聚物测试对象而进行的这种实验已经成为了许多实验室的日常操作，其中使用光镊或磁镊来施加力的作用。这个卡通示意图仅在一个方面是不符合实际的，即实际上这些实验中的珠子(力施加在其上)的大小要比DNA线团尺寸大一个数量级。图(a)显示了弱力的情形，此时链条形成无数圈并保持随机蜷曲。图(b)描述了强力的情形，此时链非常靠近于施力方向的直线，在垂直方向上只有很少量的偏移，偏离度的特征长度尺度为D；这一情形在7.12节中得到了更充分的考虑

首先来考虑一个反向的问题是很有用的。假设我们要把链的悬空端保持在给

定位置**R**上；平均而言，我们应该应用什么样的力**f**才能保持所预设的**R**值？你可能对后面这个问题有点惊讶。保持**R**不变真的需要一个力吗？正如我们在6.7节中所知道的，即使没有任何力，末端间矢量也可能具有任何可能的值，其中包括我们希望的**R**值，对此毫无疑问。但是，如果没有力，即如果**f** =0，则悬空端不会永远保持在所需的点**R**上不动。它将不停地波动。**R**在所有方向上都将会平等地取值。这就是为什么末端间矢量的平均值等于零，正如依据分布P_N(**R**)(公式(6.16))的对称性所能期望的一样。因此，为了保持**R**固定，你需要施加一个力**f**。你可以根据一个简单的对称性论证来猜测，**f**应该指向与**R**相同的方向(图7.3)。的确，它还能指向其它什么方向呢？它是一个外力，也就是来自于外部对象上、作用于链上的一个力。那么反过来，链作用于外部物体上的力又如何呢？牛顿第三定律告诉我们，它应该指向相反的方向，即指向坐标原点。所以它是一种恢复力，是弹力。因此，我们自然地得到这样的结论：高聚物链抗拒被拉伸。换句话说，**它表现出弹性**。

我们鼓励读者重新思考上面的段落，以认识到我们所有的论证甚至可以完美地应用于最简单的单链模型——由大数目$N \gg 1$个每段长度ℓ都相同的基础片段构成的自由连接高聚物链，更进一步，可以应用于片段之间的体积相互作用完全忽略的高聚物链(见6.3节)(后一种近似称为"理想高聚物链"，我们将在8.1节中再次讨论它，但现在我们差不多可以把它看作是厚度为零的棒)。

我们的上述论证可能还不能使你完全满意。的确，如果甚至彼此无相互作用的不可拉伸片段也存在着弹性，那么高聚物链弹性的物理本质是什么？要回答这个问题，让我们考虑一个普通的固态晶体。是什么使它具有弹性？当晶体被拉伸时，原子被拉开得更远(图7.4)。因此，这种情况下的弹性力是许多原子间相互作用的结果。有时以能量来描述同一事物是有帮助的。未变形的晶体处于平衡，即原子之间的相互作用势能最小(图7.4)。而外部变形力把原子从势阱底部向上拉。假设一个外力f使晶体伸长Δx。那么它所做的功为$f\Delta x$，被用来使晶体的内部势能——即原子间的相互作用的总能量——增加ΔU：

$$f\Delta x = \Delta U$$

或

$$f = \frac{\Delta U}{\Delta x} \tag{7.1}$$

公式(7.1)给出了求解拉伸力f(和晶体的弹性力相反)的方法。你需要知道的是晶体是如何构造的，然后就可以求出其中的内能ΔU。

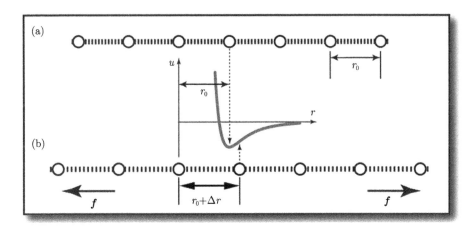

图 7.4　晶体弹性图解：(a)最初，在未变形晶体中，任何两个相邻原子之间的距离为r_0，对应着相互作用势能$U(r)$的最小值；(b)要拉伸样品，我们必须增大原子之间的距离，使其变为$r_0 + \Delta r$，其中的位移Δr决定了与势能最小值的偏离：我们必须增加势能，这就是为什么晶体会产生弹性反应力

现在让我们回到高聚物链。这时，我们不是在讨论一个拉伸的原子阵列——如在晶体中的情形。当高聚物链被拉伸时，我们实际看到的是末端距离的增大(图7.3)。当然，这可以发生的唯一方式是，链的一些蜿蜒部位拉直并解开缠结。如果我们想到一个自由连接(图2.5(b))的理想链，这一点尤为显著且易于理解。(再一次，理想链近似是假定相邻的单体之间唯一的相互作用来源于它们被连接在一起形成的一条链。所有其它单体都不发生相互作用，就像理想气体中的分子一样。你会习惯这种近似的。)

假设我们施加一个力$\boldsymbol{f}$，并使末端间矢量$\boldsymbol{R}$发生改变量$\Delta\boldsymbol{R}$。于是我们所做的功为$\boldsymbol{f}\cdot\Delta\boldsymbol{R}$。能量到哪里去了？前面当我们讨论晶体时，我们相当容易地找到了答案。不幸的是，在这种情形下我们那样做是行不通的。在一个理想系统中，变形前后的相互作用势能都为零。因此，公式(7.1)是没有用处的。至于分子的动能，它是由温度决定的。如果在变形过程中温度不变，则动能也不会改变……我们迷路了吗？

在无奈放弃之前，让我们想想另一个类比。也许看上去奇怪的是，从理想气体那里能得到帮助。从某种意义上说，理想气体具有"相反方式的弹性"。假设你想把气体放置在一个活塞下(图7.5)的一定体积的容器中(就像让一条高聚物链保持一个非零的末端距离$\boldsymbol{R}$)。你必须施加一个压力，即$f = pA$，其中p是气体压强，而A是活塞的面积。为了减小体积，你总是需要做一些功。然而，考虑到压缩是等温的，气体分子的势能和动能都保持不变。那么所做的功到底到哪里去了呢？(如你所见，我们最末再次提出了同样的问题。)

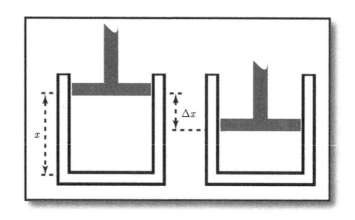

图 7.5　容器中在活塞发生 Δx 大小的压缩之前(a)和之后(b)的理想气体

当然，从长远来看，所有的功都会转化为热量，并在周围环境中消散。我们怎么知道？嗯，如果没有周围介质带走热量，压缩时的气体和拉伸时的高聚物都会变得更热(参见7.11节)。这是否意味着高聚物链的弹性取决于吸收热量的环境？好吧，我们知道理想气体的压强不取决于环境的类型，所以也许对高聚物可能有某些类似的东西？

还有，我们是否有希望用简单的能量分析来处理呢？或者我们需要用力学的方法，通过追踪所有的分子来解决这个问题吗？对理想气体来说这并不难。它的压强仅仅是大量分子单个撞击活塞上的综合结果。运用这个概念立刻就能推导出理想气体状态方程(我们鼓励读者重现这种推导，它非常美)。然而，高聚物没有这样简单的图景，即使在理想链的情况下，由于打结和缠绕，链片段的运动也是极其复杂的。

但是，让我们想一想。我们知道周围的介质除保持恒定的温度 T 外没有其它作用。我们对高聚物弹性的证明是建立在一个非常普通的想法的基础上的。实际上，我们证明了**当高聚物链被拉长时，它从一个更可能的状态变成一个较少可能的状态**。等一下！是否有可能找到一种通用的方法，来求出**在恒定温度下降低概率时的能量耗费**，而不会陷入分子碰撞的力学中？

对此确实有一个非常普遍的规则，被称为**玻耳兹曼原理**。它的内容如下：假设分子可以有 Ω 种方法占据一定的状态，(在我们的示例中，这个数字正比于概

率$P(\boldsymbol{R})$——见公式(6.16))然后我们需要找到物理量

$$S = k_{\mathrm{B}} \ln \Omega \tag{7.2}$$

其中，k_{B}是**玻耳兹曼常量**。我们正在寻找的**概率的能量等价物**是这个值的变化：

$$U_{\mathrm{eff}} = -TS \tag{7.3}$$

其中，T为绝对温度。在高聚物链的情形下，根据式(6.16)，有

$$S(\boldsymbol{R}) = -k_{\mathrm{B}} \frac{3\boldsymbol{R}^2}{2Nl^2} + \mathrm{const} \tag{7.4}$$

或

$$U_{\mathrm{eff}}(\boldsymbol{R}) = k_{\mathrm{B}}T \frac{3\boldsymbol{R}^2}{2Nl^2} + \mathrm{const} \tag{7.5}$$

其中，const是一个不依赖于$\boldsymbol{R}$的常量(这是因为Ω正比于$P(\boldsymbol{R})$，而非等于它)。利用方程(7.5)，我们可以很容易地从式(7.1)中求出弹性力。我们稍后将在7.9节中这样做。因此，玻耳兹曼方程 $S = k_{\mathrm{B}} \ln \Omega$ 在我们几乎失去希望的时候拯救了我们。所以并不奇怪，这个公式被铭刻在作者路德维希·玻耳兹曼(Ludwig Boltzmann，1844—1906)的墓碑上！但是，它意味着什么？来源何处呢？这本身就是一个有趣的问题。我们将把接下来的两节奉献给它，然后再回头讨论高弹性。

7.6 熵

飞速发展的科学产生了新的词汇。这给了我们一个理由来思考人类语言是如何演变的。从人类的黎明到现代追溯这个过程，是令人着迷的。例如，俄国军队在1814年打败拿破仑军队而进入巴黎之后，曾用俄语刺激法国侍者。俄语单词的"bistro"(意为"快")很快就被吸收到法语中，并进而被吸收到其它西方语言中，现在人人都明白，"bistro"是一种能提供廉价简便饭菜的中小餐馆。更近一些，我们见证了英语如何从俄语中吸收了诸如"pogrom(大屠杀)""sputnik(人造卫星)""perestroika(改革)"等新词，而法语从英语中捡得了"airbag(安全气囊)"，俄语则从英语借用了"computer(计算机)"，甚至一些英语缩写词——如PR(公共关系)——进入了俄语。由于新词语代表新事物和新思想，它们通常能使语言更丰富。例如，单词"computer(计算机)"被吸收进入了俄语，以区别于现代通用设备"能计算的机器"；同样，英语单词"sputnik"并不意味着一般的"satellite(人造

卫星)”(这应该是正确的翻译)，而是专指苏联的第一颗人造卫星，从而能唤起那个时代的记忆和情绪。

说起更专门的科学名词，很多人都会畏惧它们，而且确实有一些新发明的词可能听起来很吓人(如"uniformitarianism(均变论)"或"compartmentalization(条块分割)")。这样的词使用面很窄，而且使语言变得混乱。我们打心底里认为，它们的创造者一定缺乏节制之道！这里是一个由Samuel Goudsmit——前沿科学期刊《物理评论》的编辑——发出的有力声明："我们发现[新词]往往不合语法，常常是丑陋的，有时是盲目的，可能是模糊不清的，而且通常是不必要的"。尽管如此，有一些单词对世界上的词汇真正具有宝贵的科学贡献，"熵"一词就位列其中；而且，它确实在这一列表中名列前茅。

与能量、时间等概念一起，**熵是物理学中最关键的概念之一**，也是普通科学中最关键的概念之一。遗憾的是，自从熵的概念出现以来，它就一直被一种神秘的光环围绕着。例如，著名的物理化学家威廉·奥斯特瓦尔德(Wilhelm Ostwald，1853—1932。他出生在拉脱维亚的首都里加，在爱沙尼亚的塔尔图接受教育，大部分生命时间是在德国莱比锡工作，并于1909年荣获诺贝尔奖)给出了如下定义：**"能量是世界的女王，而熵是她的影子！"**这样的态度不无原因。人们是怎么第一次听到"熵"的？它往往是在最具全球性的和撩人心怀的问题中——如生命的起源，或宇宙的未来——提到的。也许，这就解释了为什么学校课程中通常没有熵的一席之地。然而，它是一个非常简单明确的东西。要第一次就了解它，你不必陷入晦涩的哲学问题。而且，如果你想描述物质的原子特性，没有熵就很难处理。那有点像试图解释足球规则而不提及球！对高聚物来说尤其如此。现在你明白了为什么我们需要偏离主题，更详细地讨论熵。

作为开始，让我们思考一下**能量**。你怎么定义它？当然，你可以把它分解成各种形式，如势能、动能等，并分别描述它们。然而，**能量的真正含义是由守恒定律揭示出来的**。考虑一个复杂的系统。假设我们知道在这个系统的某个地方某种能量已经减少了。这就意味着其它部分的能量必须增加(假设系统是孤立的)。因此，我们能够直截了当地得出正确的结论。最重要的是，我们不需要知道系统发挥功能的方式或者它是由什么组成的。

现在回到熵。公式(7.2)可以看作是它的定义。正如我们已经说过的，**熵是概率的能量等价物**。换句话说，如果你看看量值"$-TS$"已经改变了多大，它就能告诉你到底需要做多少功，**以使系统从一个更可能的状态转换到一个较少可能的状态**。在这种情况下，再一次，就像能量一样，你不需要考虑细节，例如，是什么做功(活塞或电场等)，分子如何与做功物体碰撞，如此等等。

玻耳兹曼原理——公式(7.2)——究竟意味着什么？其主要思想是：**由公式(7.3)和式(7.2)所定义的物理量$U_{eff} = -TS$可以被视为某种势能**。的确，如果系统被放任不管，它就最有可能降到最可能的状态(抱歉这么啰嗦！)。而根据式(7.2)和式(7.3)，这意味着有熵的增加，从而有U_{eff}的减少，这就是**最小势能原理**所预言的。

根据公式(7.5)，图7.6勾勒出了一个理想高聚物链$U_{eff}(\boldsymbol{R})$函数。该图具有势阱的形状。然而，你不能说"坐在阱底"对应于平衡。这里我们讨论的是非零温度。假设在温度T有一个小球，你把它放在一个适当的势阱(不是U_{eff}，而只不过是U)，它会做什么？它会以一种随机的布朗方式围绕平衡位置滚动。典型大小的摇摆将使得势能增加大约$k_B T$(顺便说一下，这就是物理学家如何估计晶体中原子热振动的振幅)。类似的话也可以对U_{eff}来说。正如你可以从公式(7.5)看到的，$U_{eff}(\boldsymbol{R}) - U_{eff}(0) \sim k_B T$的条件会导致距离$|\boldsymbol{R}| \sim N^{1/2}\ell$的结果(按照常规，我们舍弃了量级单位的数值因子)。这个结果正是我们想要的——一个高聚物线团最可能的末端距离(见6.7节)。

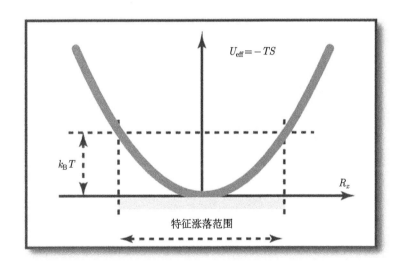

图 7.6 高聚物的等效势能$U_{eff} = -TS$与其末端间矢量$\boldsymbol{R}$的x分量的关系曲线。此图显示了R的涨落幅度可以从U_{eff}从其最小值增大到约$k_B T$时的条件而求出

现在，玻耳兹曼方程已变得更清晰一点了，因为我们已经解决了U_{eff}，并同意它是类似于势能的某种东西。然而，实际上，试图推导出该方程是非常诱人的！让我们在下一节就理想气体来做这个事情。

7.7　理想气体的熵弹性

假设在一个带有活塞的容器中装有理想气体。理想气体状态方程(有时又称为门捷列夫–克拉珀龙方程)给出了气体的压强p:

$$pV = Nk_{\mathrm{B}}T \tag{7.6}$$

其中，N是分子总数；V是容器的体积。作用在活塞上的力是

$$f = pA = \frac{Nk_{\mathrm{B}}TA}{V} \tag{7.7}$$

其中，A为活塞的表面积。

假设我们向下推动活塞Δx距离，从而轻微地压缩气体。显然，容器体积的减少量为$\Delta V = A\Delta x$(图7.5)。如果Δx很小，可以忽略活塞运动过程中的力和压强的微小变化。因此，所做的功可以简单地给出:

$$f\Delta x = pA\Delta x = p\Delta V = \frac{Nk_{\mathrm{B}}T\Delta V}{V} \tag{7.8}$$

在这一步，如果我们能记得，在V很小这一限制条件下，$\Delta V/V$可近似为$\Delta(\ln V)$，会很有帮助。事实上，根据微积分，得

$$\Delta(\ln V) \approx \frac{\partial(\ln V)}{\partial V}\Delta V = \frac{\Delta V}{V} \tag{7.9}$$

因为N是常数，

$$N\frac{\Delta V}{V} = N\Delta(\ln V) = \Delta(N\ln N) = \Delta(\ln V^N) \tag{7.10}$$

于是，我们得到

$$f\Delta x = k_{\mathrm{B}}T\Delta\ln V^N \tag{7.11}$$

或

$$f = \frac{\Delta U_{\mathrm{eff}}}{\Delta x} \tag{7.12}$$

其中

$$\Delta U_{\mathrm{eff}} = -k_{\mathrm{B}}T\Delta\ln V^N \tag{7.13}$$

所以我们得到了公式(7.12)形式的力，它看起来与(7.1)很相似。现在我们需要详细说明U_{eff}是什么。我们将把它与一个分子在容器中的摆放方式联系起来。

显然，气体不可能光凭自身而**减小**其体积。然而，它可以在没有额外帮助的情况下**膨胀**。这种权利的不平等与概率的差异有关。显然，气体的稀薄状态比稠

密状态更有可能。原因是它可以用更多不同的方式实现。但是我们怎么知道呢？**我们真的能计算每个状态的所有可能的方式吗**？答案是肯定的，最简单的计算过程如下。

让我们把气体的整个体积分成小立方格子，每个格子的体积为a^3(图7.7)。为了使它更简单，让我们假设每个分子只能位于格子的中心。于是我们就引入了分子位置的**离散**分布，而不是连续分布。在体积V中将有V/a^3种不同方式容纳每个分子。假设总共有N个分子。于是，将有$(V/a^3)^N$种方式把它们安排在体积V中。这是因为理想气体的分子并不发生相互作用，所以你可以完全独立地把它们散布在格子中。如果活塞最初的高度为x_1，初始体积为$V_1 = Ax_1$，而终末体积为$V_2 = Ax_2 = A(x_1 - \Delta x)$。实现这两种状态的方式的数量$\Omega_1$和$\Omega_2$，由下式给出：

$$\Omega_1 = \left(V_1/a^3\right)^N, \quad \Omega_2 = \left(V_2/a^3\right)^N \tag{7.14}$$

显然，$\Omega_1 > \Omega_2$(因为$V_1 > V_2$)，所以，被压缩较多的终末状态，确实是较少可能的。不过，你可能对计算方法有点怀疑。我们随性地从分子位置的连续集跳转到了离散集。实际上，这样做是完全正确的。稍后你会看到，格子的大小a将从所有物理量的最终公式中抵消掉。这意味着不管你怎样分解体积和对状态计数都无关紧要。

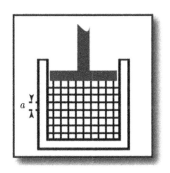

图 7.7　理想气体的状态数目的计数

Ω_1与Ω_2在数量上到底有多大差别？让我们看看比率Ω_1/Ω_2。由公式(7.14)可以导出：

$$\frac{\Omega_1}{\Omega_2} = \left(\frac{V_1}{V_2}\right)^N \tag{7.15}$$

比值V_1/V_2大于1；而幂指数N是一个很大的数，比1大得多。因此，$\Omega_1/\Omega_2 \gg 1$。让我们做个简单的估计。假设，$V_1/V_2 = 1.01$，而$N = 6 \times 10^{23}$(这大约是1mol气体

的分子数)。那么

$$\frac{\Omega_1}{\Omega_2} = (1.01)^{6\times10^{23}} \approx 10^{2.6\times10^{21}} \tag{7.16}$$

这是一个难以置信的巨大数字，甚至比整个宇宙中原子的数量还要大！因此，根据式(7.15)，终末状态的可能性比初始状态要小得多。

很明显，一个系统的自发演化只能朝一个方向，**从一个较小可能的状态到一个更可能的状态**(尤其是当这两个概率之间有如此巨大的差距时)。现在你明白为什么气体可以自发地膨胀(在恒定温度下)，但不能自行收缩。为了压缩气体，你必须用一些力来推动活塞，抗拒你的努力的反作用是理想气体的弹性力。

使用公式(7.15)，我们可以按照Ω来改写表达式(7.11)：

$$\Delta\left(\ln V^N\right) = \ln V_1^N - \ln V_2^N = \ln\left(\frac{V_1}{V_2}\right)^N = \ln\left(\frac{\Omega_1}{\Omega_2}\right) = \Delta\left(\ln\Omega\right) \tag{7.17}$$

与式(7.13)进行比较，我们可以得出结论，对于理想气体，有

$$U_{\text{eff}} = k_{\text{B}}T\ln\Omega \tag{7.18}$$

这与玻耳兹曼方程(7.2)相同。

7.8　自　由　能

还有一个更棘手的问题需要我们解决。如果我们有一个复杂的结构，其势能U和状态的概率Ω(或公式(7.2)中的熵S)同时改变，那会怎么样呢？事实上，这就是实践中在真实的物理系统中——包括在高聚物中——所发生的。

答案是显而易见的。**在任何等温过程中，外力必须同时在两方面做功，即改变能量U以及状态数Ω。所做的功由$U+U_{\text{eff}}$的总变化量来确定。**这个量称为自由能F，通常写成

$$F = U + U_{\text{eff}} = U - TS \tag{7.19}$$

这就把我们引向最基础的**最小自由能原理**。任何一个放任不管的在固定温度下的系统，其行为总是表现为其自由能下降。**自由能的最小值对应于平衡态。**不过，平衡的定义只在统计意义上的——系统永远不会停止围绕其平衡位置的随机热抖动，我们说它在**涨落**(或波动)。

自由能公式(7.19)中的两项通常被称为"能量部分"和"熵部分"。使用这两个术语，我们可以做一些有趣的归纳。理想气体和理想高聚物似乎都有自由能的**零能量部分**。另一方面，理想晶体具有**零熵**部分。

稍后，我们将有更多机会来探索高聚物的自由能。但现在，让我们试着解决你可能已经有一段时间存在着的问题。为什么叫"自由"？多么奇怪的名字！实际上，自由能(以及熵)的概念属于热力学，这门学科被称为"蒸汽时代的孩子"。它曾经是一个非常广泛应用的领域，专注于热机设计的问题上。甚至现在，如果你翻看错误的教科书，你可能得到一个印象，认为热力学是一种奇怪的、过时的对蒸汽机的研究。这当然是远离真相的。热力学可能是一个独特的实例，它起源于相当狭窄的实践应用问题，并逐渐形成为在非常普遍的领域内——从宇宙学到生物学——的知识的一门科学。

非常令人惊讶的是，诸如卡诺(Carnot)和克劳修斯(Clausius)这样奠定了热力学的学科基础的科学家们，当时仍然相信关于热量的一种非常幼稚的热学理论，认为热量是一种流体。他们面临的主要实践问题是，假设有一些热蒸汽从锅炉里冒出来，它的能量中有多少可以释放出来做有用功(当然假定它不能释放出所有热量！)？换句话说，多大部分的能量可以自由地转化为功？答案是：自由能式(7.19)！这一名称就是这样来的。

7.9 高聚物链的熵弹性

现在让我们回到高弹性。正如我们已经看到的，一个理想高聚物的内能不会改变：$\Delta U=0$。所以能量对弹性没有贡献，弹性只能用熵来解释。的确，当一条链被拉长时，我们从一个更可能的状态(能以更多不同的方式实现)转换到一个较少可能的状态(只能以更少的方式实现)。链开始解卷，而失去了一些自由。在极端的情况下，一个链伸到一条直线，完全没有自由($\Omega=1$，$S=0$)。

我们已经求出了理想链的熵（式(7.4)）。现在我们可以用公式(7.1)求出弹性：

$$f = -T\frac{\partial S}{\partial R} = \left(\frac{3k_\mathrm{B}T}{Nl^2}\right)R \tag{7.20}$$

矢量f和R是平行的(你可以从图7.3中看出)。所以我们可以把式(7.20)改写成矢量形式：

$$\boldsymbol{f} = \left(\frac{3k_\mathrm{B}T}{Nl^2}\right)\boldsymbol{R} \tag{7.21}$$

因此，结果可见，力f是与"位移"R成正比的。我们可以说，一条理想链服从大家熟知的胡克定律。然而，也许我们需要更谨慎一点。比较式(7.20)与该定律的普通形式(4.1)，主要的差异是非变形链中的R的平均值等于零。因此，我们不能把任何类似于相对变形$\Delta\ell/\ell$的东西代入胡克定律的一般形式中。

不过，我们可以考虑高聚物链的"弹性系数"：它应该是力f与变形R之间的线性关系的系数。根据式(7.20)，它应该是$3k_BT/(Nl^2)$。首先，请注意它与$1/N$成正比，如果链相当长的话，这使得它的量值非常小。这意味着高聚物链很容易受到外力的影响，这恰恰就是橡胶和其它类似高聚物的高弹性的原因。我们可以注意到的第二点是，**弹性系数正比于温度T**。这是因为弹性力是由熵引起的，你可以从公式(7.3)中看出来。

7.10　高聚物网络的熵弹性

我们已经探索了当单条高聚物链被拉长时会发生什么。这不只是一个练习。我们已经证明，一个网络的弹性是由所有子链的弹性建立起来的(图7.2)，因此我们可以利用我们已有的发现。不过有一个棘手的问题。让我们想像一个高弹性的固体，比如说一个橡皮球。里面的大分子密实地压紧在一起，彼此之间有强烈的相互作用。所以，我们真的可以**把每条子链作为一种完全没有体积相互作用的理想高聚物来处理**吗？

答案是我们**可以**这样处理。当然，在如此致密的结构中，分子的热运动与理想的单链完全不同。一个单体中的原子团将以完全不同的方式振荡和转动。然而，周围环境的密度对大分子的缠结形状没有影响(即线团的大小仍然与链长的平方根成正比)。高斯分布式(6.16)也不会受到影响。一般来说，**理想高聚物和高弹性高聚物的链的大尺度性质是相同的**。这一思想最早是由弗洛里(P. Flory)在1949年明确表达的，因此常被称为**弗洛里定理**。你可以用如下方式定性地解释它。在一个均匀的、无定形的物质中，某一条特定的链的所有构象都是平等地可能的(在这个含义上：它们对应于与其它链之间有相同的相互作用能量)。这是因为每个单元的周围环境大致相同，而这实际上是我们在推导理想高聚物弹性时所做的唯一假设。

现在，由于我们确信我们处在正确的轨道上，让我们来研究高聚物网络的拉伸(见图7.2)。我们将把它看作是一批理想链的集合。假设每个子链包含N个自由连接片段，每个的长度为ℓ。(为简单起见，我们忽略高聚物的分散性)当网络被拉伸时，所有子链也都平均地被拉伸。它们的熵（参见式(7.4)）减小(因为末端距离R增大)，这会引起"熵"弹性力。它还不能解释高弹性。高弹性是在中等应力下承载巨大可逆应变的能力。这是因为每条链的"弹性模量"都相当小(参见式(7.20))而发生的。

想像一个长方体形状的高聚物网络。让我们沿着它的边画出x、y和z轴。

假设我们沿着这些轴(分别)以系数λ_x、λ_y和λ_z拉长了该网络。那么，如果网络沿x轴的初始长度为a_0x，现在它就是$\lambda_x a_0x$，如此等等。现在我们需要做一些关于网络如何变形的假设。最简单的是假设所谓的**类同性**(affinity)(交联和整个网络以同样的方式变形)，即某条子链的末端距离初始时为$\boldsymbol{R}_0$，分量为R_{0x}、R_{0y}和R_{0z}。变形之后，该矢量变为$\boldsymbol{R}$，其分量为$R_{0x}\lambda_x$、$R_{0y}\lambda_y$和$R_{0z}\lambda_z$。根据式(7.4)，子链中的**熵变**为

$$
\begin{aligned}
\Delta S\left(\boldsymbol{R}\right) &= S\left(\boldsymbol{R}\right) - S\left(\boldsymbol{R}_0\right) \\
&= -\frac{3k_{\mathrm{B}}}{2Nl^2}\left[\left(R_x^2 - R_{0x}^2\right) + \left(R_y^2 - R_{0y}^2\right) + \left(R_z^2 - R_{0z}^2\right)\right] \\
&= -\frac{3k_{\mathrm{B}}}{2Nl^2}\left[\left(\lambda_x^2 - 1\right)R_{0x}^2 + \left(\lambda_y^2 - 1\right)R_{0y}^2 + \left(\lambda_z^2 - 1\right)R_{0z}^2\right]
\end{aligned}
\tag{7.22}
$$

为了求出整个网络的总熵变，我们必须对所有子链的贡献式(7.22)累加求和。换句话说，我们可以对$\boldsymbol{R}_0$进行平均，并乘以网络中的子链数目νV(此处的V是样品的体积，ν是单位体积中的支链密度)：

$$
\Delta S = -\frac{3k_{\mathrm{B}}\nu V}{2Nl^2}\left[\left(\lambda_x^2 - 1\right)\left\langle R_{0x}^2\right\rangle + \left(\lambda_y^2 - 1\right)\left\langle R_{0y}^2\right\rangle + \left(\lambda_z^2 - 1\right)\left\langle R_{0z}^2\right\rangle\right]
\tag{7.23}
$$

现在我们可以考虑到

$$
\left\langle\boldsymbol{R}_0^2\right\rangle = \left\langle R_{0x}^2\right\rangle + \left\langle R_{0y}^2\right\rangle + \left\langle R_{0z}^2\right\rangle
\tag{7.24}
$$

(见式(6.11))。我们也知道，所有三个方向(x、y和z)是平权的，因此$\left\langle R_{0x}^2\right\rangle = \left\langle R_{0y}^2\right\rangle = \left\langle R_{0z}^2\right\rangle = \dfrac{Nl^2}{3}$。于是我们最终得到

$$
\Delta S = -\frac{k_{\mathrm{B}}\nu V}{2}\left(\lambda_x^2 + \lambda_y^2 + \lambda_z^2 - 3\right)
\tag{7.25}
$$

有趣的是，答案并不依赖于描述单条子链的参数N和ℓ。这表明等式(7.25)是普遍适用的。无论支链结构有何特殊性(例如，不论它们是自由连接或蠕虫状)，无论轮廓总长度和库恩长度如何等等，它都是有效的。如果再看一下我们的计算过程，可以看到，基本上我们得出主要结论式(7.25)而所需的只是认为子链是理想链。

我们可以使用式(7.25)求出在各种各样的变形中由"熵"弹性引起的应力。显然，最重要的变形类型之一是单轴拉长(或压缩)。让我们看看在这种情况下能从式(7.25)中得到什么。假设我们沿着x轴以系数λ拉长样品，即$\lambda_x = \lambda$。网络沿

着y和z坐标的大小可以自由改变。我们在这种情况下是否可以求出相对变形λ_y和λ_z？

请记住，我们所讨论的是一种处于高弹性状态的高聚物。这似乎是一个合理的假设：它的体积在应变下没有变化。于是，样品y的大小和z的大小应该以系数$\lambda^{-1/2}$而缩小，即$\lambda_y = \lambda_z = \lambda^{-1/2}$。因此变形后的总体积不会改变：

$$V = \lambda_x a_{0x} \lambda_y a_{0y} \lambda_z a_{0z} = \lambda_x \lambda_y \lambda_z V_0 = V_0 \tag{7.26}$$

我们怎么能在物理上证明体积必须是恒定不变的呢？高弹性高聚物通常是一种流体(高聚物熔体)。它的链是以化学键相连的。因此，如果在所有方向压扁，这样的高聚物一定会表现为普通液体。特别是，在体积上1%的变化只能在约为100标准大气压($\sim 10^7 \mathrm{Pa}$)下达到。而与此同时，这样的高聚物的弹性模量是相当小的。因此，样品可以用较小的力($\sim 10^5$或$10^6 \mathrm{Pa}$)拉伸到几倍的长度。所以假设体积在这种低应力下不发生改变是很自然的。

从这个视角来看，弹性高聚物不同于普通的固态晶体和玻璃——它们在长度变化时会改变其体积。在分子水平上，这种差异并不令人惊讶。当晶体拉长时，它们的原子被拉得相距更远。与此同时，高聚物仅仅是通过解缠、解卷和拉直它们蜿蜒的支链而增大其长度，因此它们的原子间距离保持不变。

如果我们把$\lambda_x = \lambda$和$\lambda_y = \lambda_z = \lambda^{-1/2}$代入方程$(7.25)$，就会得到

$$\Delta S = -\frac{k_\mathrm{B} \nu V}{2} \left(\lambda^2 + \frac{2}{\lambda} - 3 \right) \tag{7.27}$$

使用一个类似于式(7.12)的公式，在此可以毫无问题地求出拉伸力：

$$f = -T \frac{\Delta S}{\Delta a_x} = -\frac{T}{a_{0x}} \frac{\Delta S}{\Delta \lambda} = -\frac{T}{a_{0x}} \frac{\partial S}{\partial \lambda} \tag{7.28}$$

我们常常对这样的力不感兴趣，而是对**应力**——即单位横截面积上的力——感兴趣。我们应该告诉读者一点微妙之处：在定义应力时，可以用力除以在当前变形状态下的实际截面，或者用力除以未变形样品的初始截面；前一个称为**实际应力**，后者通常称为**工程应力**。工程应力在实践中更容易求出，这就是它最常用的原因。我们在本书中也一直都使用工程应力(参见图4.4及图注)。对于我们当前的任务，工程应力可以如下计算：

$$\sigma = \frac{f}{a_{0y} a_{0z}} = -\frac{T}{a_{0x} a_{0y} a_{0z}} \frac{\partial S}{\partial \lambda} = -\frac{T}{V} \frac{\partial S}{\partial \lambda} \tag{7.29}$$

因此，让我们以σ来重写答案：

$$\sigma = k_\mathrm{B} T \nu \left(\lambda - \frac{1}{\lambda^2} \right) \tag{7.30}$$

结果式(7.30)是高聚物网络高弹性理论的主要公式之一。如果拉长量很小(即λ接近于1)，方程(7.30)可以用来估计一个高聚物网络的杨氏模量(见式(4.1))。的确，在λ ≈ 1的限制条件下有

$$\lambda - \frac{1}{\lambda^2} = (\lambda - 1) + \frac{(\lambda + 1)(\lambda - 1)}{\lambda^2} \approx (\lambda - 1) + \frac{2(\lambda - 1)}{1^2} = 3(\lambda - 1) \quad (7.31)$$

与此同时，$\lambda - 1 \equiv (a_x - a_{0x})/a_{0x}$就是相对拉长量。换句话说，它起着与方程(4.1)中的参数$\Delta \ell / \ell$同样的作用。比较式(4.1)、式(7.30)和式(7.31)，我们最终得到了杨氏模量：

$$E = 3k_{\mathrm{B}}T\nu \quad (7.32)$$

因此，E与分子浓度为3ν的理想气体的压强相同(即是交联密度的三倍)。这意味着在高弹性样品中的交联越多，弹性就越小。因此，E的值并不指示某种特定的高聚物。它随着交联的密度而有很大的变动。

然而，公式(7.30)不只可以用来求出杨氏模量。它还描述了在应力–应变曲线占据相当大空间的**非线性弹性**(在图7.1中，它从线性弹性消失的A点延伸到可逆性丢失的B点)。更重要的是，公式(7.30)对单轴压缩同样有用。你只需要牢记，在这种情形下λ要小于1。还要记住的是，当沿着x轴压缩时，样品会在y和z方向自动伸长。更复杂的变形，如二维拉伸、扭转、剪切等，都由一般性关系式(7.25)所覆盖。虽然我们不在这里做，但你可以推导出揭示应力的非线性行为的公式，它们类似于式(7.30)。

因此，结果式(7.30)中的σ(λ)关系曲线是相当普适的。但是，它与实验相比较时的准确度如何？图7.8把一条典型的实验曲线和理论曲线放在一起。你可以看到，到λ =5附近远非完美相符，但多少还是可以接受的。然后，对λ> 5，差异越来越大，这并不奇怪。$P_N(\boldsymbol{R})$ 的表达式(6.16)对于很长的末端距离R(或等价地，拉长量很大)不再有效。为什么？因为它没有考虑到链实际上可以被拉伸多少的限制，即距离R不能超过总的轮廓总长度$N\ell$。这就是为什么方程(7.27)和所有后续结果在强烈伸长的情况下不再成立的原因。

让我们看看中等拉长的范围：$1.2 < \lambda < 5$。对于大多数高聚物网络，理论和实验之间的典型差异σ (λ)并不大(约20%)，但它们往往是系统性的(图7.8)。这些都是可以由所谓对子链构象的**拓扑约束**来解释(见2.6节)。

尽管这种描述高弹性的方法无法与实验完美相符，但它在思想上已经相当成功，特别是因为它是普遍适用的。无论是杨氏模量绝对值和温度的依赖性，还是应力–应变非线性曲线的形状，所有这些预测都有令人满意的精度。在无序固体和液体的物理学中，极少有其它例子能像这样以如此简单的论证而有助于理解那

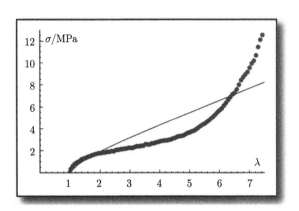

图 7.8　高弹性的高聚物网络材料的(工程)应力σ与应变λ的关系曲线。实线是理论公式(7.30)；圆点显示了典型的实验曲线(参见图4.4中关于工程应力的定义)。用于绘制理论曲线的平衡模量是$3\nu k_B T \approx 3.3\mathrm{MPa}$，相当于$\nu \approx 0.27\mathrm{nm}^{-3}$——大约每$4\mathrm{nm}^3$ 1个交联。虽然给出的数据在某种意义上是相当典型的——数据沿着理论曲线下方前进、然后迅速向上超过它，ν的值和相应的应力在不同材料中都可以很容易地发生一个数量级的变化。源自基于己二酸和12-乙二醇(1,4-丁二醇作为扩链剂)的二苯基甲烷二异氰酸酯和聚酯的聚氨酯样品在室温下测得的实验数据，承蒙A.A. Askadskii许可。初始长度为25mm的样品被以速度为0.16mm/s拉伸，这是非常缓慢的。应力具有压强的量纲，以兆帕斯卡单位给出：$1\mathrm{MPa}=1\mathrm{pN/nm}^2$

么多。原因相当明显。链缠结成线团的方式并不是由**短程**的化学结构或单个原子团的相互作用来描述的。它是由**单体分组构成链**这一事实所决定的。所以这是一个**长程**的特性。很快，我们将有机会发现高聚物的其它一些最有趣和最特殊的性质具有相同的起源。

7.11　橡胶变形的谷奇−焦耳效应和热学观点

到现在为止，我们已经从式(7.30)推导出在恒定温度下的$\sigma(\lambda)$关系曲线。然而，它也包含了对T的依赖性。因此，让我们来分析一下高聚物网络的弹性是如何受温度影响的。

假设我们把一个重物挂在橡皮筋上。橡皮筋将会被拉长。现在让我们升高温度。根据式(7.30)，只要σ=const(因为悬挂的重量不变化)，则温度的升高将导致λ的减小。因此，与大多数非高聚物材料相反，拉伸的橡皮筋在加热时会收缩！这种奇特的行为早在1805年就被谷奇(Guch)在尝试使用天然橡胶条时所发现。半个世纪后，焦耳(Joule)(就是那个身为专业酿酒师但建立起热能与机械能的等价性，从而帮助发现能量守恒的人)进行了仔细的大量测量，证实了谷奇的结果。因此，这种现象通常称为**谷奇–焦耳效应**。

　　这一效应也许是以最戏剧性的方式表明，橡胶和其它高聚物的高弹性**与熵有关**。的确，随着温度的升高，各种各样的相互作用开始失去其重要性。这是因为这样的相互作用的特征能量 ε 变得比 $k_B T$ 小得多(即 $\varepsilon/k_B T < 1$)。同时，熵的贡献获得了越来越大的重要性(根据式(7.4)，熵弹性与温度成正比)。因此，通过加热提高"反弹"反应的事实表明，橡胶的高弹性归结于熵。

图 7.9　演示谷奇–焦耳效应的一个实验。这张照片中的装置属于莫斯科大学物理系的讲课演示设备(承蒙A. A. Aerov和S. B. Ryzhikov提供)

　　那么，当系统再次冷却时会发生什么？样品可能变成部分结晶，在这种情况下谷奇–焦耳效应被反向替代：部分结晶化的橡胶会随着加热而膨胀。这是另一个迹象，说明只有高弹性高聚物表现出具有特异的熵本质的非常特殊的弹性。

　　一个在课堂上演示谷奇–焦耳效应的普通但令人印象非常深刻的方式如下(在普通学校的实验室里很容易复制)。取一个自行车轮子，用软橡胶制成的弹性绳代替辐条(图7.9)。最好将橡胶绳拉伸到原有长度的三倍左右。现在把轴固定在水平位置，这样车轮就可以在垂直面上旋转，摩擦力很小。放一个电加热器照射车轮的某一部分(你也可以使用一个大功能的电灯泡，照射轮子的某一部分)。热量使橡胶弦收缩，质心偏移。结果，车轮受热的部分向上移动，其它部分在受热处取而代之。它们被轮流加热，如此等等。正如你可能已经猜到的，车轮开始以恒定的角速度旋转[①]。

　　这里甚至有一个更简单的实验。把一个重物挂在橡皮筋上，然后用电灯泡或其它电加热器加热。或者，你可以把整个装置放在水里(例如水桶里)，然后加热。当加热时，橡胶会把重物向上拉升，冷却之后它又会把重物降下去。

　　在谷奇–焦耳效应的现象中，弹性绳的大小变化是温度变动的结果。事实证明，它也可以用另一种方式工作：如果弹性绳的大小发生了变化，它的温度也会发生变化，例如，如果它被迅速压扁或拉长。你可以自己检验一下：快速拉伸一条橡皮筋，然后用嘴唇接触它，可以感觉到它在升温！相反，当被拉伸的橡胶迅速松开时，它会明显降温。这与理想气体的情况完全相反——当气体被快速压缩时会变热，迅速膨胀时会变凉。

　　尽管气体和橡胶的这两种行为有所不同，但它们都有相同的原因。比如说系统被快速地拉伸(扩展)或者被压缩，显然，没有时间与周围环境进行热交换。换言之，所有这些过程都可视为绝热过程。为什么理想气体在绝热压缩时升温呢？答案是这样的。压缩需要外力做一些功。所做的功到哪里去了？由于没有热量泄漏，所有的功都转化为气体的内能，因此温度升高。在一块橡胶被绝热(迅速)拉伸也会发生同样的事。再一次，外力做功，全部用于增大橡胶的内能(和温度)。相反，当橡胶收缩或理想气体膨胀时，必须由系统本身做功。由于没有来自外部的额外热量，必须使用系统自己的一些内能，所以它会冷却下来。

7.12　再谈单链拉伸：蠕虫状链模型与dsDNA

　　当本书的第1版正在编写时，单分子拉伸的想法是一个相当抽象的理论概念。但这变成了实验技术取得巨大突破的地方。目前，世界各地的实验室里都在日常性地进行所谓的**力谱**(force-spectroscopy)实验。这一切都开始于布斯塔曼特

---

　　①乍一看，这个装置似乎像一台永动机那样工作，违背了热力学原理。当然，实际上，轮子是以电加热器提供的能量为代价旋转的，所以没有矛盾。

及其同事们所做的想法简单但技术先进的实验。当时他们试图拉动dsDNA的端点——与我们的图7.3的方式极为相似。尽管有大量的教科书描述了拉伸单条高聚物链的思想实验，但实际实验的结果完全出乎意料。大自然母亲再次教导研究人员，每一种理论都有其适用范围……

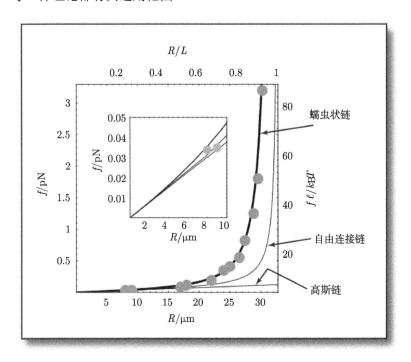

图 7.10　单条DNA链末端拉伸的实验结果。使用的是双链λ-DNA，其长度约为97 000个碱基对，即$L \approx 32.7\mu m$。下方横轴是末端距离R，以μm表示；上方横轴是以无单位的比率R/L表示的。可以看出，当R接近L时，或分子接近于完全伸展时，力迅速增大。左侧轴上，力以pN(10^{-12}N)表示；在右侧轴上，力是以无单位量$f\ell/k_BT$表示的。小插图显示了小力的区间。可以看出，蠕虫状链模型与数据吻合得很好。自由连接链模型显著地低估了强拉伸过程中的力。高斯理论只适用于小力区间，正如预期的那样，所有的理论在小力区间得出的结果基本相同[数据取自文章：S. Smith, L. Finzi, C. Bustamante, "Direct Mechanical Measurements of the Elasticity of Single DNA Molecules by using Magnetic Beads(使用磁珠对DNA单分子弹性直接机械测量)", Science, v. 258, n. 5085, p. 1122, 1992]

　　我们已经在许多场合多次提到了高聚物性质的良好普适性。本着这种精神，研究人员曾经习惯于认为所有的高聚物链都是相似的，每条链只要两个参数来表征：总长度和持续长度。的确，这不就是我们在本章前面所描述的吗？公式(7.20)或(7.21)借助片段长度ℓ和链的轮廓总长度$L = N\ell$把拉力f与末端距离R联系起来。当然，它们表达了相当普适的关系——但它当且仅当链不太强烈拉伸时才是有效的。如果你回头重新追溯推导过程，你会看到，公式(7.20)和(7.21)代表了高斯分布(6.16)的一个产物——它是对中等的末端距离R的一个很好的近似，但如果R太大就肯定会失效(例如，高斯分布预言高聚物链被从地球拉伸到月球的概率很小但不为零——这很明显是荒谬的)。因此，我们应该改写公式(7.20)：

$$f = \left(\frac{3k_{\mathrm{B}}T}{L\ell} \right) R \quad (\text{如果} R \ll L) \tag{7.33}$$

这个普适的结果在描述网络弹性时是很有用的，因为在网络上几乎没有哪条子链处于接近完全伸展。但是当人们开始做单分子实验时，DNA几乎伸展到它的全轮廓长度就成为可能，并带来了有趣的意想不到的结果。

那么，当末端距离R接近完全伸展长度L时，我们应该如何处理链的拉伸？最简单的途径是用自由连接链模型(图2.5(b))解决这个问题。人们认为——后来被证明是错误的——结果应该是普适的。但结果与dsDNA拉伸实验有极大的偏差。当然，没过多久，人们就认识到在强烈拉伸区间内没有(而且不应该有)普适性，而且对蠕虫状链模型(图2.5(a))的分析显示了与双链DNA数据吻合良好，如图7.10所示。这是dsDNA确实拥有蠕虫状柔性机理的证明。

有趣的是，在研究人员中有一种过度反应：现在许多人认为蠕虫状链模型要么更具现实性，要么就是"真实的"——然而实际上许多高聚物(例如蛋白质)应该由其它模型来描述，如含有旋转异构体等。

7.12.1　链的强烈伸展类似其受限于窄管中

由于这一课题的重要性，我们将在下面勾勒出自由连接链模型和蠕虫状链模型的$f(R)$推导，并解释它们之间的差别的物理来源。在这两种情形下，我们的方法都基于以下思想。

如果链几乎完全伸展，它在垂直方向上的偏移就非常小，它们是被抑制的。如图7.3(b)所示：当力很强时，末端距离R很大，接近分子的全长L，而垂直偏移的特征距离D很小。因此，考虑如图7.11所示的一种人工模型是有用的：**链被限制在直径为D的狭窄管道中**，D是如此之小，以至于比链片段(或等效片段)长度ℓ要小得多：$D \ll \ell$。当然，相应的管道直径D应该取决于拉伸的程度，我们必须以某种自洽的方式确定它。但现在让我们来考虑一下管道，让我们问一个问题：我们要做多少功才能把链挤压在这样的管道中？这将有助于我们确定在实际情况下需要应用多大的力才能达到让两个末端之间分开R。

我们也应该提及的是，以上作为人工模型而引入的**链受限在窄管中**的问题，本身也是很有趣的：想一想DNA转运通过狭窄的通道(图5.7)，或DNA被从病毒头部推着通过狭窄管道进入细胞。作为过往的笔记，或许这通常是真的：**物理学上的一个好模型总是会找到一些应用**。按照查尔斯·狄更斯的说法，"没有哪个高尚的东西会永远丢失"(我们将在第11章回看这个)。

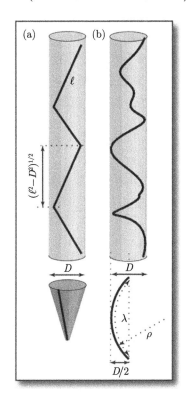

图 7.11 受限于狭窄管道中的自由连接链(a)和蠕虫状链(b)。下方的图形表示了辅助几何结构，在正文中有解释。注意，蠕虫状链触到管壁的地点比自由连接链要多

7.12.2 自由连接链的强烈拉伸

如果一条自由连接链被限制在一个狭窄的管道中，它的每个直段会与管轴成一个小角。这在熵方面是不利的：因为管道越窄，对每个片段可用的朝向就越少。我们可以应用玻耳兹曼原理来分析这种"朝向熵"。既然我们只讨论朝向，我们可以想象该片段的一端固定在空间某一点，然后另一端可以选择半径为ℓ的球面上——其表面积是$4\pi\ell^2$——的任何一点。但如果片段被受限在一个管

道中，则其末端就被限制在更小的正比于D^2的表面中，它应该从图7.11(a)下面部分清楚地看出。于是，我们像往常一样舍弃数值系数[①]，可以说把一个片段限制在一个管道中的熵代价大约为$k_B\ln(D^2/\ell^2)$，对于所有N个片段，我们得到$\Delta S = Nk_B\ln(D^2/\ell^2)$。注意到$-T\Delta S$是把高聚物限制到管道中所必须做的最小量的功，$\Delta S < 0$意味着链抗拒被挤压，这个量的物理意义就揭示出来了。

有趣的是，我们如何来完成这项工作并不重要：我们可以从一侧挤压高聚物，或者可以拉动它的末端，做功的总量不应该依赖于此(这就是熵和玻耳兹曼定律的美妙之处！)。但是，如果我们说的是拉动末端，则使用末端距离R来代替D更为方便。这两者是如何联系起来的呢？对于每个片段，其沿管轴方向的投影是$\sqrt{\ell^2 - D^2} \approx \ell - D^2/2\ell$(因为$D \ll \ell$)。因此，总的末端距离为

$$R \approx N\left(\ell - \frac{D^2}{2\ell}\right) = L - \frac{LD^2}{2\ell^2}$$

通过简单的算术计算，我们可以用R来重新表示D，并把熵或所有L/ℓ个片段所相应的自由能重新写为R的显函数：

$$\Delta F \sim -k_B T \frac{L}{\ell}\ln\left(1 - \frac{R}{R}\right) \tag{7.34}$$

通过使用微分可以求出所必需的拉力：$f \sim -\dfrac{\partial \Delta F}{\partial R}$：

$$f \sim \frac{L}{\ell}\frac{k_B T}{L - R} \quad \text{(强拉伸的自由连接链)}(L - R \ll L) \tag{7.35}$$

我们看到，当接近完全拉伸时，力会爆增。通常总是很难忽视任何一个系统的最后一小点自由度，这就是为什么不可能达到温度的绝对零度，也是为什么无法用有限的力来达成高聚物的完全拉伸。实际上，链在远未完全拉伸之前会断裂。

这都很好，但公式(7.35)与dsDNA的实验不符。

7.12.3　蠕虫状链的强烈拉伸

让我们试着分析受限于管道中的蠕虫状链模型。我们将使用如图7.6中所示的思想，即求出具有能量大小约为$k_B T$的涨落。从图7.11(b)可见，管道中的蠕虫状链的构象代表了弧的一种连缀方式。让我们集中注意力在这样一条弧上。如果

[①]我们舍弃了在ln函数内的数值系数，如4π等。因为，例如，$\ln(4\pi\ell^2/D^2) = \ln(\ell^2/D^2) + \ln(4\pi)$，而且由于$\ell \ll D$，所以我们忽略掉第二项。

它的长度是λ，则在图7.11(b)下部所示的简单几何图形使人想到，该弧的曲率半径ρ约为

$$\rho \sim \frac{\lambda^2}{D} \tag{7.36}$$

(再次舍弃了数值系数)。那么它的能量是多少？

至今我们还从来没有说过怎样求出蠕虫状链的**弯曲能**。事实上，我们可以从机械工程师那里借到这项任务的处方，因为他们知道关于弹性梁弯曲的一切知识。但我们也可以自己猜想：弯曲能应该正比于曲率的平方$1/\rho^2$(因为对没有曲率的直线形状它应该消失，而且它不应该依赖于曲率的符号)；它应该正比于问题中的小片的长度λ；还应该有一些描述材料刚度的系数。如果我们以$k_B T$作为弯曲能的单位，那么结果应该是无单位的，因此，在这种情况下，材料系数只能是持续长度或等效片段(大到某一数值系数)。因此，弧的弯曲能可以写为$E_{\text{bend}} \sim k_B T \ell \lambda / \rho^2$。由于弯曲能应该只是$k_B T$左右(图7.6)，我们就得到

$$\frac{\ell \lambda}{\rho^2} \sim 1 \tag{7.37}$$

方程(7.36)和式(7.37)一起决定了重要的长度尺度λ——所谓的**起伏长度** (undulation length) (也根据该概念的作者——荷兰莱顿大学的Theo Odijk——的名字而被称为Odijk长度)：

$$\lambda \sim \ell^{1/3} D^{2/3} \tag{7.38}$$

请注意λ≪ℓ；这意味着，蠕虫状链比自由连接链更加频繁地、在更多地方触及管壁。也可以说，蠕虫状链需要更多的指导才能保持一直往前走。

现在我们可以估计约束熵。我们将证明这种熵是每条长度为λ的弧为一个k_B量级。实际上，我们可以说，每条弧可以向左或右弯曲，这意味着相关的构象数目可以估计为$2^{L/\lambda}$，其中L/λ为弧的数目。根据玻耳兹曼熵原理，我们得到熵正比于L/λ。把这转换为末端距离R的函数(对于自由连接链，它在几何上与λ的联系就像R与ℓ的联系，即$R \approx L - \frac{L D^2}{2\lambda^2}$，或者根据公式(7.38)，$R - L \approx \frac{L \lambda}{\ell}$)，我们得到自由能

$$\Delta F \sim -k_B T \frac{L^2}{(L-R)\ell} \tag{7.39}$$

和拉力：

$$f \sim \frac{k_B T L^2}{(L-R)^2 \ell} \text{(蠕虫状链；强烈拉伸)} \quad (L-R \ll L) \tag{7.40}$$

正如自由连接链的方程(7.35)一样，力也会在接近到完全拉伸时暴增。但是更强烈得多——因为这里是 $(L-R)^{-2}$ 而非 $(L-R)^{-1}$。在指数上的这个差异就是关键——公式(7.40)与实验数据吻合得很好。

理解这一差异的物理意义是很重要的：为什么在拉长量很大的情况下拉伸蠕虫状链比拉伸一条看似相似的自由连接链变得更困难得多？这实际上又一次展示了高聚物弹性的熵本质。的确，为了使自由连接链保持在窄管的范围内，在适当的精度内控制每个片段的方向是必要的，也是足够的，但片段只需要在一个点上定向。相比之下，蠕虫状链必须在所有地方都控制方向：当我们减小约束管道的直径时，我们必须在数量不断增长的点上校正方向；换句话说，我们要把链挤进一个越来越窄的管道中，或者以持续增大的力拉它的端点，我们必须抑制链不断增加的短波长运动，这就需要越来越多的熵。

我们建议训练有素的学生最好是思考把这种情形与固态物理中著名的爱因斯坦–德拜热容模型进行类比。这种类比肯定是不完整的，在某些方面甚至是相反的，但仍然很有启发性。让我们提醒一下，在爱因斯坦模型中，一个固体被表示为一组具有相同频率的振荡子，这类似于自由连接链，其中在所有可能的弯曲方式中，链有一个相同的波长——片段长度 ℓ。爱因斯坦模型在物理学中发挥了重要的历史作用，因为它展示了热容如何违反经典力学的预测(即热容不依赖于温度)，但爱因斯坦模型与实验不符。德拜模型被证明是成功得多，因为它预言了在绝对低温下一定普适(对于所有物体)的热容行为，其正比于 T^3(对于规则的三维晶体)，这与大量实验吻合得非常好。德拜模型的关键特性是认识到晶体中的振荡子都是声波，或者是量子语言中的声子。当我们降低温度时，我们仍然有不断增长的长波长的波(它们的频率和能量较低)，这是普适的，因为长波包裹了许多原子，隐藏了它们之间的差异。在这个意义上，蠕虫状链的强烈拉伸与降低固体温度有点相反，因为在前者我们抑制长的波长，而后者则抑制短的波长。(作为一项预防措施，我们提醒读者，与规则固体不同，在蠕虫状高聚物中的这些"波"，只是用于思考弯曲涨落的一种数学方式，这种波在黏性溶剂中会受到摩擦而阻尼，而且如果没有受到周围分子的恒定激励，它们就不会存在。)

7.12.4 力谱

不同高聚物之间的拉伸行为的差异被证明是非常富含信息的，从而产生了所谓的"力谱"的实验方法。例如，布斯塔曼特及其同事在图7.10中所示的数据被认为是dsDNA是一种蠕虫状链这一事实的实验证明。严格地说，公式(7.40)不足以得出这个结论，因为它只描述了相当大的力的情况；我们需要一个更复杂的公式，能够平滑地连接小力的普适行为（式(7.33)）和大力下的暴增。

我们将不在这里推导一般公式，只是对自由连接链和蠕虫状链而写下来——以备读者想要赏玩它们之用。对于自由连接链，公式把末端距离表示为力的函数，写作

$$R = N\ell \left(\frac{e^\zeta + e^{-\zeta}}{e^\zeta - e^{-\zeta}} - \frac{1}{\zeta} \right), \quad 其中 \zeta = \frac{f\ell}{k_B T} \tag{7.41}$$

这个公式以P.朗之万(P. Langevin，1872–1946)的名字命名(他在研究磁化与外加磁场的依赖关系时发现了这个公式——这是另一个物理类比)。对于蠕虫状链，对应的公式是以J. Marko和E. Siggia(他最先使用它来解释布斯塔曼特的数据)的名字命名的，它以伸长量来表示力，写作

$$f = \frac{k_B T}{2\ell} \left[\frac{L^2}{(L-R)^2} - 1 + \frac{4R}{L} \right] \tag{7.42}$$

读者应该检查一下这些公式在小力和大力下是否有适当的限制行为。

蠕虫状链模型不仅对dsDNA很好，而且对很多其它高聚物也很好。引人注目的例子是所谓的F-肌动蛋白。严格说来，称一种高聚物为F-肌动蛋白有一点牵强：它没有共价键骨架，它实际上是一个链状的蛋白质小球(称为G-肌动蛋白)组合体。F-肌动蛋白"链"的直径约为5nm，而链比较僵硬，其有效片段接近于30μm，比dsDNA约大三个数量级。肌动蛋白纤维是支撑真核细胞形态的细胞骨架的重要组成部分。

蠕虫状链模型对dsDNA的成功应用使得这一模型和公式(7.42)在科学家中变得时尚(有点令人惊讶的生活事实是，在科学中怎么会有时尚这种东西！)；现在，公式(7.42)经常被用来拟合那些根本不合适的数据。我们真诚地希望，朗之万公式(7.41)及隐含其下的自由连接模型，以及旋转异构体和其它模型将很快能重新获得它们的权利，并将被在适当的地方使用。

与此同时，每一个富有意义的科学理论，从非常大的(如相对论)到相当小的(如蠕虫状链模型)都有其适用性的限制。找到这些限制的重要性并不比制定理论本身要少任何一丁点。当然，蠕虫状链模型不适用于许多高聚物(具有某种关节的)。此外，如果我们越来越强烈地拉伸DNA，我们最终可以使双螺旋本身开始变形——这意味着我们可以开始检测DNA弹性在熵部分之外的能量成分。的确，在通常的温度和离子强度条件下，在大约65pN时(见8.2节中对力的估算；你会发现65pN实际上是一个巨大的力)，在DNA上发生了严重的事情。很明显，蠕虫状链模型在这个力之上会失效，但究竟发生了什么还不清楚，是否出现了双螺旋解旋或发生某些其它转变？争论仍在继续。

　　遗憾的是，本书并不是描述在光谱学实验中使用的所有美妙的工具——如光镊、磁镊、原子力显微镜以及其它几种工具——的地方。但最重要的事实是，力谱方法已经诞生了，并在对dsDNA的实验中得到了普及，不断地取得成功。人们拉动蛋白质，研究它们如何折叠和解折叠(5.7节和第10章)；在DNA上研究其易位(图5.7)，或考察螺旋–线团转变(在这种情境中称为解链(unzipping))，或查看DNA尾部是如何被打包装进病毒头部(图9.5)；研究人员拉动分子马达(5.8节)以找出它们有多强劲，其应用列表仍在继续快速增长中。

第8章　排除体积问题

我不得不告诉你，我们俩中的一个人已经
没有任何机会了。这匹马已经够累的了，
它驮不动两个人。

欧·亨利
《我们选择的道路》

8.1　线性记忆和体积相互作用

一个理论研究成功的可能性有多大？历史表明，这在很大程度上取决于理论家是否能想出一个把现实世界进行理想化的易于管理的好模型。当然，自然界中没有理想的简单系统。然而，我们可以运用我们的想像力，发明一种理想气体(它的分子根本不发生相互作用)，一种理想晶体(规则的原子结构中没有任何缺陷)，如此等等。事实上，你可以说所有这些模型的确都是理想化的，这意味着它们对物理学家来说是最好的。这是因为它们是最简单的——但与此同时也是最基础的。因此，无论是在进入统计力学、流体力学、固体物理学，还是物理学的任何一章中，我们都必须先掌握它们。

我们从这样的"理想"模型中可能得到的结果有多粗略呢？是否存在它们工作得很好的某些情况，以及它们失效的另一些情况？有一个特殊的诀窍经常帮助我们做出决定。它包括寻找一些描述系统的无量纲参数，要么很大，要么很小。例如，气体可以用分子所占据体积的分率来作为特征量。如果这个参数远远小于1，那么分子通常彼此非常远离，气体可以被视为理想的。类似地，如果晶格中不正确占据的网格位点的无量纲分率很小，则晶体几乎是理想的。还要注意的是，这些小参数强调了"理想化"和"近似"之间的联系：在某些真实的情况下，在合适的参数很小(或其倒数很大)时，一个实际的系统就可能很好地近似于一个理想化的模型。

　　什么样的很大或很小的无量纲参数可以描述一个高聚物呢？其中一个我们实际上已经使用过了，而且不只一次。它就是在一条链中的单体单元的大数目($N \gg 1$)。我们已经证明，一个巨大的N可以解释很多事情。例如，它解释了线团中单体的低浓度(式(6.14))，半稀溶液(图4.7(c))的存在，以及高聚物的高弹性。

　　另一种特殊的高聚物参数来自相互作用的分级(hierarchy)。在链中两个相邻单体之间的共价键能量E_1一般约为5eV$\approx 0.8 \times 10^{-18}$J。这比典型的其它相互作用(例如，高聚物和溶剂之间，或沿链非最近邻的单体之间，等等)的能量E_2高很多。大致上，$E_2 \sim 0.1$eV$\approx 1.6 \times 10^{-20}$J。因此，比率$E_2/E_1$就是我们要寻找的那种小参数。它使我们能够引入理想高聚物链近似。

　　的确，让我们看看在室温附近($k_BT \approx 2.6 \times 10^{-2}eV\approx 0.41 \times 10^{-20}$J)会发生什么。就高聚物性质而言，这个区间是最有趣的。共价键不能由于热涨落而打破，因为$E_1/k_BT \approx 200 \gg 1$。这意味着，通过主链共价键的高能量，单元序列被"粘牢"在链中。每个单元都"记得"它自己在链形成时所获得的编号。简言之，高聚物链具有固定的线性记忆。

　　理清了邻近单元之间的共价键，我们现在可以专注于所有其它的相互作用。这些相互作用通常被称为"体积相互作用(volume interactions)"。正如我们所说，它们有一个典型的能量E_2，并且比那些负责线性记忆的能量要弱得多。在最粗糙的理论中，我们完全可以忽视它们。于是我们就得到一个理想的高聚物链。这正是我们在前面章节中处理所有计算的方法。它工作得相当好，我们用它处理了很多问题。我们描述了一个链如何卷起来形成一个松散的线团，我们还揭示了高聚物的高弹性的特殊熵本质。

　　虽然如此，理想高聚物链近似——如同理想气体或理想液体或科学中的任何其它理想化模型——都不足以满足许多目的。真实高聚物的性质比理想化的预测要丰富得多、也更多样化。如果你不信服，请回想第4章。在那里我们讨论了高聚物的各种物理状态。为了充分理解所有这些状态是如何形成的，以及为什么会这样形成，我们需要考虑体积相互作用。尤其是，其中要把不同大分子之间的相互作用包括进来。在同一大分子中的单体也会相互作用，即使它们并非沿链相邻，但由于链弯曲和扭动而在空间上彼此靠近。在这一章中，我们将研究两种类型之间的相互作用，即属于同一个大分子或不同的大分子的单体之间的相互作用。

　　关于两个单体之间的相互作用，我们在总体上可以说些什么？我们将在下文的8.2节中进一步详细讨论它，但在这里做一些初步的论证是很便捷的。这种相互作用当然依赖于链的类型，也依赖于溶剂。然而，我们可以粗略地勾画出这个相互作用的势能作为单体之间的距离r的函数$u(r)$(图8.1(a))(一般来说，势能不仅依赖于r，而且还依赖于单体的相互取向，而粗大的单体可以有一些自身的柔性来影响u——如图4.2所示。我们不把这一点直接考虑在内，因为主要的定性特征可以足够好地用简化的图8.1(a)表示)。定性地说，$u(r)$的主要特征对于所有类型的分子和单体都是相当共通的：**如果r很小，$u(r)$就会是正的，非常大**。这是因为单体不能彼此相互穿透。换言之，每个单体所占用的体积被自动地排除在其它任何一个与单体的可用体积内(因此产生了短语"**排除体积(excluded volume)**")。**随着r变大，单体通常开始互相吸引**。这是在图8.1(a)中的最小值的右边区域。通常，这两个区域相交的距离r_0(对应于最小值)应该具有一个与单体单元大小相同的量级，即$r_0 \sim 1\text{nm} = 10^{-9}\text{m}$。$u(r)$的物理意义是什么？为了使两个单体靠近到像$r$那么近，必须做一些功。这个功就存储在$u(r)$中。这是反抗溶剂分子而做的，因为溶剂分子需要被挤开。因此，势能$u(r)$代表了单体穿越溶剂的等效相互作用。因此，它应该依赖于溶剂的含量和状态，还依赖于温度。

顺便说一下，用势能$u(r)$描述单体穿过溶剂的相互作用也是一种理想化。它工作得很好，但并非总是如此，如果它失败，则需要引入承担更多的想法——例如，强烈拉长的粒子，对朝向的依赖性很重要；对带电单体，库仑相互作用强烈而且是远程作用，协同地涉及许多粒子；除在主链外还形成其它化学键的单体，等等。在本书的后文，我们将触及一些这样的特殊事例。但是在科学中(而且我们相信，在生活中也是一样)的良好实践是首先考察简单的东西，以获得洞察力和直觉，它们可供我们以后带着去研究复杂的东西。

8.2 分子世界中的四种力、尺度和单位

在我们进入下一个主题——即具有排除体积的高聚物——之前，有必要审慎地离开主题，以一种更专门的方式回顾分子和单体之间起作用的力。我们已经认识到、并将看到更多，在所有时候，高聚物的性质取决于单体之间的相互作用或不同链之间的相互作用。这些相互作用是什么？

读者可能已经听说过自然界中的四种基本力(重力、电磁力、弱力和强力)，但这并不是我们要全部谈到的。在分子世界中，所有相关的力在本质上都是电磁学和量子力学相互影响的各种形式。但它们可以遮盖在不同的服饰下，传统上分为四类，如图8.1所示：图(b)~(e)，分别代表范德华相互作用(9.3节)、疏水相互作用(5.1节)、带电基团之间的库仑吸引力或排斥力(2.5.3节)以及氢键(5.1节)。范

德华力是最普遍的，它们总是存在的。图8.1(a)是特征势能曲线的示意图，其中包括了短程的斥力和长程的吸引力。这通常是多种力的组合所产生的，其中还包括了与溶剂的相互作用。

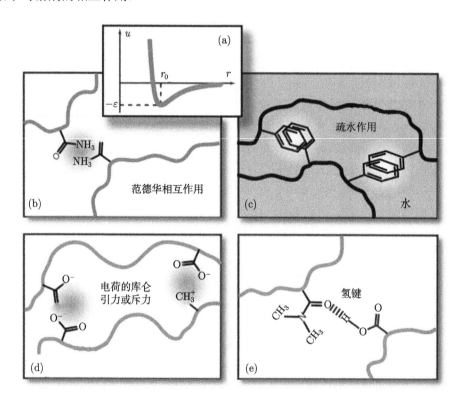

图 8.1　这个卡通图说明了在分子世界中发挥作用的四种力。(b)范德华相互作用(它包括短程的斥力和长程的吸引力)；(c)在水介质中的极性分子和基团之间的疏水相互作用；(d)库仑力，它可能是非常强烈的，需要特别注意，但只是在有基团带电时才出现；(e)氢键，它是具有方向性和饱和性的(与其它不同)。图(a)表示了溶剂中两种单体之间的相互作用的典型势能，它通常是由上述几种相互作用的相互影响而得的：由于范德华力成分，短程斥力总是存在的，而其它方面可能受到溶剂和其它环境条件的影响

为了能定量地描述，我们应该指出这些力的特征尺度。这是一件精细的事情，因为我们必须选择单位。的确，拿百元钞票去拨打公共电话是不方便的，而用零钱或硬币去买一双鞋子也不方便；类似地，普通的单位(m、kg等)是为了对人体尺度的一致性而选用的，对分子世界并不方便。在分子世界里，能量的天然尺度，正如我们已经看到的，是$k_B T$，因为普通高聚物和生物高聚物通常存在于绝对温度并不真的改变很大的条件下：例如，就绝对温度来说，从摄

氏0~100°C的整个区间对应于室温增加或减少10%或20%。因此，对于粗略估计的目的，T总是接近于300K。

以k_BT这个天然的能量单位来衡量，这些相互作用的典型强度如下。首先，共价键的强度约为100或200k_BT；这就是为什么共价键不会自己断裂。这也是为什么共价键没有被包括在分子世界的四种力之中：牢不可破的共价键始终是在所有非共价相互作用的决定性环境之中。在非共价相互作用中，氢键(图8.1(e))通常是比共价键弱一个数量级，约为10k_BT。范德华相互作用对原子的作用更弱，只有k_BT的几分之一——但是你要牢记，当两个分子或一个高聚物的两个单体相互靠近时，几个原子会发生接触；因此，对类似于单体的原子基团的典型范德华能量(是图8.1(a)中的ε)通常是几个k_BT，与氢键接近。疏水相互作用和库仑相互作用的特征能量更依赖于环境条件，我们将在下面讨论它们。

最后但并非不重要的是，能量k_BT使得我们可以估计所涉及的力的特征值。的确，在室温下：

$$k_BT \approx 4.1(\text{nm} \cdot \text{pN}) \tag{8.1}$$

请注意，此处没有涉及10的指数，在所选择的单位下，k_BT只是大约为4。那么这些方便的单位是什么？它是纳米(10^{-9}m)乘以皮牛(10^{-11}N)，即力乘以距离。纳米是天然的距离单位，因为，例如，在这些单位中，原子的大小大约是0.1，而DNA的直径是2。因此，鉴于k_BT是能量的自然尺度，**纳米是距离的自然尺度**，我们发现**皮牛是力的自然尺度**。读者最好记住这一点。

8.3　排除体积——把问题公式化

让我们来讨论如图8.1(a)所示类型的相互作用是如何影响稀溶液(图4.7(a))中的孤立高聚物链的形状的。首先，体积相互作用会使线团膨胀或收缩吗？事实证明，这取决于溶液的温度。

假设特征吸引能量ε(图8.1(a))比热能k_BT大得多。那么吸引力将占据主导地位。结果，大分子会收缩到比理想的线团更紧凑。这是一种特殊的高聚物状态，称为**高聚物微球**。我们将在第9章回头来讨论它。

如果ε**小于**k_BT，则是不同的事情。在这种情况下，吸引力并不太重要。单体之间在较短距离上的斥力是主要的相互作用形式。**它使得线团膨胀**。这种膨胀称为**排除体积效应**(你大概应该理解这个名称是从哪里来的。正如我们已经说过的，短距离上发生的排斥是因为每个单体的体积都被其它单体排除在外)。在本章中，我们将解决排除体积的问题，也就是说，我们将试图描绘高聚物线团如何膨胀。

对于一条孤立的高聚物链，这个问题是纯几何性的。实际上，理想链的空间形状类似于随机行走的布朗粒子的路径(第6章)。而如果我们考虑到排除体积，链的形状将获得什么新特性？显然，由于每个单体的"私人空间"对其它单体不再可用，所以链在任何阶段都不可能穿越自身。这种行为可以说是自回避的(self-avoiding)。例如，如果有一个等效的布朗粒子，它就不允许穿越它自己的轨迹。图8.2中勾画出了这种轨迹的二维版本。因此，我们把它变成一个纯几何的**自回避随机行走**问题。

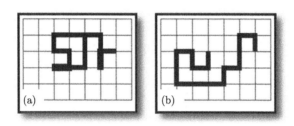

图 8.2   在二维(平面)网格上的随机行走路径(a)和自回避行走路径(b)。注意，随机行走经常绕回到自己的路径，而自回避行走从来不这样做

使用计算机模拟可以非常成功地处理这个问题。最简单的设置方法是使用随机数发生器来尝试高聚物链的各种轨迹(如2.4节所述)。当我们得到一个自交叉的轨迹时，就忽略它。于是，我们只保留自回避的路径，当我们拥有足够多的路径时，我们可以来看一些平均特征。虽然现在通常使用更复杂(更高效)的算法，但原则上它们与我们刚才描述的没有什么不同。典型的结果如图8.3所示。

那么，从自回避行走的计算机模拟中得到了什么信息呢？看上去，高聚物线团的构象性质似乎受到排除体积的显著影响。线团变得更松散，片段浓度的涨落变得更加严重。线团的均方尺寸增大。此外，均方末端距离$\langle R^2 \rangle$与链中的片段数目之间的依赖关系现在不同了。替代了熟悉的$\langle R^2 \rangle \sim N$关系(我们在第6章对理想链得出的)，我们现在得到，对于三维空间中的自回避行走，有

$$\langle R^2 \rangle \sim N^{2\nu} \quad (在三维情况下 2\nu \approx 1.176 \approx 6/5) \tag{8.2}$$

而对于在平面上(即二维)的自回避行走，有

$$\langle R^2 \rangle \sim N^{3/2} \quad (在二维情况下) \tag{8.3}$$

当然，在计算机模拟中不会出现指数1.176和3/2的精确值，特别是在思想简单的模拟中。但是，计算机产生的指数在一定的精度下接近于这些值。关系式(8.2)和(8.3)证实，考虑了排除体积的高聚物线团与理想线团相比，是膨胀的。你会发现引入膨胀系数α很方便，例如

$$\alpha^2 = \frac{\langle R^2 \rangle}{\langle R^2 \rangle_0} \tag{8.4}$$

其中，$\langle R^2 \rangle_0 = N\ell^2$是一条理想高聚链的尺寸。随着$N$的增加，$\alpha$在三维下以近似为$N^{1/5}$而增长，而在二维中是$N^{1/2}$。

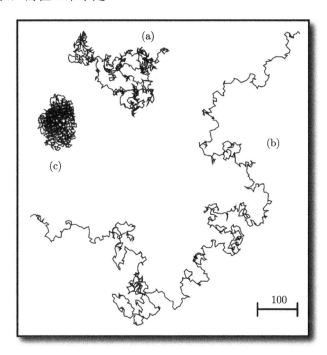

图 8.3　图中显示了同一高聚物的三种类型的构象以进行比较。高聚物有1 000个片段，每个片段的长度为1。图(a)是一个典型的高斯构象。图(b)显示了在真实的三维空间中的一种典型的自回避构象。虽然自回避链从不穿越自身，但它在平面上的投影可以(而且经常)有交叉点。这就是为什么这个图在思想上和其意义上与图8.2有很大的不同。图(c)是一个典型的塌缩微球构象，我们将在第9章讨论微球(本图承蒙S. Buldyrev提供)

8.4　线团的密度和单体单元的碰撞

排除体积问题并没有屈服于理论家们20多年的努力。解决这一问题的方法，

或者更精确地说，把它缩减到一些其它已经更好地探索了的问题的方法，被P.G.德热纳于1972年找到了。他的解决方法远远超出了我们在本书中可以解释的范围。然而，我们没有径直跳到方程(8.2)和(8.3)。为了说服你，我们提供了一个称为**弗洛里理论**的简单解释，虽然我们将要表述它的方式并不完全遵循弗洛里的原始版本。

首先，一个线团的平均空间大小R显然是与$\langle R^2 \rangle^{1/2}$有相同的数量级。这就是为什么我们能够对理想高聚物写出$R \sim \ell N^{1/2}$(式(6.11))。同时，对具有排除体积的线团，我们得到$R \sim \alpha \ell N^{1/2} > \ell N^{1/2}$。这样的线团所占据的体积是$V \geqslant \ell^3 N^{3/2}$(我们像往常一样省略系数$4\pi/3$)。然而，一条高聚物链从来都不会用尽线团内部的全部空间。从图2.6中可以清楚地看到了这一点。你可以通过下面的论证来证明它是正确的。假设单个单体片段的体积为ν，则线团的总体积是$N\nu$。由于$N \gg 1$，我们得到$V > \ell^3 N^{3/2} \gg N\nu$。换句话说，单体片段在线团中所占据的体积分数$\phi$真的很小：

$$\phi \sim \frac{N\nu}{V} < \frac{N\nu}{\ell^3 N^{3/2}} \sim N^{-1/2} \left(\frac{\nu}{\ell^3} \right) \ll 1 \tag{8.5}$$

(在6.6节中，我们对一个理想高聚物使用了同类的论证)可以对线团中的平均片段浓度说同样的话，$n \sim N/V \sim \ell^{-3} N^{-1/2}$(参见式(6.14))。乍一看，你可能认为它暗示着具有排除体积的高聚物总是理想的。实际上，如果片段浓度如此之低，则它们相遇是非常罕见的，人们可能会试图忽略它们。另一方面，我们知道线团非常柔韧，弹性模量很小。

这表明这个问题应该更加精细地处理。让我们粗略地估计线团的各个部分在同一时间可能会发生多少次相遇(即碰撞)。假设线团是散布在体积V中的一群完全独立的粒子(片段)云。如果我们能拍到这片云的三维照片，那就太好了。我们就可以数出在被抓拍瞬间的两个、三个或更多物体之间的所有碰撞。

遗憾的是，我们做不到这样的抓拍，所以我们不得不使用另一种途径。总共有N个粒子。每个粒子有一个靠近的"伙伴"的概率是ϕ。因而成对碰撞的数目是$N\phi$的级次。根据同样的方式，三体碰撞的数量大概是$N\phi^2$，如此等等。一般来说，p体碰撞的数目Y_p可以估计为$N\phi^{p-1}$。根据式(8.5)，

$$Y_p \sim N\phi^{p-1} < N^{(3-p)/2} \left(\frac{\nu}{\ell^3} \right)^{p-1} \tag{8.6}$$

你可以看到，如果$p > 3$，则$Y_p \ll 1$。这表明多体碰撞是非常罕见的。甚至在膨胀的线团中三体碰撞的数量的级次是1。所以它们不能严重地影响线团的形状。相

比之下，同时成对碰撞的数目大约是$N^{1/2}$，这远小于N(所以每个特定的部分很少有碰撞)，但它与1相比则是一个大数。

此外，正如我们在第7章中所展示的，一条长的高聚物链是非常柔韧的，其弹性常数很小($\sim 1/N$，见式(7.21))。因此，我们有权怀疑成对碰撞以式(8.2)和(8.3)所暗示的方式使高聚物膨胀。

如果已知排除体积相互作用，高聚物的自由能(自由能的定义见公式(7.19))会是什么样？当然，它具有通常的熵项$-TS$(在理想气体或理想高聚物中是唯一的一项)。此外，它还包括了片段之间相互作用的内能U。后面这一项对膨胀负责。换句话说，它解释了排除体积效应。现在我们需要知道的是二体碰撞对线团内能的贡献。

8.5 单体单元的碰撞(或接触)如何影响内部能量？维里展开式

要找出单体–单体接触对于内部能量的贡献，听起来像是一项艰巨的任务。我们怎么做呢？事实证明这个问题并不像人们想像的那么复杂——因为在问题中有一个小参数：线团是一个非常稀薄的系统，线团内的单体密度很小。有一种通用的处理小浓度稀系统的方法，我们称为**维里展开式**。下面是它的工作原理。让我们首先用很正式的数学语言描述它，然后再回来讨论其物理意义。

该方法不仅适用于线团，而且(甚至更好)适用于任何系统，如气体或溶液。因此，让我们考虑一个气体，每个单位体积的分子数为某个较小的数n。我们稍后将把同一结果应用到线团，在那里n是片段密度，正如我们已看到的，n是非常低的。设这个系统的内能为U。能量U是广延量，它与系统的体积V成正比，它也是密度n的函数(它还是温度的函数，但是我们在这里专注于与n的函数关系)。由于密度很小，我们可以试着把能量U作为n的函数在$n= 0$附近用泰勒级数展开：

$$U = Vu(n) \approx Vu(0) + V\frac{u'(0)}{1!}n + V\frac{u''(0)}{2!}n^2 + V\frac{u'''(0)}{3!}n^3 + \cdots \tag{8.7}$$

首先，很明显$u(0) =0$：如果密度为零，系统中就什么都没有，能量为零。第二，n的线性项描述了每一个分子独立于任何其它分子而对能量有贡献的情形，这是一个理想气体的情形。因此，如果我们将展开式在第一个非零项处截断，就得到了理想气体近似：如果气体非常稀薄，这几乎就是理想气体——我们都知道，而这就是泰勒展开式的线性项。从这个意义上说，与n^2成正比的第三项对应于单体的成对碰撞，因为分子之间成对碰撞的概率正比于n^2。类似地，正比于n^3的项是由于三体碰撞，如此等等。泰勒展开式(8.7)具有专门的名称：**维里展开式**。

为了更好地理解维里展开式，让我们把它应用到一个更为熟悉的量，即气体的压强p。只要知道自由能F，你就可以轻易地通过微分来计算压强：$p = -\dfrac{\partial F}{\partial V}$。自由能是由公式(7.19)定义的：$F = U - TS = U + U_{\text{eff}}$，其中$U$可由式(8.7)给出，而我们所需知道的关于熵$S$或$U_{\text{eff}} = -TS$的一切都可以从公式(7.13)获得[①]。还有一个注意事项：为了对体积V微分，最好将密度表示为$n = N/V$，因为N是常数，而n不是。现在进行代数和微分运算，你就得到如下结果：

$$p \approx k_{\text{B}}Tn + \frac{u''(0)}{2}n^2 + V\frac{u'''(0)}{3!}n^3 + \cdots \tag{8.8}$$

第一项是理想气体定律，你可能在入门级的物理课或化学课中学到过它；这一项描述了以线性正比于密度n的形式对压强的贡献。这意味着，每一个分子独立于其它分子(正如在理想气体中那样)以一定的频率碰撞器壁并对压强作出贡献。第二项是由于分子的成对接触，第三项是由于三体相互作用，如此等等。公式(8.8)也像式(8.7)一样被称为维里展开式。这两个展开式的更传统的写法是

$$U \approx U_{\text{ideal}} + Vk_{\text{B}}TBn^2 + Vk_{\text{B}}TCn^3 + \cdots$$
$$p = p_{\text{ideal}} + k_{\text{B}}TBn^2 + 2Vk_{\text{B}}TCn^3 + \cdots \tag{8.9}$$

其中，B、C等都只是系数(我们还未知)的标记，它们都被称为**维里系数**——B是第二维里系数，C是第三维里系数，如此等等。很重要的是，B具有体积单位，而C具有体积平方单位。

现在有两个问题：第一，如何找出这些维里系数？第二，如何将这种维里展开式应用于线团？

找出系数取决于你对所研究的气体知道些什么。例如，如果你知道气体服从范德华方程$\left(p + a\dfrac{N^2}{V^2}\right)(V - Nb) = Nk_{\text{B}}T$，那么问题就很简单：你改写这个方程，把压强表示为密度的函数$p = \dfrac{nk_{\text{B}}T}{1 - nb} - an^2$，现在把它作泰勒级数展开：

[①]在此，我们要提醒读者：我们从来没有在本书中写出理想气体的熵关系式，我们只写了关于在体积不同但粒子数相同的两个状态中的这个量的**变化**公式，就是公式(7.13)——请注意在公式两边的Δ符号！这就足以求出对于体积V的导数。只是为了让你知道更多，更完整的公式应该写作$U_{\text{eff}} = -k_{\text{B}}T\ln(eV/N\lambda^3)^N$。其中$\lambda$是某个不依赖于体积$V$和粒子数$N$的某个长度，而额外项$N\ln N/e$是因为气体中的粒子全部相同而产生的；在本书中，我们不讨论它，因为在高聚物链中的单体是不相同的，它们的每一个都沿着链有自己的位置！

$p \approx nk_{\rm B}T + (bk_{\rm B}T - a)n^2 + (b^2 k_{\rm B}T)n^3 + \cdots$。与通用公式相比较，你就得到答案：

$$B = b - \frac{q}{k_{\rm B}T}, \quad C = \frac{b^2}{2} \tag{8.10}$$

请注意，第二维里系数依赖于温度：在高温下，它是正的，趋近于b的值；它随着温度的降低而减小，在某个温度下变为负的。这是因为分子互相吸引，它们的吸引力使压强减小。第三维里系数是正的。

在更一般的情形下，当你不知道该气体的状态方程时，你就应该问**维里系数与分子之间的相互作用势**——图8.1(a)中所绘的$u(r)$——**有何关系**。维里系数可以用这个势表示为一个相对烦琐的方程，这超出了本书的范围[1]。

最后，我们怎么把这应用于线团？相当简单：我们要实现的唯一方面是，链中的单体并没有彼此独立随机移动的自由，它们是连接起来的。因此，公式中没有理想气体的贡献——而维里项Bn^2和Cn^3还在，和前面一样。

我们还记得，对于线团，三体碰撞可以忽略(Cn^3项可以舍弃)，因此，我们可以把片段之间的所有二元相互作用的能量写成这样：

$$U = Vk_{\rm B}Tn^2B \tag{8.11}$$

其中，n是线团中的平均片段密度(在线团中单位体积内的片段数)，V是线团所遍布的体积。

8.6 好溶剂与坏溶剂，以及θ条件

我们已经讨论了图8.1(a)中的势能$u(r)$。在较高的温度下($\varepsilon \ll kT$)，片段之间的排斥力占据主导地位(排除体积效应)，而在较低的温度下($\varepsilon \gg kT$)，吸引力占据主导。让我们先看看温度较高的区域。r最重要的值是在$u(r) > 0$的位置。因此，线团的内能(以及第二维里系数)是正的。相反，在较低的温度下，它是$u(r)$的"吸引"部分，此时$u(r) < 0$，给出了最大的贡献。因此，线团的内能U和B都是负的。在前一种情况下，我们说，我们是在跟**好溶剂**打交道，后一种情况下是跟**坏溶剂**打交道。我们没有偏见！如果在溶剂中，高聚物链的片段互相排斥，高聚物就会溶解。相反，如果片段相互吸引，高聚物链将相当"黏"；换句话说，它们将黏在一起，沉淀出来而不是溶解。

---

[1]给你一点额外的信息，这里是第二维里系数B的公式：$B = \int [1 - \exp(-u(r)/k_{\rm B}T)] \, {\rm d}^3\boldsymbol{r}$。

溶剂的质量(即它是好的还是坏的)可能随它的含量或温度而变化。因此，必定有一个特殊的点，在该处第二维里系数穿过零：$B = 0$。它通常被称为θ点(或θ温度——显然这是当$B = 0$时的温度)。在θ点，片段之间的吸引和排斥完全抵消，而高聚物的行为变成理想的。当$T > \theta$时，斥力占主导地位。这是排除体积(和好溶剂)的区域。相反，当$T < \theta$时，吸引力占据优势，使得溶剂变坏。现在我们可以把最初的问题换一个说法。**由于排除体积效应而产生的高聚物膨胀等价于高聚物在好溶剂中——即在$T > \theta$时——的溶胀。**

你首先可能想知道的是，为什么这个θ条件是可能的。在某一点上排斥力和吸引力是如此完美地平衡，这仅仅是巧合吗？例如，这种平衡，或补偿，决不会在实际气体中发生。从历史上看，玻意耳发现他的定律(在固定温度下气体有pV为常量)是在比其它温度更准确的某一温度下推导出来的，但永远不会非常完美；在现代语言中，我们可以说气体应该在$B=0$的温度(称为玻意耳点)下接近理想气体，但也不是很理想的，因为$C \neq 0$。相比之下，吸引力和排斥力之间的补偿对于高聚物线团来说确实几乎是完美的。为什么呢？答案是，两者发生抵消只能是因为三体(和更多体的)相互作用并不重要。它们对U的贡献总是很小。对于二元碰撞项（式(8.8)），它是与B成正比的，所以它在θ点下降到零。因此，$T = \theta$下在自由能F中真正留下来的全都是熵项（见式(7.19)）。这就是线团的行为变得理想化的原因。

因此，θ点(此时片段相互作用对链的形状没有影响)的存在是高聚物的又一个特殊性质。它完全归因于非常低的片段浓度$n \sim N^{-1/2}$。

8.7　高聚物线团在好溶剂中的溶胀

让我们考虑在一种好溶剂($B > 0$)中一个孤立的高聚物线团，并试图求出它的溶胀系数α。第一个这类计算是由P. 弗洛里在1949年做的。他的做法如下。溶胀的主要原因是线团内部各片段之间的斥力(二元碰撞)。然而，也有一种阻碍溶胀的效果，它来自起源于熵的弹性力(我们在第7章讨论过)。这些力的出现是因为链在拉直(或溶胀)时可以采纳的不同形状有所减少。所以，弗洛里的想法是从排斥力和弹性力之间的平衡条件得到膨胀系数α。

两个因素都对溶胀的高聚物线团(溶胀系数为α)的自由能$F(\alpha) = U(\alpha) - TS(\alpha)$(见7.8节，公式(7.19))有贡献。势能项$U(\alpha)$是由排斥相互作用所决定的(见

式(8.1)):

$$U(\alpha) = Vk_BTn^2B \sim \frac{k_BTR^3BN^2}{R^6} \sim \frac{k_BTBN^{1/2}}{\ell^3\alpha^3} \tag{8.12}$$

为了写出式(8.12)，我们使用了如下的简单关系：$V \sim R^3$，$n \sim N/R^3$，$\alpha = R/R_0 = R/N^{1/2}\ell$，其中$R_0 \sim N^{1/2}\ell$是理想高聚物线团的大小。和往常一样，我们舍弃了数值因子，因为我们只是在做估算。同样，溶胀线团的自由能中的熵项$S(\alpha)$与弹性力成一一对应关系。我们可以从式(7.4)来求出它：

$$S(\alpha) = \text{const} - k_B\frac{3R^2}{2N\ell^2} = \text{const} - k_B\frac{3N\ell^2}{2N\ell^2}\alpha^2 = \text{const} - \frac{3}{2}k_B\alpha^2 \tag{8.13}$$

因此，自由能$F(\alpha)$应该通过把式(8.12)和式(8.13)组合起来而得到。在这样做时，我们应该小心地注意到我们舍弃了(而且不知道)数值系数，例如式(8.12)中的内能。为了确保这个未知的系数不会损害我们的整个理论，让我们用某个字符来表示它，例如γ，并把它引入公式(8.12)中，同时以符号"$\sim$"来代替确定性的"$=$"符号，于是我们就写出

$$F(\alpha) = U(\alpha) - TS(\alpha) = \text{const} + \gamma\frac{k_BTBN^{1/2}}{\ell^3\alpha^3} + \frac{3}{2}kT\alpha^2 \tag{8.14}$$

如前所述，"const(常数)"与α无关。

函数$F(\alpha)$勾画出来如图8.4所示。你可以看到在某个α处曲线上有最小值。自由能的最小值总是给出平衡态。因此，平衡溶胀系数就是最小值处的α值。注意，系数γ的未知数值不影响$F(\alpha)$曲线的定性形状，但是会有点影响最小值处的α值。

我们能准确地找出最小值在哪里吗？通常的方法是将$F(\alpha)$对α微分，并设导数为零。我们得到

$$\frac{\partial F}{\partial \alpha} = -3\gamma\frac{k_BTN^{1/2}B}{\ell^3\alpha^4} + 3k_BT\alpha = 0 \tag{8.15}$$

由此可得，α的平衡值是

$$\alpha_{\text{eq}}^5 = \gamma\frac{BN^{1/2}}{\ell^3} \quad \text{或} \quad \alpha_{\text{eq}} \sim \left(\frac{N^{1/2}B}{\ell^3}\right)^{1/5} \tag{8.16}$$

在后一公式中我们恢复到使用"$\sim$"符号(即"约等于")：我们再一次舍弃了数值因子γ，因为它不影响结果的最重要的特性，即溶胀参数α的平衡值对单体数量N和单体性质B/ℓ^3的依赖。在这个简单的理论中，我们无论如何也求不出γ。整个弗

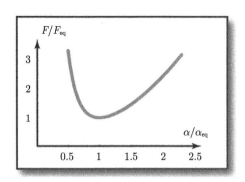

图 8.4 由方程(8.14)给出的$F(\alpha)$ 曲线。为了把该图尽可能最普适地表现出来，使之不依赖于诸如N、B和ℓ这些参数的值，使用我们从公式(8.16)对α平衡值得出的结果，把方程(8.14)改写如下：$F = \dfrac{5}{2}\left(\dfrac{\gamma B\sqrt{N}}{\ell^3}\right)\left[\dfrac{2}{5}\left(\dfrac{\alpha_{eq}}{\alpha}\right)^3 + \dfrac{3}{5}\left(\dfrac{\alpha}{\alpha_{eq}}\right)^2\right]$。 其中我们也舍弃了不相干的附加常数。在这种形式下，F/F_{eq}比率成为α/α_{eq}比率的普适函数；本图中绘制的就是这一函数

洛里理论所真正给出的就是在类似于方程(8.2)中的幂指数。的确，根据式(8.16)，线团的大小R可以估计为

$$R \sim \alpha R_0 \sim \alpha N^{1/2}\ell \sim \ell N^{3/5}\left(\frac{B}{\ell^3}\right)^{1/5} \tag{8.17}$$

理论结果$R \sim N^{3/5}$与计算机模拟结果（式(8.2)）符合得很好。

在后文中，我们在把各种贡献组合到自由能中时，将忽略类似于γ的系数。

使用类似的方法，我们也可以解释作为二维情形下的等价式的公式(8.3)。幸运的是，$S(\alpha)$的表达式(8.13)保持原样。至于$U(\alpha)$，我们需要小心。二维"体积"不是平常那样$V \sim R^3$，而是$V \sim R^2 \sim \alpha^2 N\ell^2$。因此，取代式(8.12)，我们得到

$$U(\alpha) \sim \frac{k_B T R^2 B N^2}{R^4} \sim \frac{k_B T B N}{\ell^2 \alpha^2} \tag{8.18}$$

自由能是按照$F(\alpha) = U(\alpha) - TS(\alpha)$ 计算的，其中$U(\alpha)$和$S(\alpha)$ 是由公式(8.18)和(8.13)分别给出的。这一次，我们不必担心引入系数γ，因为根据我们的经验知道，它在最后无论如何都将会消去。因此，我们只需要按照与以前相同的思路，计算$F(\alpha)$ 在何处达到最小值。答案是

$$\alpha \sim \left(\frac{BN}{\ell^2}\right)^{1/4} \tag{8.19}$$

最后得到

$$R \sim \alpha R_0 \sim \alpha N^{1/2} \ell \sim \ell N^{3/4} \left(\frac{B}{\ell^2} \right)^{1/4} \tag{8.20}$$

完全与式(8.3)相符。因此，最终表明弗洛里理论的结果只是严格地在二维情况下发生。而在三维情况下，它仅仅是近似的，尽管相当准确。

因此，如果我们考虑到排除体积效应，高聚物线团的平均大小将不再正比于$N^{1/2}$(理想链)，而是**在三维下正比于$N^{3/5}$，在平面上正比于$N^{3/4}$**。所以，正如我们所期望的，排除体积效应是相当重要的——尽管线团非常松散，尽管片段之间的碰撞非常不可能。事实上，如果$N \to \infty$，溶胀系数也会无限地增长。与布朗粒子的类比不再适用于溶胀的线团。如果一个布朗粒子不被允许穿越其自身路径，它就会在某段时间之后远离其起始点。

8.8   半稀溶液中的排除体积效应

正如我们在4.6节中所讨论的，孤立的高聚物线团对**稀溶液**是典型的，其中线团所占据的体积不重叠(图4.7(a))。当高聚物浓度超过临界值c^*(它是由理想高聚物的方程(6.14)定义的)时，情况发生了变化。在这种情况下，我们得到了**半稀溶液**(图4.7(c))。虽然高聚物所占体积的比率仍然很小，但线团已经高度混合了。在这种情形下(即高聚物浓度$c \gg c^*$ 时)，我们是否可以求出排除体积效应对线团的作用？

首先，我们需要知道半稀溶液的c^*值。当$c = c^*$时，整个溶液中的平均片段密度等于每个线团内的平均片段浓度(见6.6节)。因此，考虑到排除体积，我们得到

$$c^* \sim \frac{N}{R^3} \sim \ell^{-3} \left(\frac{B}{\ell^3} \right)^{-3/5} N^{-4/5} \tag{8.21}$$

由于$N \gg 1$，阈值密度c^*是相当小的(就像对理想高聚物溶液一样；见式(6.14))。因此，半稀区域适用于宽广的浓度范围。

以与在稀溶液中相同的方式，我们可以借助于$\langle R^2 \rangle$ 来描述线团的溶胀(一如既往，$\boldsymbol{R}$是线团的末端距离矢量)。显然，线团的平均大小R可以估计为$R \sim \langle R^2 \rangle^{1/2}$。现在我们需要计算在半稀溶液中的$\langle R^2 \rangle$ 值。

选择一条特定的高聚物链，并把它的一个单体单元固定在空间中。现在查看固定单元附近的一条链串(strand)。假设这条链串包含g个有效片段。如果周围没有其它的链，排除体积效应会使这个链串大致溶胀到$\ell g^{3/5} (B/\ell^3)^{1/5}$ 大小(见

式(8.17))。这样一个g-链串占据的体积大约为$[\ell g^{3/5}(B/\ell^3)^{1/5}]^3 \sim \ell^3 g^{9/5}(B/\ell^3)^{3/5}$。该体积中的单体浓度可以估计为$g/[\ell^3 g^{9/5}(B/\ell^3)^{3/5}] \sim \ell^{-3}g^{-4/5}(B/\ell^3)^{-3/5}$。它会随着g的增大而减小。这并不令人惊讶。由于相邻片段通过一小条高聚物链连接到固定的单体上,所以这个区域周围存在着一种"关联的(correlational)"增稠(我们称为"关联的",因为它是由链中的单体之间的相互作用或关联而引起的)。我们绝对不要忘记这条链串并不是孤独的,这是一片混杂、重叠的高聚物链的海洋,其单体浓度为c。周围的链是否能够穿透插入邻近被固定单体的最密集区域?答案是否定的。因为单体不能相互穿过(排除体积效应),所以那里没有空间。在这个区域,关联密度高于c。我们能求出这个区域(有关联增稠)的大小ξ^*,其中的单体数量g^*来自于如下条件:$\ell^{-3}g^{-4/5}(B/\ell^3)^{-3/5} \sim c$,$\ell(g^*)^{3/5}(B/\ell^3)^{1/5} \sim \xi^*$。因此,

$$\xi^* \sim \ell(c\ell^3)^{-3/4}\left(\frac{B}{\ell^3}\right)^{-1/4}, \quad g^* \sim (c\ell^3)^{-5/4}\left(\frac{B}{\ell^3}\right)^{-3/4} \tag{8.22}$$

请注意,在给定$c > c^*$时,式(8.21)和式(8.22)导致了$g^* < N$。

现在我们有了一个更清晰的图景,让我们写下一些结论。在半稀溶液($c > c^*$)的情形下,如果我们把每条链划分成一系列的长度为g^*的链串(strand)或链团(blob),它会有所帮助。每一个单独取出来的链团看起来像一个普通的孤立高聚物链,由排除体积效应所溶胀。链团的大小ξ^*提供了一个重要的长度尺度。那就是,在距离超过ξ^*的链单体之间不再有关联。你可以说,由于排除体积效应,相邻链团的"内部生活"被互相筛除。所以在半稀溶液中的一个链团并不真正"关心"相邻的链团是否和自己属于同一条链。现在,这很有趣。让我们放大一下视野,以不那么详细的尺度来观看一条链。我们将看到一条链团序列。如果我们认为这些链团是新的、更大的单体单元,那会怎么样呢?这条链团链会表现得像一条理想链,所以我们可以应用高斯链的一般理论。链中的链团数约为N/g^*,它们每一个的尺寸约为ξ^*。因此,我们有

$$R \sim \langle \boldsymbol{R}^2 \rangle^{1/2} \sim \xi^*\left(\frac{N}{g^*}\right)^{1/2} \sim \ell N^{1/2}(c\ell^3)^{-1/8}\left(\frac{B}{\ell^3}\right)^{1/8} \tag{8.23}$$

图8.5给出了R如何依赖于溶液浓度c的一个思想。当$c < c^*$时,线团的大小不受c的影响,它可以用方程(8.17)简单地描述。如果c增加,我们将到达$c > c^*$的区域,即半稀溶液。这里的溶胀系数开始下降,正如式(8.23)所预言的那样。顺便说一下,对于$c \sim c^{**} \sim B/\ell^6$,方程(8.23)导致$R \sim N^{1/2}\ell$。因此,当密度变得很高时,排除体积效应不再引起溶胀。这一结论特别指的是高聚物熔体,在完全没

有溶剂的情况下，c 达到了最高的可能值。如果你还记得弗洛里定理(见7.10节)，你就不会对此感到吃惊。

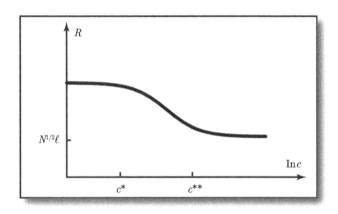

图 8.5 $R(c)$ 的关系曲线示意图。其中 R 是线团的大小，c 是浓度。注意在横坐标的浓度必须以对数标度显示，否则稀溶液区域，$c < c^* \sim c^{**} N^{-4/5} \ll c^{**}$ 看起来太窄，无法全部显示。c^* 和 c^{**} 之间的区间对应于半稀溶液

8.9　高聚物共混物几乎不混溶

我们在4.7节还剩下了一个"债"要还：我们还没有证明，在高聚物 A 和 B 共混物中，如果在 A 型和 B 型单体之间的接触是能量上稍有不利的，就会发生相分离为几乎纯 A 相和纯 B 相。现在，我们终于有了所需的一切来证明这一点。

让我们取一些 A 和 B 两种单体尚未被连接成链的混合物。我们能比较在这种混合物中的相分离(图8.6(a))和高聚物共混物中的相分离(图8.6(b))吗？在每一种情形中，能量上不利的 $A-B$ 接触的数量在相分离为几乎纯 A 相和纯 B 相的过程中都急剧下降。这些接触只可能沿着分隔这两个相的表面上发生。我们可以说，由于相分离而在能量上的获益在这两种情形下是相同的。

然而，相分离不仅会获得能量，还会导致熵损失。这是因为系统的可能构象减少了。在混合时，A 和 B 分子可以到达整个体积。一旦分开，它们只能到达其中的一部分体积(比较7.7节)。图8.6(a)和图8.6(b)中这些熵的损失相同吗？答案是"否"——这归因于在这两种情形下分别可以实现多少种可能的构象。显然，这个数目在 A 和 B 的低分子量混合物中比在高聚物共混物中要大好多个数量级。混合物中的未连接的单体可以相互独立移动，而在高聚物共混的情形下，它们被

连接成链。

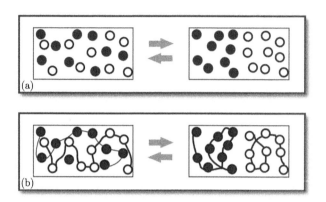

图 8.6　相分离的示意图：(a)低分子量混合物；(b)高聚物共混物。A和B成分分别用空心圆和实心圆表示

为了直观展示，我们将计算N个分子在一个含有V个格子的正方形网格中的可能构象的数目(图8.7)。我们将考虑两种情形：N个独立分子，每个分子只占用一个单元(图8.7(a))，以及连接成一条链的N个分子(图8.7(b))。

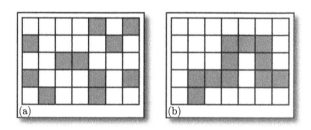

图 8.7　如何在正方形网格的V个格子中排列N个分子的两个例子：(a)N个独立分子；(b)连接成一条链的N个分子

在第一种情形下，答案是显而易见的。每个分子都有V种可能性(让我们假设$N \ll V$，而且忽略分子的排除体积)。因此，总的构象数为V^N。

现在，让我们来看第二种情形。第一个单体单元可以以V种不同的方式摆位，第二个单体只有四种方式(即在与第一个单体共享边界线的格子中)，第三个和所有其它单体只有三种方式(图8.7(b))。因此，我们总共得到$4V \times 3^{N-2}$种方式。

显然，如果$N \gg 1$，可得

$$V^N \gg 4V \times 3^{N-2} \tag{8.24}$$

这证明后者构象的数目要少得多,因此高聚物体系的熵要低得多。

这就是为什么高聚物共混物(图8.6(b))相分离中的熵损失比相应的低分子量体系(图8.6(a))要小得多。然而,能量获益是相同的(见上文)。因此,是能量主导。即使A和B单体之间很弱的排斥力也足以补偿由于相分离引起的少量熵损失。排斥力能有多弱?假设你把各含有N个单元的两种高聚物A和B混合起来,理论分析表明,它们之间足以引起相分离的接触能ε可以估算为

$$\varepsilon \sim \frac{k_B T}{N} \tag{8.25}$$

显然,对于大N,这个值真的是非常低。

第9章 线团和微球

他的王国很小，但仍然大到足以结婚。

汉斯·克里斯蒂安·安徒生
《养猪王子》

他可能只是很小，但他是个好孩子。

V. 马雅可夫斯基
《什么是好的，什么是坏的？》(俄罗斯儿童诗)

9.1 什么是线团–微球转变？

在上一章中，我们专注于讨论排除体积问题。我们学会了认识到，每个单体都有一定的体积，单体不能相互穿透。这会导致短距离下的排斥力。在好溶剂的情形下，排斥力总体上占据优势，因此高聚物线团溶胀。但是如果溶剂的质量变差会怎么样？例如，你可以加入一些沉淀剂到溶剂中，或改变温度。结果是，溶剂可以走过θ点(正如我们在8.5节讨论过的)，单体之间的二元相互作用将变成主要为吸引性的。片段趋向于时不时地彼此粘连，所以会有很多临时性的片段对。这对整个线团会有什么影响？

新罕布什尔州达特茅斯学院的W. 斯托克迈耶(W. Stockmayer，1914—2004)于1959年首次预言，如果单体之间的吸引力变得足够强时，高聚物会经历一个与从气体转变到液体的类型相同的相变。高聚物的一些小部分会"凝结在自己身上"，以此替代松散的线团，最后你会得到一个致密的"微滴(drop)"——**高聚物微球**。这就是所谓的**线团–微球转变**。

图8.3中描绘了一个典型的具有强烈相互作用单体的高聚物微球，并将其与高斯线团(a)和溶胀线团(b)进行了比较。这些图像是通过计算机模拟获得的。

吸引力在计算机上是如何模拟的? 首先, 你可以计算出二元相互作用的吸引势能(与如图8.1(a)所示的是相同类型)。这样你就能知道相互作用力。然后你在计算机上可以使用牛顿定律, 并跟踪链在这些作用力下如何移动。你会看到一些与图8.3(c)中类似的形状。与线团相反, 这个球体非常致密和紧凑, 而且其内部没有巨大的"空洞"。微球和普通液体之间唯一真正的区别就是微球的"分子"(即单体)是全部连接在一起的。

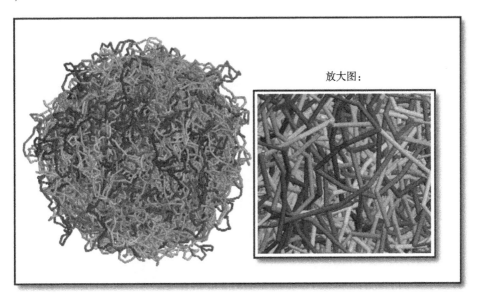

图 9.1 计算机模拟的一个长链的微球。注意, 微球是相当精确的球形, 它的表面是由环线(loop)构成的, 而它的内部, 尤其是在清晰可见的放大部分, 让人想到多种不同链——然而实际上它们是同一条链上相距甚远的部分——的浓缩溶液(比较图13.3)。就柔性而言, 此链是一个均聚物, 单体–单体的相互作用对所有单体都是相同的。不过, 为了方便观看, 链从一端到另一端被平滑地按彩虹颜色绘成彩色的(即一端是红色的, 另一端是紫色的, 中间部分是中间色)。我们应该注意到的是, 任何特定的颜色都不是位于微球的特定区域; 恰恰相反, 每一种颜色都是相当均匀地分布在整个微球上, 任何单体的局部周围都充满着各种不同的颜色, 这证实了该链的所有远距离部分都在微球中形成接触(本图承蒙L. Mirny许可) (书末附有彩图)

图9.1显示了通过计算机模拟而生成的另一个微球的图像。你可以注意到这个结构整体上是球形的, 它的表面层是由一些环线(loop)构成的, 而内部则是相当致密的, 每个单体的大部分空间邻居都属于沿链相距非常远的部分。高聚物的线团和微球状态之间的根本区别还需要考虑它们的**分形**性质才能揭示出来, 对此我们将在13.4节中讨论。

　　得益于分子生物物理学，高聚物微球和线团–微球转变的研究由冷变热了。一些最重要的生物高聚物——蛋白质酶——通常以球状形式出现在活细胞中(我们在第5章中提到过)。如果蛋白质周围的溶剂发生了不好的变化(例如，它过热，或成分受到扰动)，蛋白质可能会**变性**。换句话说，它们失去了所有的生物化学活性。蛋白质的变性通常意味着形状的剧烈变化，并且伴随着强烈的吸热。首先研究线团–微球转变的科学家们的灵感来源于，认为它可能为蛋白质变性提供线索。这看上去似乎很有道理：当变性发生时，致密的球状结构被破坏，蛋白质变成线团形状。

　　后来才发现，线团–微球转变与蛋白质变性之间并没有直接的相似性。然而，线团–微球转变就其本身来说，似乎是非常特别和令人兴奋的。这激发了人们对这个问题的进一步研究的兴趣。这些研究已经扩大，涵盖了各种高聚物。许多其它体系中都发现了微球状态。例如，不仅蛋白质，还有DNA分子和宏观高聚物网络，都有球状结构。这解释了许多不寻常的高聚物效应，例如，DNA的紧凑形式的存在和所谓的高聚物网络塌缩(collapse)。我们将在稍后再谈其中的一些。线团–微球转变的这个非常宽广的视角是由俄罗斯物理学家栗弗席兹(I.M. Lifshitz)于1968年的开创性工作而开启的。

9.2　微球的自由能

　　现在我们来取一个孤立的高聚物分子，并尝试建立一个简单的线团–微球转变理论。根据我们的目的，我们不需要深入栗夫席茨的连贯一致的方法的细节。作为替代，我们将坚持我们用弗洛里的近似论证方式来解决排除体积问题时(见8.6节)同样的逻辑。你还记得，我们引入了溶胀系数α，溶胀线团的自由能被写为两项之和(式(8.11))。一项是与以因子α伸展线团而相关的自由能，$U_{\text{eff}} = -TS(\alpha)$。另一项是线团中单体相互作用的能量$U(\alpha)$。然后我们求出了$\alpha$的平衡值，它是与自由能$F(\alpha)$的最小值相对应的$\alpha$值。

　　$U_{\text{eff}}(\alpha)$这一项是从哪里来的？这与被拉直的高聚物所能采纳的形状更贫乏有关。可能性越小意味着熵越低，拉长状态的概率越低(见7.5节)。与此同时，我们已经说过另一项，$U(\alpha)$是单体相互作用的能量。因此，当我们以式(8.11)的形式写出自由能时，我们自动地区分了它的熵部分和能量部分。注意，我们从来不使用$\alpha > 1$这一事实。它既适用于分子膨胀($\alpha > 1$)，也适用于分子收缩($\alpha < 1$)。

我们仍然得到相同形式的自由能:

$$F(\alpha) = U_{\text{eff}}(\alpha) + U(\alpha) \tag{9.1}$$

在这里,$U_{\text{eff}}(\alpha)$是由线团的最终状态——它以因子α溶胀或收缩——的熵决定的。(虽然在收缩情形下,α会小于1,但我们想保持以前的名字,"溶胀系数"。毕竟,它的数学定义式(8.4)仍然是一样的。)

9.3 单体相互作用能

如果我们想要同时迎合这两种情态——一个溶胀的线团($\alpha > 1$)和一个收缩的微球($\alpha < 1$),则我们需要在式(9.1)中用与8.6节中稍微不同的方式来表达这两项。先考虑能量$U(\alpha)$。我们曾经仅考虑单体之间的二元相互作用(由第二维里系数B描述)而估算过它,如公式(8.12)所示。我们有权这样做,因为在理想高聚物和溶胀高聚物中单体的密度都很低。然而,当高聚物收缩(即$\alpha < 1$)时,单体密度升高。**多体碰撞现在可能变得重要。**这就是为什么我们不能在对式(8.9)进行展开时仅仅保留在第一项。让我们看看如果我们保留第二项会得到什么。我们将有

$$U(\alpha) \sim R^3 k_{\text{B}}T(Bn^2 + Cn^3)\& \sim R^3 k_{\text{B}}T\left[B\left(\frac{N}{R^3}\right)^2 + C\left(\frac{N}{R^3}\right)^3\right]$$
$$\sim k_{\text{B}}T\left(\frac{BN^{1/2}}{\alpha^3\ell^3} + \frac{C}{\alpha^6\ell^6}\right) \tag{9.2}$$

(参见式(8.12)),其中$R \sim \alpha\ell N^{1/2}$是分子大小,$C$是第三维里系数,表征三体相互作用。(像以前一样,在估算式(9.2)时,我们舍弃了数量级为1的数值系数。)只包含三体相互作用而忽略余下的其它相互作用可行吗?答案是肯定的。如果我们做一个更详细的计算,我们会看到在展开式(8.9)的前两项足以说明线团–微球转变。原则上,有必要使用更高阶项来描述致密微球的实际状态。然而,正如我们稍后所展示的,一个微球趋向于在变成线团之前会发生膨胀。所以在实际转变过程中,微球的密度不是那么高。

在转变区间内,公式(9.2)中的这两项的正负符号是什么?由于转变只能在坏溶剂中发生(即低于θ温度),第二维里系数$B < 0$,二元相互作用主要是吸引力。至于第三维里系数C,在转变区间内正常地得到$C > 0$。所以排斥力是三体碰撞的主导类型。一般来说,相互作用的级次越高,其有效排斥的范围就越大。我们

可以粗略地用如下方式解释。假设一个粒子(或单体)与一组m个其它粒子相互作用。这个粒子的排除体积将与m成正比,然而,吸引力只出现在表层。这一层的体积正比于$m^{2/3}$。这就是为什么,只要m足够大,排斥力就会永远占上风。事实上,这是非常幸运的——否则任何物质都不会是稳定的,一切物体都会毫无限制地收缩。总结一句,**能量$U(\alpha)$确实可以近似为式(9.2)**,特别是在本章中我们考虑的$B < 0$、$C > 0$的情况下它是有效的。

9.4 熵 的 贡 献

现在让我们来关注熵对自由能的贡献$U_{\text{eff}}(\alpha)$。在溶胀线团的情形下,这种贡献可以用源自式(7.5)的方程(8.13)所描述。它对$\alpha < 1$也有效吗?让我们思考一下。方程(7.5)给出了一个其末端距离约为$R \sim \alpha\ell N^{1/2}$的理想线团的自由能。这是我们在推导式(7.5)所使用的关于线团形状的唯一条件。现在假设我们有一个收缩的线团($\alpha < 1$)。在这种情形下,可用构象的数量减少,不仅是由于末端距离被固定,而且是因为整个线团必须被安放到线性尺寸为R的体积中(见图9.2(a)和9.2(b))。因此,方程(7.5)及其后续的式(8.13)在$\alpha < 1$情况下并不好,它将会严重低估熵损失。

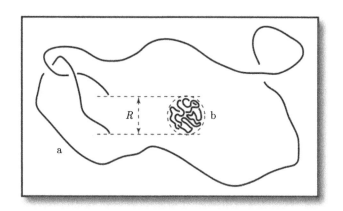

图 9.2 (a)一条末端距离R很短的理想高聚物链;(b)在各个方向上被挤压成大小为R的高聚物链。

那么我们如何才能对$U_{\text{eff}}(\alpha) = -TS(\alpha)$找到一个合理的估算?让我们来看玻耳兹曼方程(7.2)。它表明熵(以及熵损失)不应该取决于收缩的实际原因。这是个好消息。我们不需要再担心在单体之间具有某种吸引力的实际高聚物。我们不妨考虑一条在单体之间没有相互作用的理想链。我们所需要做的是去想像这条理想链已被压缩在一个空腔中,其两条边之间的长度$R \sim \alpha \ell N^{1/2}$。

在链上取某个单体单元。假设它现在离洞壁很远。对于所选单体附近的一串链,我们能说些什么呢?它似乎对周围环境什么都不"知道"。它既不能"感知"空腔的壁(因为它们离得很远),也不知道该链的其它部位的存在(因为链是理想的)。因此,这串链完全可以充当一个高斯线团。如果它的长度是g,那么它的大小约为$ag^{1/2}$。当然,这只是当$ag^{1/2} < R$,即$g < g^* \sim (R/a)^2$时才是正确的。

现在让我们来看一条g^*链串。它内部深处的单体可以以任何形状安排自身。因此,它们对熵没有贡献(因为它们不会减少链的可能构象的选择)。另一方面,g^*链的末端必须靠近墙壁——即使它们不能离开空腔。这就限制了可能构象的数目,因此每个末端都失去了一点熵,约为k_B。(要看出这个,请假设在式(7.2)中的一个单体片段的构象数Ω下降了一半,则熵减小量为$k_B\ln2\approx0.76k_B$)。在N个单体构成的链中,一共有N/g^*条链串。所以熵的损失是

$$U_{\text{eff}}(\alpha) = -TS(\alpha) \sim k_B T \frac{N}{g^*} \sim k_B T \frac{N\ell^2}{R^2} \sim k_B T \frac{1}{\alpha^2} \tag{9.3}$$

为了进行比较,让我们记住,对溶胀高聚物(即$\alpha > 1$),我们有(见式(8.10)):

$$\text{当}\alpha > 1\text{时}, \quad U_{\text{eff}}(\alpha) \sim k_B T \alpha^2 \tag{9.4}$$

在式(9.4)中,我们舍弃了一个常数项(不依赖于α),因为它不影响任何物理上可测量的量。

现在我们知道$\alpha < 1$或$\alpha > 1$时,$U_{\text{eff}}(\alpha)$函数看上去是什么样的。我们是否可以使用这个来找出$U_{\text{eff}}(\alpha)$在中间区域$\alpha \sim 1$的形式?因为我们只想要一个定性的答案,我们可以做一个简单的插值(正如圣彼得堡的T.M. Bistein和V. Pryamitsyn首次提出的那样):

$$U_{\text{eff}}(\alpha) \sim k_B T (\alpha^2 + \alpha^{-2}) \tag{9.5}$$

估算公式(9.5)给出了$\alpha \ll 1$和$\alpha \gg 1$时的正确结果,它在$\alpha \sim 1$时是近似正确的(在一个数量级内)。顺便说一下,函数(9.5)在$\alpha = 1$处取得最小值。这并不令人惊讶。实际上,如果没有排除体积相互作用,链必然表现得像理想链。换句话说,当$U(\alpha) \equiv 0$时,则$F = U_{\text{eff}}(\alpha)$,因此,它必须在$\alpha = 1$有最小值。

9.5 溶胀系数α

现在我们可以总结一下我们已经学到了什么。基于式(9.1)、式(9.2)和

式(9.5)，我们可以兼顾吸引性的和排斥性的体积相互作用，写出大小为 $R = \alpha N^{1/2}\ell$ 的高聚物分子的自由能 $F(\alpha)$：

$$F(\alpha) \sim k_{\mathrm{B}}T\left(\alpha^2 + \alpha^{-2} + \frac{2}{3}\frac{x}{\alpha^3} + \frac{1}{3}\frac{y}{\alpha^6}\right) \tag{9.6}$$

其中，$x \equiv \gamma_1 B N^{1/2}\ell^3$，$y \equiv \gamma_2 C/\ell^6$，且 γ_1 和 γ_2 是一阶数值常数。这一估算式给出了从 $\alpha > 1$(线团的溶胀)穿过 $\alpha \approx 1$(线团–微球转变)到 $\alpha < 1$(坍缩的微球)的全范围内的定性正确的答案。下一步我们做什么？和以前一样，我们需要把自由能式(9.6)作为 α 的函数而做最小化(见8.6节)。最小值条件 $\dfrac{\partial F(\alpha)}{\partial \alpha} = 0$ 让我们得到 α 平衡值的方程：

$$\alpha^5 - \alpha = x + y\alpha^{-3} \tag{9.7}$$

这个方程确定了线团的大小 $R = \alpha\ell N^{1/2}$ 作为两个特征"掌控"参数——x 和 y——的函数。

对式(9.7)的一个图形化解释显示于图9.3中。让我们从图9.3(a)开始，图中我们绘制了对于不同 y 值的一组 $\alpha(x)$ 曲线。我们是怎么做到的？我们不可能解出方程(9.7)而得到 $\alpha(x)$ 的显式表达式。诀窍在于，你可以很容易地对每个给定的 α 和 y，从式(9.7)找到互反函数 $\alpha(x)$。它是单值的，你可以在 $\alpha(x)$ 图上画出来。

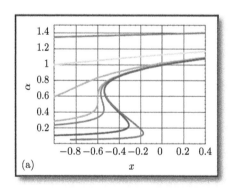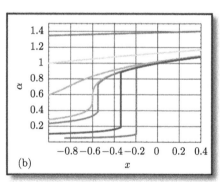

图 9.3　对不同的 y 值，由方程(9.7)给出的 $\alpha(x)$ 的关系曲线。从上到下，曲线对应于下列 y 的值：10, 1, 0.1, 1/60, 0.01, 0.001, 0.0001。此处的 α 是溶胀参数，即实际高聚物线团大小与理想线团大小之比；$\alpha < 1$ 对应于链的塌缩或微球的形成。参数 x 和 y 被定义为：x 是由溶剂的质量和链长所控制($x \sim BN^{1/2}/\ell^3$)的，而 y 决定于链的刚度($y \sim C/\ell^6$)，小的 y 值对应着很坚硬的链。在图(a)中，$\alpha(x)$ 对某些 y 值的关系曲线在某些 x 区间内是多值的(即它们有类似范德华的环线)。在图(b)中，对每个 x 选择了一个解，使得 $\alpha(x)$ 的值对应于每个 x 的自由能的绝对最小值

为了理解 $\alpha(x)$ 曲线的含义，我们必须得到关于参数 x 和 y 的想法。x 的符号

只与第二维里系数B的符号相匹配。在好溶剂中，$B > 0$，于是$x > 0$。在θ点，$B=0$，于是$x=0$。而且，最后，在一种坏溶剂(即一种沉淀剂)中，$B < 0$且$x < 0$。x的量值是多少？在一种很好的溶剂中，第二维里系数B既不是特别大，也不是特别小；在这种情况下，$x \gg 1$(因为$x \sim N^{1/2}$且$N \gg 1$)。按照相似的方式，在一种特别坏的溶剂中，x是负的，且$|x| \gg 1$。从这里我们可以得出结论：只要$|x| \sim 1$，我们可以相当肯定，我们正在接近θ点。看来参数x总是反映溶剂的质量。x在$-\infty \sim +\infty$范围内取值时，溶剂的质量从很差($|x| \gg 1$，$x < 0$)变到中度不良($|x| \sim 1$，$x < 0$)，然后到θ点($x=0$)、较好(($|x| \sim 1$，$x > 0$)，最后变到很好(($|x| \gg 1$，$x > 0$)。根据8.5节，溶剂的质量是可以被控制的，尤其可以由温度控制。所以你**可以把参数x与温度联系起来。**$x < 0$范围对应于温度$T < \theta$，而$x > 0$对应于$T > \theta$；x是温度的单调递增函数。这就是为什么绘制在图9.3中的$\alpha(x)$曲线反映了高聚物的溶胀系数对温度或溶剂质量的依赖性。

正如你可以从图9.3看到的，在函数$\alpha(x)$上的主要变化发生在θ温度附近。这是参数$y = \gamma_2 C / \ell^6$几乎不变的区域，因此我们可以把它设置为恒定值(正如我们在实际制作图9.3时所做的)。根据定义，y依赖于第三维里系数C，即依赖于高聚物链的组成成分和组成方式。我们将略过理论细节，只告诉你一些结果。对于不同类型单体的系数C的研究表明了以下结果。如果一条高聚物链是柔性的(这意味着库恩片段长度ℓ与链的特征厚度d是相同量级的)，则$C \sim \ell^6$，于是$y \sim 1$。对于刚性链($d \ll \ell$)，链越坚硬，参数y越小。因此，在图9.3中的所有不同曲线对应于不同的链刚性总量。**参数y描述的是链的刚度。**

你可能已经注意到，图9.3 (a)中所有$\alpha(x)$曲线可以根据y的值而分为两个明显不同的组。如果$y > y_{cr} = 1/60$(即如果链是相当柔韧的)，那么α随着x单调增长，虽然这个增长率是变动的。它在$x \approx -1$范围内缓慢变化，而且在$x > 0$范围内也是如此，但是在$x \sim -1$范围内(即低于θ温度)向上走得相当快。另一方面，如果$y < y_{cr}$，在θ温度正下方有一个特征性的"环线"，它看起来很像物理或化学上范德华气体等温线的环线。所以函数$\alpha(x)$成为多值的：在x的某个范围内，对x的每个值有三个α值。这是因为在式(9.9)中的自由能$F(\alpha)$有多达三个局部极值(图9.4)，两个局部极小值和一个局部最大值。

我们感兴趣的两个局部极小值对应于每个给定的x的三个α值中的最小值和最大值。现在我们需要比较F在两个极小值上的值，以便辨别哪个是最小的。像往常一样，它会向我们给出溶胀系数α的平衡值，这被展示在图9.3(b)中。让我们看看其中的一条曲线。你可以看到，只要x小于某个临界值x_{cr}，图9.3(a)中的"环线"的两个分支之一提供了α的平衡解。然而，随着x的增加，分支之间突

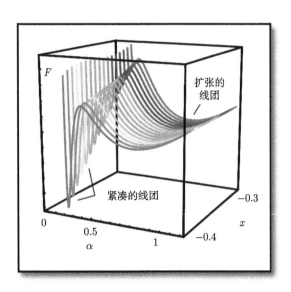

图 9.4   在$\alpha(x)$是表征溶剂质量的参数x的多值函数的情形下，自由能$F(\alpha)$ 对溶胀参数α的关系曲线。随着x发生变化(这是可以被控制的，例如，让温度发生变化)，$F(\alpha)$关系曲线的形状发生变化，以至于一个极小值变得更深，另一个变得更平缓。较深的极小值对应于更稳定的状态。本图中，我们选择了y值为$y=0.001$

然发生了"交叠互换"。现在平衡解由另一分支来表示。因此，如果$y < y_{cr}$(即链相当坚硬)，高聚物会突然重新排列它在θ点正下方的形状。当它这样做的时候，它会以一种非常突然的、跳跃的方式改变其大小。参数y越小，这一"跳"就越剧烈(图9.3(b))。

9.6   线团-微球转变

让我们来探索由式(9.7)给出的$\alpha(x)$ 在$y < y_{cr}$范围内的更详细的关系曲线。当$x > 0$(溶剂是好的)时，这个关系曲线提供了一个正确的定性描述，说明高聚物线团如何因排除体积相互作用而溶胀(见8.6节)。在这种情形下，我们可以省略方程(9.7)两边的第二项；在数学上，这种省略显然在$\alpha \gg 1$时是合理的，但我们可以证实，它在$x > 0$的所有地方都工作得很好。于是我们就有

$$\alpha \sim \left(\frac{BN^{1/2}}{\ell^3}\right)^{1/5} \tag{9.6.1}$$

即

$$R \sim \alpha \ell N^{1/2} \sim \ell N^{3/5} \left(\frac{B}{\ell^3} \right)^{1/5} \tag{9.8}$$

与式(8.14)完全相符。

现在来看，如果$x < 0$会怎么样？让我们先看$x > x_{cr}$区域，这对应于比高聚物的大小发生跳变时更高的温度。我们可以从式(9.7)推断，在这种情况下，α接近于1。这意味着分子采纳近似高斯线团的形状，几乎不受体积相互作用的干扰。如果$x < x_{cr}$(在"环线"的底部分支)又会发生什么？在这种情形下，正常地，平衡溶胀系数很低($\alpha \ll 1$)。因此，与理想的线团相比，此时分子看上去会由于单体之间的吸引力而被严重地"压扁"。等式(9.7)的左边项要比右边项小得多。左边项来源于哪里？你可以很容易地追踪到它们与熵有关，见方程(9.5)。

从这里我们得出这样的结论：对于$x < x_{cr}$，熵对自由能的贡献$U_{eff}(\alpha)$ 并不重大。因此，分子的平衡大小仅由单体相互作用的自由能$U(\alpha)$ 所控制。如果忽略式(9.7)中的α^5项和α项，我们就有

$$\alpha \sim \frac{C^{1/3}}{(-B)^{1/3} N^{1/6} \ell} \tag{9.9}$$

(因为$x < x_{cr} < 0$，第二维里系数代表吸引力，所以必须小于零。)我们可以按照平衡尺寸R而把式（9.8）改写为

$$R \sim \alpha \ell N^{1/2} \sim \left(\frac{C}{-B} \right)^{1/3} N^{1/3} \tag{9.10}$$

然后，微球内的单体浓度(或密度)n可以估计为

$$n \sim \frac{N}{R^3} \sim \frac{-B}{C} \tag{9.11}$$

根据方程(9.11)，$x < x_{cr}$时，分子的形状是与典型的高聚物线团(如图2.6)完全不同的。首先，单体密度不随N的增加而下降(请比较式(9.11)和式(8.5))。此外，分子的大小正比于$N^{1/3}$(而不是理想高聚物的$N^{1/2}$，或者有排除体积相互作用的高聚物的$N^{3/5}$)。这种不寻常的性质实际上与恒定密度的普通液滴相似。这表明，**如果$x < x_{cr}$，分子可能具有球状结构**，就像在图8.3(c)或图9.1中所示的那样。结果证明这是真的。

在图9.1中的放大部分解释了为什么微球密度不依赖于高聚物的长度N：我们看到有很多完全不同的链段，它们彼此靠得多近——这是谈论密度的另一种方式——是由吸引力和排斥力的平衡所决定的，这种平衡是它凭其本身而局部地建立起来的，在微球的每一块都是这样。

因此，它是由图9.3中在$y < y_{cr}$情况下分子大小的"跳变"所反映出来的线团–微球转变。你可以看到，这个转变发生在$x_{cr} \sim -1$，即仅略低于θ温度。这意味着什么？假设你在θ点有一个松散的高聚物线团。然后不需要做太多，就能使线团"缩聚到自身"并形成一个微球。仅仅是溶剂质量的轻微恶化——也就是说，单体之间出现微小的吸引力——就足够了。

到目前为止，我们只对$y < y_{cr}$考虑了线团–微球转变。这是当它伴随着分子大小"跳变"的情形。线团–微球转变是否也能在$y > y_{cr}$时——当高聚物链是相当柔韧时——发生？它当然可以。如果温度远远低于θ点，在这种情况下单体之间的吸引力也能变得足够强，结果就会形成一个致密的微球状态。从数学上来说，我们可以用与以前一样的方式——省略公式(9.7)左边的项——来描述它。最后我们得到了同样的估算式(9.9)~(9.11)。不过，与以前的$y < y_{cr}$情形有一个重要的区别，现在微球的形成不是类似步进的，而是一个平滑渐进的过程。然而，尽管它平滑地发生，但它只跨越了略低于θ点的一个相当狭窄的温度区间。你可以在图9.3看出这个。对$y > y_{cr}$的转变区域就是函数$\alpha(x)$变化最快的地方。整个这个区域位于$|x| \sim 1$之内，这对应于如下量级的温度变动：

$$\frac{\theta - T}{\theta} \sim N^{-1/2} \ll 1 \tag{9.12}$$

如果相对温度变动比$N^{-1/2}$大得多，你绝对可以肯定的是，分子是处在微球状态，即使$y > y_{cr}$也是如此。

9.7　转变前的溶胀

我们可以从方程(9.9)中得出线团–微球转变的一个极为重要的特征。我们已经说过，转变发生在θ温度附近。然而，在θ点，第二维里系数B变为零，在该温度周围也很小。这告诉我们什么？假设我们从下方接近θ温度(即我们向转变区走过去)。我们会注意到这个微球在大小上显著增长。同时，小球内部的单体平均浓度n也显著降低。换句话说，小球逐渐溶胀。(这当然是因为当$T \to \theta$时B减小并趋于零。)

这是个好消息。这意味着我们在维里展开式中(见式(9.2))只需要保留不超过前两项就可以了。这对邻近θ温度的微球(即邻近线团–微球转变点)也是如此。实际上，由于微球中的单体浓度相当低，我们可以忽略多体相互作用。因此，我们要描述一个邻近θ温度的微球所需的只是第二和第三维里系数，即B和C。

现在你可以看到，在线团–微球转变与普通的气体–液体转变之间的类比有
其局限性。从气体中冷凝出来的液体总是具有相当高的密度。相反，在转变点，
一个"新生的"微球通常是很稀薄的。这就解释了为什么线团–微球转变的理论比
气体–液体转变理论更为直截了当。在微球的情形下，我们有一个很好的小参
数——分子内的单体浓度。这对构建严格的数学描述非常有用。

因此，**当接近θ点时，微球就会溶胀**。这会引起涨落。一个有趣的问题是这
样。涨落的增长会在什么阶段引起实际的转变？实际上，当微球溶胀时，它仍然
是一个球体，直到它变得真的很接近θ温度。换句话说，浓度涨落的关联半径仍
然保持着比分子的大小要短得多。实际转变到线团(即更强烈的涨落)只发生在由
式(9.12)估算出的温度T。如果链是相当柔韧的(即$y > y_{cr}$)，转变是平滑的。微球
不断地继续膨胀，直到它达到在θ点的一个正常高聚物线团的大小。相反，如果
链是刚性的(即$y > y_{cr}$)，则转变具有跳变的形式，发生在某些临界值x_{cr}(即在临
界温度T_{cr})。

9.8 线团–微球转变的实验观察

对于随着温度降低而发生的线团–微球转变，已经有相当数量的实验。最详
细的研究是由三个实验室的科学家进行的。一个是圣彼得堡高聚物研究所的E.
Anufrieva研究团队，他们使用偏振发光技术。另一个是在波士顿附近的麻省理
工学院(MIT)的田中丰一(T. Tanaka，1946—2000)研究团队，他们使用了高聚物
溶液的非弹性激光束散射；最近的主要贡献是由在纽约州立大学(SUNY)石溪分
校的朱鹏年（Benjamin Chu）研究团队和在中国香港大学的吴奇（Chi Wu）研
究团队，他们也都使用光散射。我们不想去深入了解这些实验是如何进行的。
总的来说，他们测量了与分子的平动和转动扩散相关的一些量，分子的平均大
小R可以由此推算出来。

对于所研究的系统，大多数最初的实验都是在稀释于环己烷中的聚苯乙烯大
分子上进行的。这个体系的θ温度处于方便的范围内；约为35℃。在实验中注
意到了什么呢？低于θ点时，该分子在只有几度的区间内表现出非常急剧的收
缩，体积改变十倍或更多。显然，这就是分子变成微球的地方。然而，恰恰在线
团–微球转变的那个点，微球内的单体密度仍然比干燥的高聚物小得多。换句话
说，这个微球还是相当松散的，正如理论预测的那样。

还有其它一些方法也被用来观察孤立高聚物分子的线团–微球转变(例如，普
通光散射，黏度和渗透压测量，以及高聚物溶液弹性中子散射)。然而，我们之

前提到的这两种技术对这一目的是最好的。它们非常敏感，可以对浓度极低的溶液进行测量。

低浓度这一因素非常关键。原因如下。假设我们把温度降低到θ点之下，单体间的吸引力开始占据上风。这无疑增强了分子内的"凝聚"(即致密微球的形成)。然而，这并不是唯一的趋势。另一个趋势是，多种不同的分子黏附在一起形成巨大的"团块"或聚集体，这些分子聚集体会析出。显然，我们希望避免这样一种过程。因此，我们需要确保——至少在转变点——分子内单体的凝聚作用比溶液中大分子之间的凝聚作用要大得多。唯一的办法就是把我们限制在低浓度情况下。所选择的溶液的浓度越低，我们就可以进入到在θ点之下更低的温度，而不必担心分子的聚集。在现实中，实验达到低至$c = 10^{-2}$g/L的浓度，对于链来说，那就是每条链可以达到约10^7个单体单元那么长。然而，目前尚不清楚这样的浓度是否足够低，以至于可用于研究线团–微球转变的整个区域。

尽管有各种各样的技巧，但链聚集的问题还是没有得到很好的解决。专家们仍在争论。研究在继续中，实验学家们现在已经达到了极低的浓度。实际上，在这些浓度下，平均每个大分子必须扩散将近十分钟才能遇到另一个大分子。看来，进一步研究的最有希望的方向是在十分钟之内——在大分子完全聚集之前——尽量做完所有的测量。遗憾的是，即使是这一策略也并非全无困难，因为虽然大多数分子仍在独自徘徊之中，彼此还没有看到对方，但是在实验开始时，总是有相对来说很少的非典型的分子恰好互相靠近，可以发生聚集——这就污染了测量信号(因为聚集体的散射光远强于非聚集的分子)。

日本京都的K. Yoshikawa研究团队通过使用DNA而非合成高聚物，得到了非常有趣的线团–微球转变实验结果。我们将在9.12节中进一步讨论这个问题。

9.9　DNA双螺旋的微球状态

你身体的每一个细胞都包含10厘米到1米的DNA，而且这个DNA必须被装进一个微米大小的细胞核中。DNA太大，不仅不能以一条直杆进入细胞，而且甚至作为一个高斯线团也不行(我们在第5章已经提到过)。因此，细胞中的DNA必须以某种方式缩聚，从高聚物物理的观点来看，它必须处于微球状态，尽管是非常奇特的球体(关于在此情形下的微球概念，请参见9.12节)。

这个结论不仅是对我们的细胞和其它真核细胞(即把DNA储存在称为细胞核的特殊细胞器中的复杂细胞)是属实的，而且对更原始的原核细胞(它们没有细胞核)——例如细菌——也是适用的。你可以在图2.7看出这一点：当细菌的外膜几乎被完全破坏时，DNA——令人印象深刻的大量DNA——向外溢出。即使这个释放出来的DNA看起来仍然像是一个球体，它绝对比任何一个典型的——如图8.3(a)或图(b)所示的——线团更紧致，当它仍在细胞内部的时候，它肯定是一个密度更大的球体。因此，细菌中的DNA必须以某种紧致的球体形式储存。事实上，它构成了一个非常复杂的微球。

此外，相同的维度参数甚至适用于病毒。作为一个例子，请考虑一个噬菌体(即能感染细菌的病毒)。λ噬菌体是被研究得最多的。它代表了一种由蛋白质亚基制成的盒子，称为**衣壳(capsid)**，双螺旋DNA基因组就储存在其内部。衣壳的直径约为$D=55$nm，而DNA长度为48 000个碱基对，或长约$L=16\,300$nm(每个碱基对长约0.34nm)。如果你记得双螺旋的直径(接近于$d=2$nm)，你可以估算衣壳内部被DNA占据的体积的分率。结果是巨大的：

$$\phi = \frac{L(\pi(d/2)^2)}{(4\pi/3)(D/2)^3} \approx 60\% \tag{9.13}$$

这真是惊人的高压缩性。如果你想使用更传统的生物化学单位，这相当于DNA浓度大约为500mg/ml。不管怎样衡量，衣壳内部的DNA确实非常致密！人们可能想知道在病毒衣壳内部形成的如此致密的DNA微球的结构是什么样的。当然，对接近θ点的松散均聚物微球几乎没什么可做的。实际上，正如你所看到的，衣壳的大小不仅对给定数量的DNA是紧密的，而且它相当接近DNA的持续长度——约为50nm。这意味着，把DNA折弯得足够紧密而放进衣壳里面一定很困难。理论思考和实验都表明，DNA是在衣壳内部以反向线轴(inverse spool)组织起来的，其转折是以一种非常有序的方式平行走向的。然而，这种线轴的详细结构，以及DNA是如何从病毒头部解包并感染细胞的过程，仍然是当前研究的主题，在专家们之中存在着激烈的争论。在这个意义上，图9.5只是一个示意图，表明DNA是非常紧密地打包存储于衣壳内部。

弹性的DNA在衣壳内紧密地弯折的图像可能会让你想到杰克·伦敦所写的《基什的传说》。故事的主人公名叫基什，他发明了一种方法，通过把紧密弯折的鲸骨细条塞进冰冻的鲸脂圆球而杀死了一头北极熊。一旦球被吞下肚，鲸脂融化——那可怜的动物就会得到悲惨的结局。

DNA在细胞中的组织结构(organization)更为复杂，因为有更多的DNA必须存储，并且必须以可管理的形式存储。总的来说，可以说，原核生物或真核细胞中的DNA组织方式还没有完全弄清楚。然而，人们相信，DNA是以一种分层级(hierarchial)的方式组织的。具体说来，真核细胞含有被称为**组蛋白**的特殊蛋白质，有一种组蛋白分子是八个拼装在一起，这个组蛋白八聚体是作为绕线

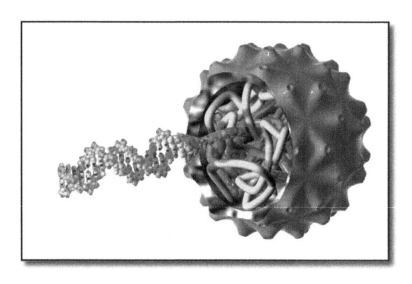

图 9.5　dsDNA打包进入病毒头部的卡通图。在内部，双螺旋显示为蠕虫状高聚物，被非常紧凑地打包，形成一个微球(本图承蒙P.G. Khalatur许可)（书末附有彩图）

框，大致是两圈DNA(含147个碱基对)紧密缠绕在上面，形成在DNA"长绳"上的一颗"珠粒"，称为**核小体**(或核粒)。现在我们可以想像一下，整个DNA是一条含有"珠粒"的"长绳"；物理学家会说它是一个新的"重整化的"高聚物，而生物学家称之为**10nm纤维**(因为核小体的直径大约是10nm)。已经知道核小体的结构的原子细节，但对沿着DNA的核小体串珠的定位仍然有激烈的争论——主要问题是(和/或在多大程度上)核小体是否偏好于在DNA序列之下的某些特征。10nm纤维在更大的尺度上发生什么尚不明确，研究人员之间的共识似乎是，它不知怎么地变皱形成了更厚的**30nm纤维**。DNA形成10nm纤维和10nm纤维形成30nm纤维，让人想到一种分层级的组织方式。在这种意义上，DNA的折叠与根据我们的理论推测的在塌缩初始阶段的高聚物模型的分层次组织方式(如后文的图9.7所示)并非完全不相似。而30nm纤维在更大的尺度上——直至整个染色体——是如何组织的，目前所有人都只能猜测。我们可以在文学作品或网络上找到一些这样的照片，其中一些图片确实画得很漂亮，但它们反映更多的是艺术家的想像力，而非坚实的科学知识。

　　研究DNA在细胞内甚至病毒中的天然组织结构都是很困难的。这就是为什么从一个模型系统来开始研究是有趣的，而且是非常有意义的：把DNA放在一种坏溶剂中，看看在这种情形下我们关于微球和线团-微球转变能找出些什么。

当实验人员试图尝试这个想法的时候，第一个相当明显的问题是：因为DNA是强烈带电的，所以不容易强迫DNA塌缩。在正常情况下，水溶液中DNA双螺旋中的几乎每一对碱基都携带有两个基本的负电荷(在磷酸基上，也就是在双螺旋的外表面上)——这就是化学家不会忘记给DNA的缩写中写上一个A的原因(实际上，A代表酸(acid))。我们讨论了反离子和它们的压力在弱带电网络塌缩中的作用(9.11节)，反离子压力也在DNA中起作用；但DNA是如此强烈地带电，以至于片段之间的库仑排斥力也具有巨大的作用，要使DNA塌缩就必须克服它。当然，这个问题不仅存在于希望模拟DNA塌缩的实验人员身上，也存在于自然界，它必须把DNA打包并存储到紧密的空间中。因此，科学家们——正如他们通常所做的那样——可以观察大自然以寻找灵感。

一旦你去想这个问题，它就变得完全不足为奇：核小体的核心颗粒——组蛋白八聚体——是强烈地带正电荷的。带负电荷的DNA缠绕在带正电的线框上，库仑力稳定了整个系统，这难道不是很优美吗？同样，病毒衣壳的内表面也带正电。因此，在模型系统中使DNA塌缩的好想法是在溶液中加入带多价电荷的离子。事实证明，甚至带+4价电荷的离子(精胺)或带+3价电荷的离子(亚精胺)都工作得很好，确实能帮助DNA塌缩。另一个有用的技巧是添加一些中性的高聚物(通常是聚氧化乙烯，PEO)，所添加的这种高聚物的线团是相对比较短的和柔韧的。所以，当DNA收缩和凝聚时，它们将会被排除出去，所以它们不会对凝聚的DNA的内部结构产生妨碍：这种线团"气体"产生了某种对DNA微球"外墙"的外部压力。

在这些DNA凝聚模型中观察到的现象非常有趣。首先，DNA"微球"通常具有一个**螺绕环**的形状(就像一个甜甜圈)，其中围绕环面的DNA片段排列得相当紧密，彼此之间大致是平行的——见图9.6。在语言上，这听起来确实是奇异的(这就是为什么我们在"微球"上加了引号)："微球(globule)"一词来源于拉丁语"globulus"，即小型的"globus(球)"，所以当一个物理学家说"DNA微球是甜甜圈形状"的时候可以翻译过来为"DNA小球是螺绕环"。然而，无论这个术语多么粗陋，对于物理学而言，DNA凝聚体采纳螺绕环形状并不奇怪，而且很自然。事实上，双螺旋结构没有哪个地方是能很容易地扭结的(换句话说，DNA表现为一条蠕虫状链，见2.3节)。这就是为什么它无法填满球状微球的核心，而最后会在中间形成一个洞。当然，发现甜甜圈形状的DNA凝聚态是非常令人兴奋的，这有助于确定在病毒头部的DNA的组织结构。

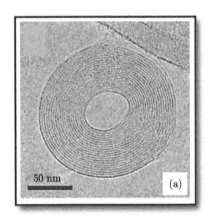 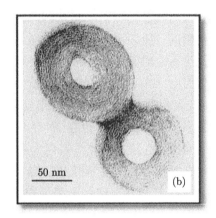

图 9.6   螺绕环形状的DNA"微球"。图(a)：显示λ-DNA的螺绕环形状微球的冷冻电子显微图像(λ-DNA是被称为λ噬菌体的dsDNA，该DNA的长度约为50 000个碱基对)。DNA圈清晰可见。本图片承蒙N. Hud提供，并得到了如下论文的许可：N. Hud and K. Downing, Proceedings of the National Academy of Sciences USA, v. 98, n. 26, pp. 14925–14930, 2001. Copyright 2001, National Academy of Sciences, USA. 图(b)：两个由λ-DNA构成的螺绕环形状的DNA微球黏附在一起的电子显微镜照片(本图承蒙J.-L. Sikorav提供)

9.10   线团–微球转变的动力学

无论你探索什么样的转变，你感兴趣的不只是其初始状态和最终状态，而是转变的实际过程。你不只关心水、蒸汽等，而且还会关心沸腾、汽化和冷凝，也不仅只关心冰，而且还会关心熔化和凝固。我们知道相变的动力学场景是非常多样化的，并且根据环境而有很大的差别。例如，水是水，蒸汽是蒸汽，但水变成蒸汽的转变可能是一个缓慢的不引人注目的过程(例如在雨后的湿路上)，或者可能是一个剧烈的爆炸(例如在过热蒸汽锅炉中)；沸腾可能在水的整个体积中形成气泡，也可能只从水的表面发生，等等。

我们对"微球化(globulisation)"了解了些什么？它是如何进行的？高聚物网络是如何塌缩的？线团–微球转变是如何在诸如DNA和蛋白质这样的生物高聚物中进行的？结果表明，这些场景与水和蒸汽的情形一样地多样化——或者更加多样化。稍后我们将讨论其它的一些情形，但在这里，我们想专注讨论对单链塌缩的一种特殊的可能性——我们喜爱它，因为我们认为它是美丽的。

图9.7勾画出一种微球形成机理的第一阶段。一开始，出现了许多小"球滴"。它们是"胚胎"，或者——以一种更科学性的语言——微球相的**晶核**。然后"胚

胎"生长、互相融合，直到形成一个更大的球状微球。

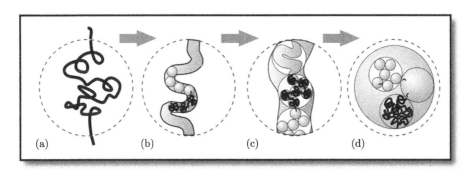

图 9.7   线团–微球转变随时间而发展的几个初始阶段。这看起来是自相似的！请参照我们在第13章所写的自相似性(本图承蒙S. Nechaev许可)

但理论家认为，这可能还不是平衡的微球，因为它的链还没有缠结起来。要形成缠结，它需要经历一个额外的阶段，这是做所谓的**蛇行(reptation)**运动。我们将稍迟一点之后在第12章讨论蛇行。有趣的事情是，有一个非常简单的实验，你可以自己去做，以检查这一理论的思想。取一根绳子(一个"大分子")，把它弄成一团("线团–微球转变")，并试图不经多大摇动("热运动")而解开它。诸如登山者那样熟悉绳索的人知道，这很简单明确，只要你不拉绳子的末端即可！这表明，单纯地弄成一团(即塌缩)是不足以生成绳结的。

这听起来是个很好的理论观点，即链必须先弄成一团然后再缠结。纽约州立大学石溪分校的朱鹏年所做的精妙实验对这种观点提供了间接的支持。然而，如果你相信它，你将不得不面对另外一大堆问题。想像一个缠结得很厉害的微球。如果我们试图把它变回成一个溶胀的线团怎么办？用绳子做同样的类比，我们可以预测绳结会收紧，……哦，我们都知道解开一个死结常常需要多么长的时间！说到分子链，热运动能够把结解开吗？它只需要一段微观的短时间，或者需要一分钟吗？还是几个小时？好几年？永恒？我们还不知道。这个不确定性是很诱人的！

9.11   一些总结

让我们总结一下我们对孤立的均聚物分子中的线团–微球转变发现了什么。它的实验和理论研究当然是非常重要的。这是分子之间凝聚现象中最简单的。如果你理解了它，你将能够继续前进到更复杂的情况。另一方面，它只能在非常特殊的条件下(如溶液中高聚物浓度很低)观察。幸运的是，事实证明，在高聚物和生物高聚物的物理学中还有很多类型非常相似的其它转变，它们并不是所有的都是那么任性多变；沉淀问题常常是不存在的，或者不那么紧要的。

我们比较了线团–微球转变与气体–液体转变。对于更复杂的高聚物系统，你也可以考虑一些类比。**微球的局部微观结构有时类似于液体或塑料晶体、非晶固体、玻璃、普通晶体、固体或液体溶液等**。这就是为什么有微球–微球相变这样奇怪的东西(所发生的事情是，微球的核心只是重新排布其结构)成为可能的原因。另一个有趣的事情是在一个刚性高聚物链浓溶液中的液晶有序化(这是当链具有一个主导方向时所发生的，见4.5节)。结果表明，这种有序化也可以被视为微球的形成！你只需要把它想像成处于一种特殊的空间，即片段朝向的空间，而不是通常的三维空间。

在接下来的几节中，我们将讨论三种不同的效应，它们有某些共同之处。在某种程度上，它们都类似于线团–微球转变。这些效应包括高聚物网络的塌缩、致密DNA的形成和蛋白质的变性。当然，还有很多这样的现象。如果你有兴趣，你可以——例如，在我们的书中(参考文献[3])——找到很多细节。

9.12   为什么我们称它们为微球？

这里我们必须离题讨论很重要的一点——事实上，它是如此重要，以至于我们专门开辟了单独的一节。我们已经提到，"**螺绕环微球(toroid globule)**"在语言学上是没有意义的。你可能会认为——有一些人确实认为——即使是DNA螺绕环缩聚体，更不用说在细胞中更错综复杂的DNA组织结构，它们都与我们在本章前面讨论过并用第二和第三维里系数来描述的(参见，例如9.5节和9.6节)简单塌缩的均聚物微球只有极少的关联。在下一章中，我们将要讨论蛋白质微球，那也完全不是原初理论的研究对象。

我们不想进入任何术语的争论，而是坚持认为，在细胞和病毒中组织排列好的DNA和螺绕环系统模型这两者，以及球状蛋白质，都具有某些与均聚物微球共同的基础东西。一种解释它的途径是讨论力的平衡。考虑一个在均聚物微球内部深处的单体，或一个在蛋白质微球内部深处的氨基酸残基，或一段在内部深处的DNA，在所有这些情形下，作用在选定单元上的力都是**局部平衡**的，它们是与在空间上近邻的单元之间相互作用的力。因此，例如，均聚物微球的密度可以由公式(9.11)估算，该公式不涉及链长N。这与线团状高聚物是不同的。线团状高聚物的密度是N的函数(例如，对高斯线团是$N^{-1/2}$，见式(8.5))，这见证了一个事实，其中的力只有在高聚物分子作为一个整体的尺度上才是平衡的。

在一种更正式的语言中，微球状态的标志性特征是**短关联长度**——比整个分子大小短得多，而且独立于整个分子的大小。再一次，这与线团——其中的关联性涉及线团整体——是不同的。在这种深刻的复杂意义上，细胞和病毒内的DNA和处于天然形态的蛋白质都是微球。

9.13 线团–微球转变的级次是什么？

我们开始从非常简单柔韧的均聚物链开始对微球进行讨论，发现处于平衡的微球内部看上去与独立链的无序溶液(图9.1)很相似。随后的分析揭示了各种高聚物系统中——例如在螺绕环DNA中——微球状态的内在特征。我们将在本书后文中看到一些其它的微球例子。同样地，我们在9.6节中对同样的最简单均聚物链，假设单体成对地黏附(吸引)($B < 0$)，在三体或任何高阶碰撞中排斥($C > 0$)，而考虑了线团–微球转变。使用这个模型，我们确认，**如果链是柔性的，线团状态与微球状态之间的转变是相当平滑地发生，但对于较坚硬的高聚物，则转变将变得更急剧**。事实上，在这种情况下，即使是相当坚硬的大分子也会经历急剧的、但不是非常急剧的转变：在转变之前，微球会显著地溶胀(见9.7节)，而吸收或释放的热量，即所谓的**相变潜热**[1]，正如结果所示，是相当小的，与$\sqrt{N}$成正比，而不是与N成正比。但这种情形只适用于最简单的大分子基础模型。在实际中，有许多高聚物系统，其中的线团–微球转变是如此之急剧，以至于它代表着——按照物理学的说法——**一级相变**。在这种类型的转变中，潜热很大，可以用一个量热仪直接测量，而微球转变前的溶胀实际上并不存在。在加热时，微球感觉不到任何即将到来的灾难的迹象，然后就突然破裂和完全解折叠。我们在此不想走进任何细节，只想提供在出现这种场景时的系统和条件的一个列表，它可能是有用的：

● 高聚物链具有特殊的相互作用，在某个温度(或溶剂条件下)第三(或更高)维里系数为负，而第二维里系数仍然是正的。一个例子是，系统中的单体可以形成类似于胶束的具有规定数量的参与者的复合物。根据德热纳(de Gennes)的说法，这有时被称为p-簇模型。

● 大分子能够内部局部朝向有序，通常是向列型，而在微球状态，类似于在螺绕环DNA中的情形。

---

[1] 对于不记得潜热概念的读者，我们将在第10章中解释。

●大分子能够在微球中具有其它类型的单体局域有序。原则上，人们甚至可以想像单体不仅具有取向，而且还具有平移次序，能在球中形成一块晶体。

●高聚物的单体可以有两种不同的状态，如螺旋状或非螺旋状的；而微球可以由于跳变(例如螺旋度的跳变)而形成。

●高聚物的单体可以从溶剂中吸收配体，使得可以由于所吸收的配体的数量跳变而形成微球。

●多组分溶剂中的高聚物链，当微球内部和外层溶液之间的溶剂成分重新分配时，可以形成微球。

●具有离子化基团的高聚物链或高聚物网络在不良溶剂中(例如，有疏水性单体)，在此情形下，转变尖锐程度取决于反离子的平衡渗透压。

●最后但并非最不重要的，序列经由适当选择的杂聚物。后者是最有趣的情况，它是下一章的主题(10.6节)。

第10章 球状蛋白质与折叠

我在各方面实际上都很完美。

P.L. Travers
电影《欢乐满人间》(*Mary Poppins*)

10.1 安芬森实验：蛋白质复性

在活细胞中有许多**球状蛋白**，它们起着关键的作用。我们已经在第5章讨论过这一点。然而，这类系统的理论研究是极其困难的：蛋白质微球可能是现代物理学中最复杂的物体之一。令人惊奇和不同寻常的是，蛋白质有严格确定的空间三维结构(5.6.4节和5.7节)。在蛋白质微球中，不仅是平均密度，而且整条链的完整空间结构都是固定的。

你可能想知道，我们为什么特别关心三级结构？还有其它的东西，比如一级结构，即整个单体的序列，也是固定的！这一切都与不同的结构是如何形成的有关。为了生成具有正确的一级结构的蛋白质链(由遗传程序，即DNA所决定)，细胞中有一个特殊的复杂的"机器"，称为**核糖体**。遗憾的是，我们还不知道如何在细胞之外合成特定的蛋白质。科学家们当然希望他们最终能弄清楚在细胞中是如何运作的，但目前在这里我们没办法做得更好，只能说一句："嗯，有一些生物合成的机制……"，就把这个问题放在一边。

相比之下，固定的三级结构是如何形成的呢？也许还有我们根本不知道的其它神秘"机器"，但是**事实上是什么东西负责把蛋白质链拼装成正确形状的微球？**注意：这是我们触及到的关键点。答案是这样的"机器"不必存在。没有它我们也能处理得很好。这是在位于华盛顿特区附近的美国国家卫生研究院工作的生物物理学家克里斯蒂安·安芬森(Christian Anfinsen)于1961年首次证实的(他后来因为这项工作而获得了诺贝尔奖)。

我们可以按如下方式解释安芬森的思想。我们已经提到过蛋白质的**变性**。变性，类似于线团–微球转变，可以由加热(有时由冷却)而引发；也可以通过向水中添加某种特殊的物质(例如尿素)，以减弱疏水作用(见5.6节和5.7节)；还有一种方法是添加一些碱或酸(在最后这种情形下，一些特定的氨基酸在酸性介质中会获得正电荷，另一些会在碱性介质中获得负电荷，使微球在任何一种情况下，都会由于在相似带电片段之间的排斥作用而变得不稳定)。变性是一种急剧的构象转变。坚固的球状结构被破坏，蛋白质——例如一种酶——会失去其化学活性。安芬森想知道蛋白质在变性之后是否可以回到天然状态。他尝试了，并且获得了成功：在没有任何细胞机器的稀溶液中，每个蛋白质分子仅处于盐水中，没有其它任何东西，如果温度变化和其它条件足够缓慢和平滑的话，则蛋白质仅凭自身就能**复性**。这真是一个奇妙的发现！这意味着单个蛋白质分子，完全无须监督，就能够正确地生成自己的空间结构。我们不必使用活细胞，或者借用一些特殊的活"机器"。正确的三级结构可以在体外(in vitro)恢复或复性。你所需的仅仅是要小心，确保过程是非常缓慢的，浓度很低，如此等等。

事实上，与生物学中的惯例一样，每一条规则似乎至少都有一些例外。一些复杂的蛋白质需要在称为**分子伴侣**的特殊分子的帮助下才能折叠。然而，一个已经牢固确立起来的事实是，许多蛋白质不需要任何辅助，能够光凭自己就轻松可靠地完成这项令人惊奇的工作。此外，从物理学的观点来看，凭一个蛋白质分子本身来折叠，或以一对分子(如蛋白质和伴侣)来折叠，真的有很大的区别吗？

因此，与只能在活细胞"工厂"里生产出来的一级结构相比，三级结构能够自发组织起来。从这个意义上说，一级结构的形成是生物学的课题，而空间三级结构的**自组织(self-organization)**是物理学中的课题。这是非常重要的：正是自组织的能力使得所有蛋白质能发挥功能，以及使所有生命得以生存。试图理解它对物理学家来说是一个超过四分之一世纪的挑战。

10.2　非周期性晶体或平衡的玻璃

乍一看，自组织看起来是很简单直接的。假设我们有一个固定的单体序列的某条链。在正确的环境条件下，仅凭它自己，它总是会以完全同样的方式卷成一个线团。我们多次做同样的事情，都会得到同样的结果，这真的很奇怪吗？然而，这种现象真是独特的，它完全不同于物理学中的任何其它东西。让我们更详细地讨论这个问题。

来看图10.1中的卡通图：蛋白质链的一个单元序列类似于某段文字或消息中的一个字母序列，但我们马上会发现我们无法读懂它，只是因为我们不懂它的语言！结果表明，当涨落的线团塌缩和自组织时，信息的含义就可以被揭示出来。可以说，三级结构揭示了一级文本的含义。因此，一条链的简单塌缩可能不大像我们熟悉的同聚物缩聚，而且，一条蛋白质链的**自组织塌缩**可以被描述为阅读理解，或者是信息解码。

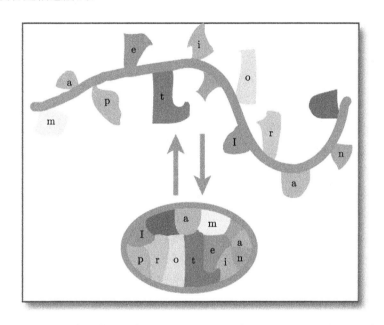

图 10.1　这个卡通图无意假装很严肃，但它可以解释为什么我们把蛋白质折叠转变比拟成"阅读理解"，或信息解码。确实，伸展的链是一条毫无意义的字符串（"mapetioIran"），但是当它被正确折叠时，它会清楚地表明："I am a protein（我是一个蛋白质）"。注意，它还可以错误地折叠成问句："Am I a piton?（我是一个冰锥？）"——特别是r和e伪装成问号的时候

从某种意义上来说，蛋白质微球与固态晶体有某种共同之处。它们都有一个非常明确的三维结构，原子在其"正确的"位置附近的涨落很小。然而，这种类比并没有更远地扩展到刚性——这是空间排列的明确特征。这两种结构本身没有相似之处。晶体的特点在于其周期性。与之相反，蛋白质微球含有多种氨基酸残基，因此完全不均匀，形状不规则。

量子力学的奠基人之一埃尔温·薛定谔（Erwin Schrödinger，1887—1961）在他著名的小册子[37]《生命是什么》——该书是根据他于第二次世界大战高峰时期于1943年在都柏林举行的演讲而写的（顺便说一句，在我们看来，任何对生物物理感兴趣的人必须阅读该书）——中创造了一个特殊的术语：**非周期性晶体**。这是一个故意创造的矛盾词语。非周期性晶体是指每一个原子或分子基团以某种方

式"知道"其空间位置——能承受小涨落——的晶体，并且所确定的位置不是通过简单的空间平移获得的，在这个意义上，晶体是非周期的。接下来，薛定谔以相当普适的方式提出这个概念，来以物理学术语描述生物细胞的构成成分。他那时并不知道球状蛋白质——那时候它们还没有被发现，但是他的思想能恰当地适用于它们。

但是，正如我们所提到的，蛋白质微球是由许多不同的分子基团组成的，它们在空间中的排列不可避免地非常不规则。从这个意义上说，蛋白质微球类似于在物理学上也知道的所谓的无序系统，如无定形固体或玻璃。唉，我们不久就会看到这种类比也非常有局限性。它没有比**缺乏空间周期性**这一事实更深入。

为了使这一观点清晰明确，我们不得不离题并简要总结一下我们使用"玻璃"一词时真正意味着什么。在第4章中我们简要地谈到了高聚玻璃和非高聚玻璃。我们可以把它们描述为在某种非平衡状态下被"冻结"的物质。玻璃具有巨大的**弛豫时间**(即系统达到平衡态的时间)——远比你能想到的任何合理的物理实验都要长：例如，古希腊的花瓶是用玻璃制成的，到现在为止还没有达到平衡态。我们可以说，玻璃"记住"了当它被制造时(即冷却时)的结构(即各个原子的位置)。如果我们把玻璃熔化，然后再冷却下来，则一个全新的(虽然统计上相似)的微观结构被创造出来，而先前的"记忆"将被彻底地冲走和丢失。**永远不会达到平衡态**。这恰恰就是玻璃无序的原因。

因此，对玻璃的类比是存在的，因为在一个蛋白质微球中，原子的排列是不规则的(或者对未经训练的观察者来说是不规则的)，但与此同时，正如安芬森的实验所表明的，蛋白微球是处在平衡态之中的[①]。因此，我们应该谈谈平衡的玻璃——很明显，这是另一个矛盾。

实际上，在玻璃和高聚物的一级结构之间有一个显著的——尽管也是有限的——相似性。的确，如果我们取一个蛋白质分子，并把它置于它能稳定的溶液条件下，那么或多或少的一级结构的自发重排会花费无法想像的漫长时间；在实践中，它永远不会发生。因此，我们也可以谈论"记忆"：在玻璃中，有一个对分子空间位置的记忆；在蛋白质中，有一个对氨基酸沿序列排列的位置的记忆。这个类比更进一步：一旦一级结构被破坏(即链的化学键断裂)，"记忆"就完全丢失了。但是，这是有差别的：对于蛋白质，我们有细胞机器能够产生一个新的完全相同的序列拷贝，而对于玻璃，我们没有任何实际的方法来重新创造所有原子的完全相同的位置。

---

①严格地说，蛋白质微球可能是一种长期存在的亚稳态，就像过热的水。但为了简便起见，让我们把这个细节抹到一边去，它不会影响我们讨论的整体逻辑。

与一级序列不同，蛋白质的三级结构与玻璃除了缺乏周期性或其它空间规律性之外，并没有太多的共同之处。即使在发生了变性之后，三级结构也不会被"忘记"。如果是的话，它将永远无法自己重新组织，安芬森实验将会行不通。当然，所有的"记忆"都保存在一级结构中，之所以在变性时三级结构没有被忘记，是因为一级序列保存下来了。因此，重建三级结构所需的全部信息都包含在一级序列中，并以一种尚不为人知的秘密语言所铭记着。我们看到一些新奇的东西进入了物理学：我们需要理解一种铭记有信息的系统的行为，特别是塌缩行为。物理学中以前从未有过类似的东西。

因此，三级结构就像稳定的晶体一样可以重建自身，而像无定形玻璃一样具有不规则的形状——但这种晶体是非周期性的，这种玻璃是处于平衡的。

10.3　利文索尔悖论

许多药物都是基于蛋白质的，药理学公司非常希望能够通过一个廉价的计算来预测具有给定序列的多肽链的平衡空间形状。这种**完全基于序列的三级结构预测**确实是一个价值数十亿美元的问题。人们在实践中试图解决这个问题的方法，是调用一个额外的信息，一个除了序列本身之外的线索：查找具有序列元素相似性的其它已知的蛋白质，然后根据已知蛋白质的元素猜测新的三级结构。这可能是一个很好的实用解决方案，特别是当它能有效工作时。但在这本书中，我们对这样的事情不感兴趣，对我们来说，它几乎就像作弊。我们想讨论一下埋头苦干的方法。最后，这是纯粹的物理学问题：手头有一个分子，需要**找到它的能量最小的构象**。

我们能用计算来解决这个问题吗？由于它是一个如此重要的问题，我们可能需要一台非常大的超级计算机，并计算这个分子所有构象的能量！这听起来有说服力吗？**行不通**。我们来估计一下吧。假设链的长度是100个单位这么短。为了论证起见，进一步假设链的每个键只能采纳两种(这肯定是低估了！)不同的构象，例如"右转"和"左转"。即使这样，链可以总共具有多达 $2^{100} = (2^{10})^{10} = (1024)^{10} \approx (1000)^{10} = 10^{30}$ 个构象。现在，假设构象可以在每个计算机时钟时基(把它慷慨地取为 10^{-9}s 吧)内计算更新，甚至忽略计算能量所需的时间。这个过程将需要 $10^{30} \times 10^{-9}$s$=10^{21}$s $\approx 10^{13}$ 年——真的很不可行！如果你拿一台有100个或1000个(或者你能实际想到的那么多)处理器的并行计算机，也没什么用，它不会改变结论：**通过枚举所有构象来寻找能量最低的那一个，是不可能的**。

但是蛋白质它们本身又是如何找到它们的最低能量构象的呢？它们确实做到了，正如安芬森的实验所表明的。让我们保持同样估计为10^{30}个构象数，假设每一次单原子碰撞——即每10^{-11}s(当然也是非常慷慨的高估)——引起构象发生一次变化。一个蛋白质分子需要多长时间才能遍历所有构象以搜索到稳定状态？我们的计算给出了$10^{30} \times 10^{-11}$s=10^{19}s $\approx 3 \times 10^{11}$ 年这么不可思议的漫长时间。作为比较，宇宙的年龄大约是10^{10}年！

这个问题被称为**利文索尔悖论**，它是由纽约哥伦比亚大学的利文索尔(Cyrus Levinthal，1922—1990)提出来的：bfseries 蛋白质分子肯定无法遍历搜索所有构象，然而它确实找到了具有最低能量的一个特定构象。这是一个悖论，不是吗？链是如何设法找到平衡构象的？

唉，我们似乎一事无成。我们曾经希望通过与其它物理对象的类比来了解自组织现象。然而，我们没有发现任何东西。大致说来，这就是20世纪70年代和80年代这一领域的事态发展情况。

10.4　变性和复性是具有潜热的急剧协同转变

请记住，我们讨论的是蛋白质折叠的物理学。当然，安芬森的实验在许多系统上被重复了无数次，在各种蛋白质上积累了巨量的知识——但那不是我们所要讨论的。我们想知道的是，蛋白质如何利用编码在其一级序列中的信息，克服利文索尔悖论而找到能量最低状态。在这方面，极为重要的线索来自于首次由普里瓦洛夫(P.L. Privalov)在莫斯科附近的普希洛科学中心[①] 所做的思想简单的实验：他测量了蛋白质变性和复性的量热效应。

"**量热**"这个名称可以追溯到人们还没有意识到热只是另一种能量的时候。该领域当今的技术复杂程度大大提高，但所测量的量的种类几乎与两个世纪前相同。记住，如果你在户外从相当低的温度开始加热一块冰，则样品逐渐升温，温度的增长速度正比于所提供的热功率(每单位时间的能量)——系数为样品的热容量，即冰的比热乘以样品质量。这种枯燥的情况继续下去，直到样品达到熔化温度——在正常大气压力下为0℃。在这个点上发生的情况是，你继续以与前面相同的速率提供能量，但温度不会增长，而是保持0℃，所提供的能量被用于融化、破坏冰，而不是使样品升温。只有当所有的冰都融化之后，温度才开始再次增长。因此，关键是你必须提供一定量的能量，称为**潜热**，以破坏(融化)固态冰

---

①普希洛科学中心(Pushchino Scientific Centre, http://www.psn.ru)是位于莫斯科南部110公里处的一个科学城，建立于1963年，现有十多个研究所，主要从事物理、化学、生物技术领域的研究。——译注

并将其转化为液态水。相反地，同样数量的能量必须被带走才能使水冻结并使之变成为固体。通过上面示例的方法，测得使冰融化的潜热约为80cal/g≈330J/g；大部分其它简单物质的熔化潜热都是相同的量级，系数增加或减小3。

普里瓦洛夫发现，当通过升高温度引起蛋白变性时，需要一些潜热，就像使固体熔化一样，并且每单位质量的潜热差不多。只要知道冰融化时每单位质量的潜热和各氨基酸单体的分子质量(约110道尔顿)，你可以估算出变性的潜热：对由大约200个氨基酸组成的典型蛋白质，每一个蛋白质分子为大约几百k_BT(记住，在我们讨论生物分子的时候，绝对温度总是离300K不太远)。

这很吸引人。转变中的热量吸收告诉我们，在转变点及其附近，存在有两种状态(水和冰、天然的和变性的)：作为自由能明显不同的两个局部极小(再看看图9.4和图12.3)。然后我们就可以同时看到它们两个；我们看到它们了吗？事实证明，是的，我们做到了。如何做到的？想像一下，例如，你测量光学吸收光谱，它对变性蛋白质在某个波长有一个峰，对天然蛋白质在另一个波长有另一个峰，然后，在转变的附近，我们确实看到两个峰。材料的一些部分处于变性状态，另一些处于天然状态，两者的比例随我们改变温度而变化：不是状态彼此相向而行并变得相似，完全不是那样；只是每个状态的相对布居发生变化。例如，如果两个状态之间的能量之差为ΔE，那么其布居的比例应该是正比于exp($-\Delta E/k_BT$))。因此，通过观看两个吸收峰的相对强度随温度的变化，我们应该能够测量ΔE。这项工作当然做了，结果真的很优美：这种方式测量的ΔE在实验误差范围内是相等的，而对相当多的每一个所测量的蛋白质，ΔE等于每个大分子的潜热总量。这意味着**蛋白质微球是作为一个单独的协同单位进行变性的**。

10.5 随机序列的杂聚物不像蛋白质，因为它们没有潜热

潜热的发现和蛋白质变性转变的协同特征给思考蛋白质折叠的物理学家们提供了更多的资料。

首先，变性的协同性与简单均聚物中的微球–线团转变(见9.6节)是不同的。作为一条规律，那种转变伴随着一个相当小的热量吸收，随着链长N正比于$N^{1/2}$而变化。与此同时，对不同长度的多种蛋白质的研究并没有揭示出对较长种类的蛋白质而潜热减少的系统趋势。

第二点(我们将不在此冗述任何细节)，在均聚物中有某些单体相互作用可以导致具有很大潜热的转变(见9.13节)，但它们也似乎与蛋白质并不相关。

第三点，也是最重要的，理论家们可以查看随机序列杂聚物的变性转变，结果显示，也没有一个明显的潜热。这是由伊利诺伊大学厄巴纳–香槟地区分校的J. Bryngelson和P. Wolynes在1987年首先实现的，他们提出了一个唯象的描述，不久之后(独立地)由莫斯科附近普希洛科学中心的沙赫诺维奇(E. Shakhnovich)和谷廷(A. Gutin)实现了，他们发展了一个真正的微观模型。让我们简要地讨论他们论证的主要思想。

核心要点是要采用合适的蛋白质构象及其能量的粗粒化观点。作为例子，来思考一下在化学名称为A和A'的两个氨基酸残基之间的相互作用能量。当然，能量在总体上取决于给定残基的相互取向，以及周围其它残基的位置，还有附近的水分子；此外，大多数氨基酸本身是庞大的分子，自身具有相当多的旋转异构态。必须承认，这是相当复杂的，但是让我们把所有这些细节都抹到一边去，简略地说两个残基要么是相互接触的，其相互作用能是已知的量$\varepsilon_{AA'}$，要么它们没有接触，相互作用消失。可以认为，我们使用图8.1(a)中的相互作用势能，并把它进一步简化为"矩形"——在远距离时完全为零，然后垂直下降到势阱的平坦底部$-\varepsilon_{AA'}$，接下来是表征排除体积斥力的垂直"阱壁"。这种简化很容易受到来自多个方向的批评，但是，有一些理论和批评总比一无所有要好——所以让我们采用这种简化方法，看看我们能用它做什么。

一旦我们知道了所有氨基酸对的接触能量$\varepsilon_{AA'}$，则我们至少在形式上可以写下一个具有特定序列$A(i)$并折叠成一个特殊构象的分子的总能量：

$$E\,(\text{seq, conf}) = \sum \varepsilon_{A(i)A(j)} C_{ij} \tag{10.1}$$

这很简单，但我们必须解释这些符号。第一，i和j沿链从1~ N标记单体。第二，序列是以$A(i)$(或$A(j)$)来描述的：沿链各个位置上的氨基酸的化学名称。第三(最后)，C_{ij}是所谓的接触矩阵，如果i与j接触则为1，否则就为0。因此，公式(10.1)说明如下：取给定构象中出现的所有接触，把它们的能量求和。如果我们想像已经对所有成对氨基酸都编制好了一个接触能量表格(这样的表格可以在文献中找到)，我们就可以计算出能量(式(10.1))。

哎，乍看上去这并不看好，因为我们记得利文索尔的教训——我们无法计算出所有构象的能量，因此，无法找出能量最低的构象。但至少我们可以估算出最低能量本身，也就是说，最稳定的构象的能量。为此，我们首先认为，所有构象的平均能量与N成正比，我们假设它是$\overline{E} = N\bar{\varepsilon}$。这是因为微球中的接触的总数

大约是N。当然，在线团构象中有较少的接触，但这些构象的能量很小，我们不
必担心它们。实际上，微球中的接触数比N大几倍(由于微球中的每个单体都会
形成多个接触)，但是为了简便起见，我们可以把这个额外的因子吸收到能量定
义中去——对此我们真正需要知道的是，这种能量不依赖于N。诚然，对所有构
象求出的平均能量不是一个非常有趣的量。真正的问题是在能量中低多少才是能
量最低状态。我们现在认为，这个最重要的能量也必须正比于N：

$$E_g - \overline{E} \simeq -N\Delta\sqrt{2s} \tag{10.2}$$

其中，s是量级单位因子，将在下面定义；而Δ是表征不同接触的多样性的能量
尺度，我们假设不同接触的能量分布于区间$\overline{\varepsilon} \pm \Delta$之中。公式(10.2)意味着，在最
低能量状态下，数量可观($\sim N$)的接触是有利的，每个都有大约$\overline{\varepsilon} - \Delta$的能量。一
般来说，很难找到一种能实现所有有利接触并避免所有不利接触的构象。例如，
如果单体i和j是强吸引性的，即$\varepsilon_{A(i),A(j)}$是强负性的，而$i \pm 1$和$j \pm 1$强烈地吸引
链的其它完全不同的部分，那么试图实现所有这些接触将产生不可能的拥塞，因
为所有单体都是通过链连接的。因子s描述了这种效果，正如我们将看到的。

　　此外，公式(10.1)包含一个另类的暗示：这个公式是许多贡献的总和，而这
样的总和服从中心极限定理(见6.7节)，所以总和的值——能量E——应该是高斯
分布的。这几乎就像高聚物又是高斯随机行走——除了这次它是沿着单个**能量坐
标**的"行走"。再一次，这种观点也接受批评，主要是独立性有疑问：可以理解，
对于随机序列高聚物，接触的能量是随机的，但它们是独立的吗？例如，如果一
个特定的氨基酸A同时与B和B'接触，则ε_{AB}和$\varepsilon_{AB'}$不大可能是完全独立的。这当
然是一个严肃的问题，但是我们在第6章中已经提到过，中心极限定理是非常健
壮的；此外，再一次，有一些可值得改进的东西总比一无所有要好。因此，让我
们接受能量高斯分布的思想，看看会发生什么[①]。

　　正如读者可以从第6章中了解到的，高斯分布的能量应该服从平方根定
律，它通常与平均值偏离$\sim \Delta\sqrt{N}$。与我们之前的估计式(10.2)相比，我们
看到最低能量状态实际上比典型值低得多，前者与N成正比，而后者则是
与$\sqrt{N}$成正比。这意味着，如果能量被视为随机分布的，那么最低能量状
态必须属于概率分布的极远的尾部。我们可以定量地证实这一点。实际
上，由于能量是我们认为独立的N个贡献的总和，则能量的概率密度正比
于$p(E) \sim \exp\left[-\left(E - \overline{E}\right)^2 / 2N\Delta^2\right]$。如果我们取一个构象并查看它的能量，它

_____

[①]我们应该在这里提到，独立的高斯分布的能量是由Bernard Derrida(在巴黎附近的法国萨克莱核研究中
心)在一个完全不同的背景上首先考虑到的，这在文献中被称为随机能量模型(REM)。

通常在能量范围内，比如$\exp\left[-\left(E-\overline{E}\right)^2/2N\Delta^2\right]\sim 1$；这当然返回了熟悉的平方根定律。但是如果我们任取$M$个构象，并查看它们的最低能量，它应该对应于条件$M\exp\left[-\left(E-\overline{E}\right)^2/2N\Delta^2\right]\sim 1$。记得构象数是链长度的指数倍，$M\approx e^{sN}$，只要执行几行简单的代数计算，我们就能准确地得到估算式(10.2)。因此，在公式(10.2)中的s是每个单体的构象熵，之前，我们在假设每个单体有两种可能状态时估算推得有$2^N=e^{N\ln 2}$个构象；在此我们有点更一般地，假设有e^{sN}的构象。因此s表征链的柔性。在公式(10.2)中出现s是不足为奇的：链越柔韧，s越大，越容易实现有利的接触，最低能量就越低。

我们取得了很好的进步，但我们不应该忘记目标。目标是理解随机序列杂聚物是否表现出很大的潜热——那是真实蛋白质的特征。为了这个目的，仅仅知道最低构象的能量是不够的。当微球"熔化"时，最低能量构象与其它状态互相竞争。因此，我们需要知道其它低洼状态——例如能量第二最低的构象——的能量。对此我们只给出结果(我们将在下面的10.6节中给出这个结果的起源线索)：**构象的最低能量和第二最低能量之间的间距是独立于N的**，它大约为$\Delta/\sqrt{2s}$。很自然地，它是由链的异质性的能量尺度Δ所支配的，随着链的柔性s的增加而降低(因为更有利的接触也可以在第二最低状态形成)。

因此，杂聚物是比均聚物更好的作为蛋白质模型的候选者——因为杂聚物微球确实有一个唯一的能量最低的状态，至少在粗粒化考虑中是如此。但随机序列杂聚物仍然不够好，因为它没有蛋白质所具有的潜热。

10.6　选中的序列

我们在10.5节中的结果可以用如下有用的方法改写。由于能量最低的构象比能量第二低的构象的能量要低$\Delta/\sqrt{2s}$，随机序列杂聚物必然在某个温度T_{fr}——满足$k_{\mathrm{B}}T_{\mathrm{fr}}\sim\Delta/\sqrt{2s}$——冻结：低于这个温度时，甚至第二最低的构象的能量也极其昂贵，系统无计可施，只能停留在最低能量状态。当这种冻结转变最初被发现时，它引起了研究蛋白质的理论家们的极大兴奋。的确，它听起来难道不像一种蛋白质吗？——系统维持在一个唯一的特定构象上，尽管是在粗粒化意义上的。

可惜，这种冻结状态还不够好——虽然它是唯一的，但它经受不住任何进一步的考验。我们已经提到它熔化时没有潜热。此外，假设我们对这种分子进行一个**点突变**，也就是说，把某个氨基酸替换为不同种类的氨基酸。这将意味着改变能量公式(10.1)中的好几项$\varepsilon_{AA'}$，可以很容易地克服$\Delta/\sqrt{2s}$这个间距，从而导致一个完全的革命：前面的基态不再是最低的能量，而一些完全新的无关的构象取代了这个角色。蛋白质肯定不是这样的，它们具有显著的突变稳定性，并且在几个突变后通常还能保持基本不变的折叠状态。更糟的是，能量$\varepsilon_{AA'}$可以受到环境的影响。例如，想像一下，你吃了泡菜，你身体某些部位的含盐量有点变化，导致了$\varepsilon_{AA'}$和……的一些变化，并导致蛋白质构象发生更新，蛋白质功能丧失？不，对我们所有人(甚至那些不喜欢泡菜的人)幸运的是，真实蛋白质不是这样工作的。的确，我们可以与塞万提斯·萨维德拉的观点作比较："这是一个真实的说法，一个人在认识他的朋友之前必须先和他吃很多盐(必须要多和他相处)。"(《唐·吉诃德》)。

　　因此，我们需要某种比随机序列杂聚物更好的东西，但这并不令人惊讶。我们比较了蛋白质的折叠与信息的读取和理解。但并不是每一条信息、每一个字母序列，都可以理解——有意义的信息或字母序列必须由懂得相同语言的人来书写。事实上，小学儿童实际上是在同一时间里并行地学习阅读和写作的。如何编写或设计具有类似于蛋白质性质的杂聚物序列是当前活跃的研究课题。人们试图通过计算和实验来实现一个目标，即复制出一种或几种蛋白质特性——不仅具有独特的折叠，而且具有突变稳定性、抗沉淀稳定性、选择性地吸收某些形状和大小的分子或粒子等多种特性。遗憾的是，所有这些都远远超出了本书的范围。但我们忍不住要提及的是，在2003年D. Baker及其同事在西雅图的华盛顿大学成功地"设计"了一个完全人造的序列[1]，当按照该序列合成分子之后，它们真的折叠成了预先拟定的三维结构，该三维结构是有意选择的，不同于在大自然中任何已知的分子。

　　按照我们只列出最基本的物理原理的设想，我们将只讨论一个问题：存在多少可折叠的序列？这一问题的全部重要性将在第14章关于生命起源问题中得到体现。现在让我们来做个估算。为此，我们必须更好地理解公式(10.2)。我们说E_g是一个随机序列杂聚物的最低能量(基态)。但是如果我们取两条或三条或几条不同的随机序列，它们的最低能量是否**完全**相同呢？当然不是。事实上，公式(10.2)给出的E_g只是最可能的最低能量值。我们需要更努力一点地工作，不仅找到最可能的值，而且要找出**基态能量的全部概率分布$W(E)$**，因此，式(10.2)中的E_g是$W(E)$最大的地方。

　　确定这个概率分布需要用到的数学比我们在本书中用到的要稍微多一些。

---

　　[1]B. Kuhlman, G. Dantas, G. Ireton, G. Varani, B. Stoddard and D. Baker, "Design of a Novel Globular Protein Fold with Atomic-Level Accuracy", Science, v. 302, n. 5649, pp. 1364–1368, 2003.

所需的数学技术被称为**极值统计**。但思想是很简单的。首先，我们要证明，任何序列的基态能量几乎不比式(10.2)中的E_g要高。事实上，为了使它能够发生，所有$M = e^{sN}$个构象的能量应该超过E_g——这是极不可能的。这就像你问，你学校里最高的老师有多高？假设教师被聘用时是不管其身高如何的，这就为独立性创造了条件。因此，老师就像能级，只是上下颠倒了——我们在寻找最高的老师，不是寻找最低的能量。因此，我们所说的是这样的：学校里最高的老师低于如170cm是不大可能的，因为这样一来，所有**其他的老师**——还有很多——必须更低。另一方面，最高的教师是220cm的概率也很小，但这是出于完全不同的另一个原因——仅仅是因为这样高的人很少见。同样地，基态能量低于式(10.2)中的E_g的概率就是由$p(E)$——由接触能量求和得到的高斯分布——给出。由于E_g本身已经在$p(E)$的尾部，所以我们可以简化$p(E)$在这个区域中的表达式[①]　并得到

$$W(E) \simeq \begin{cases} \dfrac{\sqrt{2s}}{\Delta}\exp\left[(E - E_g)\dfrac{\sqrt{2s}}{\Delta}\right] & (当 E < E_g 时) \\ 0 & (当 E > E_g 时) \end{cases} \tag{10.3}$$

首先，这个公式让我们向读者还债，并解释我们关于最低能量态与第二最低能量态之间的间距的说明：$W(E)$衰减的特征尺度是$\Delta/\sqrt{2s}$——正如我们之前所声称的那样。其次，我们现在可以估计序列的数量，正如我们计划的那样。

例如，如果我们希望得到含有某个潜热Nq值(即每个单体的潜热为q)的序列，这些序列应该可以提供像$E_g - Nq$这么低的基态，这意味着这样的序列的分率应该正比于$W(E_g - Nq)$或$\exp[-Nq\sqrt{2s}/\Delta]$。同样的这些序列也表现出突变稳定性和环境稳定性，这都由相同的能量尺度Nq所支配。因此，在所有这些特性(潜热、稳定性等)的意义上，所有序列中只有指数级的一小部分是类似于蛋白质的。寻找和选择类似于蛋白质的序列确实是一项艰巨的工作！但序列总数也是指数性地巨大，例如，$Q^N = \exp(N\ln Q)$，其中Q是单体种类的数量(对蛋白质有$Q = 20$，

[①]假设基态能量等于$E_g - \varepsilon$，即在E_g下方的一段间隔ε，且满足$\varepsilon \ll E_g - \overline{E}$，则在$p(E)$中的指数表达式为

$$\frac{(E_g - \varepsilon - \overline{E})^2}{2N\Delta^2} \simeq \frac{(E_g - \overline{E})^2}{2N\Delta^2} - 2\frac{\varepsilon(E_g - \overline{E})}{2N\Delta^2} \simeq \frac{(E_g - \overline{E})^2}{2N\Delta^2} + \frac{\varepsilon\sqrt{2s}}{\Delta}$$

其中我们在最后一次变换中使用了公式(10.2)。把这个插入到指数中，并进行归一化，就求出了公式(10.3)。更精确的公式叫做Gumbel分布，为

$$W(E) = \frac{\sqrt{2s}}{\Delta}\exp\left[(E - E_g)\frac{\sqrt{2s}}{\Delta} - \exp\left((E - E_g)\frac{\sqrt{2s}}{\Delta}\right)\right] \tag{10.6.1}$$

我们鼓励读者仔细地把它与近似版本一起绘制，看看它有多相似。

这里给出了$Q^N \approx e^{3N}$)。

因此，我们可以得出一些非常有趣的结论。首先，没有序列具有太大的潜热q(满足$q > (\Delta/\sqrt{2s})\ln Q$)。其次，$q$越大，序列越少，找到它们就越困难。再次，当$q$适中时，仍有大量指数性的序列可供从中选择。最后，要制作稳定的蛋白质，字母表应该是足够丰富的，即Q不能太小，例如，所有蛋白质理论家都很喜欢的玩具——只含两种单体的杂聚物——肯定是不够的。所有这些结论对于理解蛋白质的进化——我们将在第14章中进一步讨论——都是非常重要的。

10.7 记住(和弄混)不止一种构象

上述思想确实很深远。作为它们在更微妙的情境中的应用例子，让我们考虑一个蛋白质具有不是一个而是几个不同的低能量折叠状态的可能性。生物学家和医学博士都知道这种现象：有些蛋白质具有两种甚至有时是三种不同的折叠状态，依据条件(甚至是出于偶然性)，它们可以折叠成其中一种状态。有时这会产生不良的医学后果：蛋白质在一种折叠构象中执行一些有用的功能，而在其它折叠构象中会导致一些致命的疾病，例如，所谓的"疯牛病"(史坦利·普鲁辛纳(S. Prusiner)在1982年发现这些被称为普里昂蛋白(prion)的蛋白质，为此于1997年获得了诺贝尔奖)。

要想用物理学解释这一现象，一个有用的起点是再次诉诸**蛋白质折叠是对序列中包含的信息进行解码**的观点。从这个意义上说，蛋白质是一种信息处理装置，而折叠过程类似于模式识别。但我们知道模式识别有时是模棱两可的。例如，我们日常语言中的一些句子含有不止一个意思[①]。一些视觉图像也一样，例如，在M. 埃舍尔(M. Escher)[②] 的一些绘画作品中，你可以看到一张图片是白色的鸟飞向右边，或黑色的鸟飞向左边。同样的事情也可能发生在一种蛋白质中，我们现在处于一个很好的位置，甚至可以对它进行定量的估计。

请注意，蛋白质序列可以作为一种编码，因为可能的序列数Q^N大于可能的构象数e^{sN}。的确，可以想像一下，在一个含有e^{sN}个居民的国家里，你想让每个人具有独特、唯一的名字；字母表中有Q个字符，你必须让名字的字符长度N满

---

①一个来自科学传记的例子："某某是一位伟大的科学家，但他的烟瘾最终导致了他的死亡，一个某某科学协会的会议奉献于铭记他是恰如其当的"。因为他是一位伟大的科学家，还是因为他对吸烟上瘾，所以将这次会议奉献于铭记他是恰当的？

②M. 埃舍尔(1898—1972)，荷兰版画家，因其绘画中的数学性而闻名。在其作品中可以看到对分形、对称、密铺平面、双曲几何和多面体等数学概念的形象表达，他的创作领域还包括风景画、不可能物件和球面镜等。参见网站：http://www.mcescher.com。——译注

足$Q^N > e^{sN}$。在现实中，对于蛋白质，$Q=20$，而e^s通常约为5；因此，Q^N确实远远大于e^{sN}。这就是为什么蛋白质中留有额外的"信息容量"来记住不止一种构象。我们可以想像，事实上只有$M < N$个残基的序列部分就足以记住(编码)任何一个具有N个单体的蛋白质的构象，即$Q^M = e^{sN}$，或$M = sN/\ln Q$(这些M不需要在序列中以任何方式彼此靠近)。其它残基可以自由地记忆其它信息，如果它们有M个或更多，它们就可以记录第二个完全独立的构象！一般来说，可能记忆的构象的数量是$K \leqslant N/M = \ln Q/s$。

2001年，英国剑桥大学的卡文迪许实验室的T. Fink和R. Ball首次获得了这个真的令人兴奋的结果[1]。我们在此说一下这个结果的三个有趣的推论。首先，可能记住的构象的数目不依赖于链长N。其次，考虑到$\ln 20 \approx 3$，我们看到，规则的蛋白质能记住通常不超过两个**独立**的构象(对于细心的读者，我们在此强调"独立"这个词！)。最后，我们看到两字母($Q = 2$)是不够的，两字母的杂聚物——理论家们喜欢的玩具——无法像蛋白质那样：它们甚至无法可靠地记住单个构象。

我们可以推测，现存的$Q = 20$个氨基酸的字母表是进化权衡的结果：更小的Q不足以容许足够多的稳定的蛋白质(限定有潜热q)；更大的Q将使得产生普里昂蛋白的可能性太多了。

10.8　能景和漏斗

正如我们所见，蛋白质构象的粗粒化视角是非常富有成果的。它至少让我们对蛋白质看上去很神秘的性质有了一些物理学的理解。这一方法的潜力还远未耗尽。

尽管如此，人们当然还是会想到关于蛋白质和蛋白质折叠的更详细、更具体的方面。在这个主题的讨论中，一个流行的比喻是**能景图(energy landscape)**。这一思想是想像一个蛋白质的势能的图形。此时不是使用蛋白质的粗颗粒模型(式(10.1))，而是真正的全部势能——因为它依赖于分子的所有内部自由度，诸如所有原子的坐标、化合键和二面角等等。因为它不是一个一维的图形，请想像一个多山的国家或地区(例如瑞士、高加索、科罗拉多或智利)，它里面有山峰、山脊、山谷、山路等。现在可以认为，折叠状态对应于一个深邃的山谷，而解折叠状态可能形成一个很大的浅浅的平地等。

---

[1] T M A Fink, R C Ball. How many conformations can a protein remember? Physical Review Letters, v. 87, p. 198103, 2001.

能景图绝不是很简单的。为了认识到这一点，让我们提及一下，蛋白质除了折叠态(天然态)和完全变性状态，还有所谓的**熔球(molten globule)**状态。1982年，在莫斯科附近的普希洛科学中心的O. B. 普季岑(O.B. Ptitsyn)及其同事发现，在许多情况下，变性不是微球–线团转变，而是从天然微球到熔球的转变。在这种转变过程中，二级结构模块仍然是坚硬的，但松开了一点点。这为氨基酸的侧链基团提供了更多的空间。它们现在可以更自由地摆动和转动。然而，整个微球仍然保持稳定。开口太窄，不容许水分子进入，所以疏水作用不受干扰。有证据表明，**熔球可能是在复性过程中的中间状态**。如果是这样的话，我们可以想象，折叠的第一阶段相当迅速，它大致重复了在图9.7中所勾勒的场景，并以一个熔球结束。熔球已经具有三级结构的一些模糊特征，正确地勾画出来了，但尚未完成(例如二级结构的原子模块的特定位置等)。第二阶段需要更长的时间，这就是所有的结构细节(例如单个原子群的位置等)都被正确设置好的时候。这是一个可能的场景，但很可能不是唯一的场景。

在对能景图进行思考时，人们可能得出一个重要结论，即局部极小值是很危险的，它可以成为减缓寻找最小能量天然态的陷阱。为了强调在没有明显陷阱和障碍的情况下向下滑动的必要性，另一个比喻很流行，那就是**漏斗**：能景图应该是漏斗状的，以便让天然态能容易地达到。

在思考蛋白质时，能景图和漏斗是需要牢记在心的很好的图像。与之相关的麻烦是它们存在于很多很多维的空间中。我们知道，一个多山国家的图像(二维景观)比一条具有最大值和最小值的曲线(一维景观)更丰富得多。可以合理地想到，我们每增加一个维度，事物就会变得更丰富。当维度变得正比于N那么大的时候，**能景图的复杂度是极其巨大的**。我们的大脑无法用任何有用的方式去想像它。在这个意义上，能景图和漏斗甚至是危险的，因为它们通常会产生一个欺骗性的理解幻觉，而真正的理解其实仍然是模糊和遥远的。在实践中，每当人们说他们在使用能景图和漏斗时，实际上他们还在使用别的东西——他们在练习物理学直觉，在猜测最重要的少量自由度，以建构可想像的低维能景图。这很容易说，但很难实现，而且，这并不总是可能的，而且也没有系统的方法去做⋯⋯

10.9　成核作用与利文索尔悖论的解决

由于我们从粗粒化的思考中得知，类似蛋白质的序列可以提供一个非常低洼的基态能量——它明显地对应着很深的山谷，我们可以利用能景图比喻来获得对利文索尔悖论(10.3节)的解决。

为了解释这个思想，让我们指出一个类似的悖论可以被解释为一个更为平常的情形——晶体的形成，比如说水的结晶：分子们显然无法尝试指数级的所有大量可能的排列，那它们是如何找到其唯一位置的？的确，有指数级多的e^N个构型，所以试图全部测试它们需要指数级很长的时间。后面这个悖论是如何解决的？一般来说，解决悖论的一个有用的方法是将它重新换一种方式来表述。在这种情形下，我们可以把指数性的长时间看作是由于需要跨越非常高的自由能**能垒(energy barrier)**所产生的。的确，让我们回忆早上煮咖啡的沸水，想想液体是如何转变为气体的。显然，液体和气体在密度上有很大的不同，因此，我们可以尝试绘制"自由能能景图"作为密度的函数。我们应该记住，在液相中分子是彼此接近的，并享受吸引性的相互作用，这是在能量上有利的。相反，在气相中，分子享有独立相对运动的自由，而这是在熵上有利的。现在让我们从液相开始，将密度降低几个百分点，系统将几乎失去所有的能量优势，因为分子不再足够接近，并且不会在任何附近的地方获得熵、以补偿能量损失。这意味着，自由能相当大，比液体或气相都大——这意味着会有能垒。重要的是，在这种场景下，能量损失和熵劣势都发生在系统中的每一个分子上，这意味着自由能能垒的高度与分子的数量N成正比。考虑到跨越能垒的时间是能垒高度的指数，我们得出的结论是，液体–气体的转变需要指数性的长时间……这是利文索尔悖论的别一种表述，这明显是荒谬的：我们知道，水不需要那么长时间才沸腾！

后面这个悖论的解决是我们都知道的：结晶、冷凝、沸腾和其它这种类型的相变(所谓的**一级相变**)都是通过**成核作用(nucleation)**而发生的。的确，雨水是以小水滴而落下，而不是整个云突然凝结并一下子落在我们身上。这意味着，把自由能作为密度的函数来绘制是一个坏主意；以这种方式构造的能景图产生了巨大的误导——在这个例子中，很清楚是为什么：系统在多维空间中可以通过围绕着高能垒移动而绕过它。能景并不能够轻率地看待！但是我们只要心中记得有成核作用，事情就变得清楚了：例如，在结晶时，只必须形成一个中等大小的晶核，相应的能垒高度是由晶核的大小决定的，而不是由整个系统决定的，**一旦晶核克服了能垒**，按照能景图的语言，剩下来就是一个"下坡"过程。换句话说，系统并不执行随机行走来搜索晶体状态，而是在那里强制驱动，因为每一个新来的分子都被强制安排到了正确的位置。

同样，那么可以期望，一个可折叠的蛋白质的能景图的特征在于，不仅有一个很深的山谷，其底部是基态，而且围绕这个深邃的山谷是一个漏斗形的区域，因此分子直接向下滑落，不会在路上遇到很大的能垒阻挡，也不会碰上很大的平地做耗时的随机行走(后者也对应着**熵垒**)。

我们应该强调，完全变性的线团状蛋白质链，当它被放到折叠条件下(例如使折叠状态稳定的温度)时，必须执行一些穿过平地的搜索(或必须克服熵垒)，但它不搜索特定的基态构象(根据利文索尔的说法，这是高昂得令人难以承受的)。作为替代，它在构象空间中寻找一个非常大的区域，该区域是基态的吸引盆，或者对于那些喜欢漏斗比喻的人来说，是漏斗的上部入口。换句话说，**能垒的高度不是取决于整个蛋白质的大小**(这对应着利文索尔悖论)，**而是取决于小得多的晶核的大小**。

10.10　在体、离体和虚体

不仅是在蛋白质领域，而且实际上在生物物理学的任何领域，科学家们经常甚至是在关于如何开始时就不是意见一致的。有人说，"要了解活着的东西，我们必须在当它们仍然活着的时候进行研究。"这被称为**在体**(*in vivo*)。与此同时，另一些人认为："生命太复杂了，如果我们不在实验室里拿生物界的相对简单的小块进行实验，我们就什么都无法理解。"这就称为**离体**(*in vitro*)。这种讨论已经持续了几十年，在两边都产生了进展，也导致了相互刺激。然而当今出现了第三条道路，可以称为**虚体**(*in virtuo*)。我们在此谈论的是所谓的"虚拟现实"，只存在于计算机的存储器中[1],[2]，而不存在于其它任何地方。

让我们给出一个在熟悉的领域中的例子。想像一个由27个单元(单体)组成的"高聚物"。假设单体可以摆放在立方晶格的格点上(图10.2)。在紧密打包状态下，这样一个高聚物会占据一个$3 \times 3 \times 3$立方体的体积(这就是为什么我们在第一个位置选择了数字27)。现在，结果表明，一个"27聚体"可以以令人惊讶的多种方式排列在立方晶格上。大约有十万种可能性(确切地说是103 346种)！所以你可以说有103 346种不同的球状构象。虽然这个数字很大，但计算机仍有可能将其所有构象的能量计算出来。

这能怎么做到呢？例如说，有Q种不同种类的单体(我们可以把它们看作是不同的"颜色")。它们是如何相互作用的？让我们假设，如果相同的两个单体在晶格上是"邻居"，它们肯定能以一定的能量$-J$吸引对方。同时，两个不同种类的相邻单体以能量$+J$相互排斥。我们也可以查看各种其它的相互作用。结果我

---

①有些人把它称为**在硅片上**(*in silico*)，因为现今的计算机使用硅基半导体材料。我们相信计算研究的思想并不依赖于特定的硬件；也许将来有其它非硅基的计算机。它们会基于什么呢？对于本书，我们必须提到，也有基于高聚物的有机半导体——也许它们将取代硅！因此，我们更愿意使用"*in virtuo*"。

②中国国内也有人直接把"*in silico*"或"*in virtuo*"一律翻译为"计算机模拟实验"。——译注

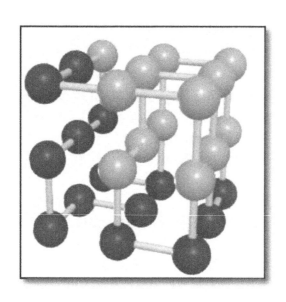

图 10.2　由27个不同单体构成的杂聚物可以填充立方体晶格上的一个3 × 3 × 3域

们就会发现，对于非常多的一级序列，其中一个构象具有比其它任何构象都要低得多的能量。

读者当然应该注意到，这个晶格模型与我们在本章前面讨论过的蛋白质的粗粒化视角非常密切相关。物理学家通常把晶格模型称为玩具——但这其实只是一个有节制的玩笑：幽默是避免与科学不相容的浮夸严肃性的最好方式。晶格蛋白质是一个非常严肃的事物。它们被用来检验理论，以获得关于如何改进理论的线索。例如，我们提到过只有正确选择的序列是可折叠的，这个想法用晶格模型进行了检验，被优美地证明是正确的。

计算机模型(即在虚体上的实验)可以让我们更进一步，但遗憾的是走不远。假设你想探索一种更长的高聚物。你所掌握的"魔方"数字如下：36，48，64，80，100，125，⋯，"36聚体"可以密实地排列在3 × 3 × 4晶格上，"48聚体"可以适配3 × 4 × 4晶格等。还没有现代的超级计算机可以成功地罗列出"64聚体"的所有可能的状态。在试图发现能量最低的状态之前，你需要把它们全部罗列出来。大自然可能不知何故知道了可以无视利文索尔悖论，但我们和我们的电脑还不知道！例如，一个"48聚体"有多达134 131 827 475个密排态。就计算所有能量这方面来说，这个数字太大了，无法处理。因此，具有84 731 192个密排态的"36聚体"和"27聚体"是迄今为止唯一可以处理的两个模型。它们(以及一些在平面上的模型)已经成为在虚体上研究晶格蛋白质的主力。

随着链长的增大，不仅困难度增大，而且模型的可能性真的迅速增长。例如，"36聚体"是可以含有一个结的链长最短的"魔方"，如图11.7所示。

这些模型可以用一种不同的方式加以改进，请看图10.3。这是一个有口袋的晶格球，我们可以在那里放置一个"基质(substrate)"。图10.4表明这个微球有能力"复性"，即自我组装成正确的结构。从这个意义上说，它确实类似于一个真正的蛋白质分子机器。此外，人们很容易想像整个机器商店，如图10.5所示。在某种程度上，这使我们想起一个关于理论家决定去做生物学的著名笑话。这是他如何开始的："假设一匹马具有立方体的形状，边长1m，重量为1kg…"的确，请比较图5.14和图10.3！好吧，不管你说什么，有时连立方马也有用。

图 10.3　含有"活性位点"的晶格微球能够特异性地识别"目标分子"(左下方)

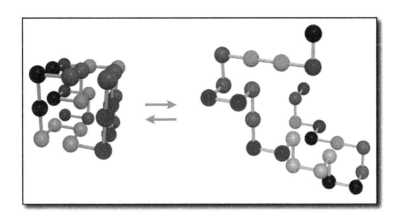

图 10.4　如果出于某种原因，在如图10.3所示的微球发生变性，它可以复性，并恢复出正确的"活性中心"。重要的是，它不需要任何辅助来做到。从这个意义上说，它确实像一台分子机器(本图承蒙V. S. Pande许可)

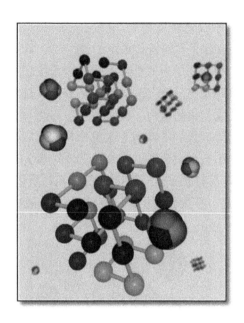

图 10.5　这是一幅有点想像性的画面，表现了许多分子机器在水介质中工作(本图承蒙V.S. Pande许可)

　　毫无疑问，蛋白质的计算研究并不局限于立方(或任何其它)晶格。脱离晶格，最雄心勃勃的方法是做**全原子模拟**，即把蛋白质和周围几千个水分子的所有原子的牛顿运动方程整合起来(这被称为**分子动力学**)。遗憾的是，在这种直接的方法下，即使是最强大的现代超级计算机也只能追踪平均大小的蛋白质最多几个纳秒——比典型的折叠事件要短大约六个数量级，更不用说它所具有的其它困难，例如电势的选择、静电力的作用等。人们用各种创造性的策略来克服这些问题。一个好主意是在世界各地使用数以百万计的闲置电脑——所谓的"Folding@Home(在家里折叠)"程序；我们鼓励读者访问该程序的网站(http://folding.stanford.edu/)，并自己亲自试一试。

　　因此，与我们熟悉的体内实验和体外实验一起，在虚体上的蛋白质研究正在全速前进。

10.11　我们理解蛋白质折叠了吗

　　让我们做个总结：我们理解蛋白质折叠了吗？

　　在一个最大限度的观点中，折叠问题是预测问题之一：如果我们知道一级结构，在原则上我们是否可以预测三级结构？正如我们前面提到的，后面这个问题是一个实用性的问题。如果答案是"是"，我们就不再需要复杂而昂贵的对蛋白质的X射线和核磁共振进行分析。遗憾的是，尽管在某些实例中取得了令人印象深刻的成就，但理想的完全预测远未成真。目前，我们对二级结构(α和β片段)的预测精度还不错，但对三级结构的预测仍然是难以捉摸的。从这个意义上说，蛋白质折叠问题无疑**还没有解决**。

有一个类比在此可能是有用的。在计算机时代来临之际，人们开始研究计算机国际象棋，试图指导计算机下棋。事实上，其首要目的是要了解人类智力是如何工作的。最终，计算机变得如此强大，它们能够记住极多的棋子位置和象棋大师的对局。1997年，一台特制的名为"深蓝"的计算机赢得了一场与人类最伟大的棋手卡斯帕罗夫的比赛。在我们看来，这是一个非常不幸的结果：对电脑国际象棋的兴趣可能永远消失，而理解人类智力的目标仍然像以前一样难以捉摸。如今，追求这个原始目标的研究者正在尝试一些全新的计算方法，编程对付更复杂的围棋①——我们不知道这是否会导致真正的突破。但类似于计算机国际象棋的发展历史，蛋白质结构预测也许有一天可以通过强力计算来解决。如果发生这种情况，它可能会成为一个有用的成就，但不幸的是，它可能无助于对基本原理的理解。

但就这些基本原则而言，我们敢说，在过去的几十年中取得了重要进展。此前，在安芬森时代，蛋白质折叠像是基础物理学的奥秘。人们甚至无法想像这件事在原则上是怎么发生的。现在，我们至少已经对折叠背后的基本物理学有了一个全面的了解，正如我们在本章中试图勾画的那样。现在有晶格模型，它在很多方面与蛋白质很不相同(太多、太明显，无法列举)，但它在两个最重要的两个方面类似于蛋白质：它们具有相同的基础性困难，如利文索尔悖论，而且它确实能折叠。我们很了解这个模型！但是，当然，研究仍在多个方向上进行着……

10.12 "蛇立方"木制玩具

有些人喜欢脑筋急转弯，并有专门的商店(包括一些网络商店)销售各种难题。我们想在这里介绍一个这样的谜题，称为"蛇立方(snake cube)"，因为它提

---

①1997年，IBM公司的"深蓝"超级计算机击败了当时世界国际象棋冠军加里·卡斯帕罗夫。"深蓝"储存了两百多万盘优秀棋手的对局，主要算法技术手段是暴力穷举法。2017年5月，谷歌公司的阿尔法围棋(AlphaGo)程序以3:0击败了当时排名世界第一的世界围棋冠军柯洁，围棋界公认阿尔法围棋的棋力已经超过人类职业围棋顶尖水平。阿尔法围棋使用的是深度神经网络，属于人工智能领域。——译注

供了一个与蛋白质折叠问题惊人的深刻类比。当然，这个类比是有限的，读者当然应该锻炼他/她的幽默感，但这个事情很有趣。下面就来介绍它。

这种玩具由27个大小相同的木质立方块组成，通常每个边长为1cm左右，连接成蛇(你可以在网络搜索引擎中搜索"snake puzzle (蛇形拼图) [①] ")。蛇中的每一对相邻立方体块都由一条轴相连，两个块都可以绕轴自由旋转；轴连接了立方体块的中心，其长度保证了相邻的面相互接触。围绕这些轴的旋转类似于实际高聚物中围绕σ键的旋转(见第2章)。由于这种旋转，蛇作为一个整体是"柔韧的"，它可以很容易地塑造成不同的形状或构象；因此它还与具有旋转异构体柔性机理的高聚物链相似。特别是，在所有构象中，蛇可以采纳完全折叠为$3 \times 3 \times 3$立方体形状的构象。正如图10.6所示，在该图中展示了它的解折叠构象(a)和折叠构象(b)。

图 10.6   木制蛇形玩具：处于解折叠(a)和折叠(b)构象的玩具照片；(c)展示了该玩具中的两种立方块，分别称为S和C，因为它们能分别生成直块和角

这个蛇形木制玩具受制于利文索尔悖论：要测试所有的构象实际上是不可能

①"蛇立方"木制玩具的制作工艺颇为复杂，而且拼装结果唯一，所以这个玩具在中国并不流行，在网络上搜索的结果也很有限。在网络上搜索时的结果大多数是与此相似的一种称为"魔尺"的塑料玩具，每个单元为对半纵切的半个立方体。它的单体只有一种(而"蛇立体"的单体有两种)，虽然娱乐效果更好(可以产生多种不同的拼装结果)，但是缺乏本书所说的科学含义。——译注

的，因为构象实在是太多了。有些人很容易地找到了把它折叠起来的方法，其他人中，尽管有一些很聪明，但也无法轻易地做到或总是失败。我们不知道是什么样的思维能力控制着如何把这个玩具成功折叠起来，并且正如在蛋白质中那样，我们不知道如何把导向成功折叠的算法写成公式，以击败利文索尔的估算。

这个玩具让我们兴奋的是，它有一个序列。除两端的立方块只有一条连接轴外，沿链把"单体"组装起来的类型有两种，如图10.6(c)所示：一种是在两个对立面上的相反方向有两条轴用于连接邻居块，另一种是在两个相邻面上有两条轴，两轴之间形成90°夹角。在相应位置的链是直线(一型)或90°转角(二型)，相应地，我们分别称这两种类型的单体为S和C。S和C的特定序列可以从图10.6(a)中读出来。有趣的是，我们检查了这种玩具的好几种在多个不同国家制造的复制品，尽管它们的大小、颜色和材料不同，但序列都是相同的。这似乎不大可能偶然发生，因为可能的序列数量太大，几乎可达1 700万[②]。更合理的是，有人设计了第一个这种玩具，然后人们就复制它(类似的事件也可能在蛋白质序列的生物进化过程中发生——见第14章)。

这把我们导向了一个问题：所有可能的几乎1700万个序列都可以折叠吗？答案当然是：不。例如，如果在序列中的任何地方有两个S，这样的蛇就不能装进3×3×3立方中。这不是完全微不足道的，但可以计算不含有双S位置的序列的总数；结果是显著地小于1700万，即只有98 514。当然，这只是可折叠序列数目的上限，因为可能还有一些不太明显的限制。这种情况类似于实际蛋白质：并不是所有的序列都是可折叠的，在许多情况下，我们可以制订一些"语法规则"(类似于前面的"没有S-S对")，把估计的折叠序列数目从巨大的20^N大幅减小下来。在实际蛋白质中，**很难识别出所有这些规则**。

如果我们把可折叠序列的数目和可能构象的总数进行比较，那么另一个与真实蛋白质的差异性以及相似性就变得明显了。前一个数字，正如我们刚看到的，是不大于98 514；后一个数字(能填充3×3×3立方体的晶格27聚体的构象)，正如我们已经提到的(10.10节)，是103 346。得出的结论是，有些序列可以折叠成两个(甚至更多)不同的构象！这确实和我们在10.7节所讲的故事很相似。当然，与蛋白质的类比是有限的，例如，在蛋白质中，序列的数目大于可能构象的数目。不过，对于思考蛋白质的人来说，蛇立方确实是一个非常有趣的东西！

---

②因为在两端的两个块是没有选择的，而对于所有其它25个位置，每个位置都有两个选择项。乍一看，人们可能会认为序列的数目是2^{25}，然而，在这种方式下我们是双倍计数了，因为我们把每个序列的反向序列都包含进来了，所以更接近的估算将是2^{24}。事实上，我们只是双倍计算了除了回文序列之外的所有序列。回文序列的数目是2^{13}，因为对回文序列，我们需要任意选择的只有前13个单体，而其它12个单体是唯一确定的。因此，不同序列的总数是$(2^{25}-2^{13})/2+2^{13}=2^{24}+2^{12}=16\,781\,312$。

第11章 打结，还是不打结？

我的灵魂是一艘着了魔的小船……

珀西·雪莱(1792—1827)

《脱羁的普罗米修斯》

我们打赌，我们每一个读者都曾经为缠绕和打结失控的绳子、毛线或钓鱼线而生气过——或许还不止一次。这不也会发生在分子"绳"——高聚物链——上吗？它们会自发地打结吗？麦克斯·德尔布吕克(Max Delbrück，1906—1981)于1962年首次就DNA提出了这个问题，并由哈里·弗里斯(Harry Frisch，1928—2007) 和E. 沃瑟曼(E.Wasserman)独立地于1961年就普通高聚物提出了这个问题。在本章中，我们将讨论**高聚物打结**，但首先我们得离题看看这一主题的令人兴奋的历史。

11.1 物理学中的结：原子是什么

从远古时代起，**结**就吸引了人们的想像力。人们把它们用于各种目的，例如，在戈尔迪之结和亚历山大大帝的传说①中那样。而且人们也观察到自然界中的结，例如，一些中世纪的资料中提到，一些婴儿的脐带中出现了结②。但是对结的科学研究的开始可以相当准确地追溯到1867年，威廉·汤姆孙(1824—1907，后来由于他在建设大西洋海底的电报电缆中所起的作用而被授勋，成为开尔文勋爵)思考了原子的本质，得出了下面的想法。要知道，当时整个物理学和化学

---

①希腊传说：弗瑞吉亚国王戈尔迪把一辆牛车的车辕和车轭用一根绳子系了起来，打了一个找不出头尾的死结。神示喻说能解开此结的人将能统治东方。这就是被人们广为传说的"戈尔迪之结"。然而，多少个世纪过去了，无数聪明智慧的人面对"戈尔迪之结"都无可奈何。公元前三世纪，亚历山大大帝远征波斯，有人请他看这个古老的"戈尔迪之结"。经过一番尝试后，亚历山大大挥剑将此死结劈成两半，"戈尔迪之结"也就此被破解了。"戈尔迪之结"常被喻作缠绕不已、难以理清的问题。——译注

②现代统计学表明，大约有1%的新生儿脐带打结；有些消息来源甚至暗示，在统计上这些婴儿在以后的生活中往往有较高的智商。

中最大的谜团可能就是为什么会有离散的原子种类, 也就是说, 为什么在氢与氦、氦与锂等之间没有中间形式。当时人们想像, 空间中充满了**以太**——这是一种虚拟的流体, 它的波和涟漪携带着电磁力。因此, 汤姆孙设想了几个"如果": 如果在以太中有像龙卷风一样有顶点线, 如果以太是一种理想液体, 然后两条顶点线不能交叉(即像我们现在可以在这本书中所说, 顶点线的行为类似于高聚物链); 而且如果顶点线可以封闭——那么会有几种类型, 如图11.1所勾画出的那样。而且好处是这些物体毫无疑问是离散的——没有中间形式。也许我们可以推测, 图11.1中的结可能就是氢、氦、锂等原子…… 在化学元素周期表中可以依此类推。

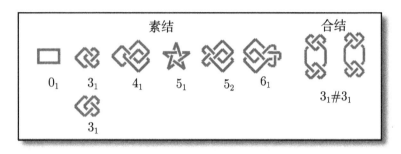

图 11.1　几种简单的结。对于三叶结3_1显示了两种异构体, 它们是彼此镜像的。此外还显示了两个不同的合结(称为十字结和方形结), 它们是由不同的三叶结异构体组合而成的

难道这不是一个好主意吗? 在我们看来, 它是非常美丽的。遗憾的是, 它没有被证明是真实的, 但也许它会在某个时候出现在另一个层次发挥作用, 或许是在亚原子粒子的弦理论中——我们只能希望这样的美不会被浪费。"高贵的东西永远不会丢失。"——查尔斯·狄更斯。

回到上面的故事中, 汤姆孙兴奋起来(我们完全可以理解), 请求他的朋友和合作者泰特(P. G. Tait, 1831 — 1901)做出一个可能的结的列表, 并试图计算这些打结的绳可能振荡的频率——他们希望, 也许它能解释原子光谱? 泰特努力地工作, 做了一个很大的结列表, 并制订了关于结分类的若干猜想。物理学家们中的兴奋持续了好几年, 但最终没有人比詹姆斯·克拉克·麦克斯韦(1831—1879)更不断增加怀疑态度, 因为这个想法没有实验支持, 1878年他在给泰特的信这样写道:

> 我的灵魂是一个纠缠的结,
> 　在看不见的居民的智慧
> 所产生的液体漩涡之上。

> 您的东西像坐着的囚犯，
>
> 用枪鱼的尖刺解开它
>
> 只为发现其持久的结。
>
> 因为所有解结的工具
>
> 在四维空间都是在说谎。

相当明显地，麦克斯韦是戏仿了雪莱的诗句[①]——见本章的题头词。显然，雪莱所写的这些诗句在英国维多利亚时代是一种文化套语；M. V. White的一首流行歌曲和Walter Crane的一幅名画都被题名为"我的灵魂是一艘着了魔的小船"，所以麦克斯韦不是唯一一向它致敬的。但更有趣的是，麦克斯韦思考的空间维度不是三——尽管他还不知道非整数维(参见第13章)。

泰特所做的工作开启了开始对结的数学研究。但就物理学而言，结在很大程度上淡出了近一个世纪以来物理学的视野，直到麦克斯·德尔布吕克和哈里·弗里斯在20世纪60年代开始，又在高聚物和生物高聚物这样一个全新的领域中重新引发了对结的兴趣。

11.2 结 表

虽然我们不打算钻研数学，但对于结的分类说几句是必要的。在此只是想介绍术语。问题是存在有难以置信的种类繁多的结。传统上，从泰特开始，它们被以列表的形式给出，类似于图11.2。

结是以它们的表明其上跨和下穿的二维投影来表示的。当然，每种结可以用多种不同的方式以不同的交叉次数来绘制，但在表中对每种结使用交叉数尽可能少的投影。例如，无结和三叶结的最小交叉数分别为0和3。

表中的每个结都用它们的最小交叉数来标记。在大多数情形下，对任何给定的最小交叉数有不止一种类型的结，例如，5个交叉有两种结。这些具有相同交叉数的不同类型的结，然后是用不同的下标值来标记。下标的选择没有含义，只是由传统决定的。因此，存在含5个交叉的结5_1和5_2，而无结和三叶结分别表示为0_1和3_1。

有些结是有**手性**的，也就是说，结与其镜像不同。例如，三叶结有两种不同的类型，左手型和右手型，它们不能连贯地相互转化。其它的结，如4_1，不是手

---

①雪莱的英文原句为"My soul is an enchanted boat"，麦克斯韦写道"My soul is an entangled knot"。顺便提醒读者，本章标题"打结，还是不打结？"的英文为"To Knot or Not to Knot?"，戏仿了莎士比亚的戏剧《哈姆雷特》中的名句"To be or not to be?（生存，还是毁灭？）"。——译注

性的，它们是镜像对称的。

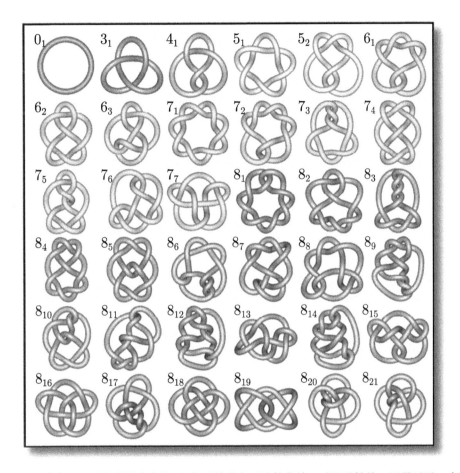

图 11.2　此表显示了在投影上多达8个交叉的所有可能的素结。对于手性结，只显示了一个镜像。有许多方法可以识别结的特定独立类型，例如，结3_1、5_1、7_1被称为螺绕环结，因为它们可以很好地放置在圆环外表面上(显然对任意奇数个交叉点都有一个螺绕环结)。但根据物理学而对结进行分类还有待发展。[本图承蒙R. Scharein许可；结的图像是由他的软件KnotPlot制作的(见http://www.knotplot.com)] （书末附有彩图）

　　结表仅包括**素结**。显然，几个结可以拴在一根绳子上，在这种情况下，我们说它是一个**合结**(这与素数和合数很相似的)。图11.1显示了组合两个三叶结的两种方式。重要的是，很容易证明，不存在反结或结湮没：在绳子上给定任何一个结，没有人能在绳子上打一个结使合结成为无结(在这个意义上，结的组合类似于整数的乘法，没有类似于除法的操作，因此就没有逆)。

有了这些术语，我们就可以回到物理学了。

11.3　结是常见的吗

德尔布吕克和弗里斯提出假说，认为结存在于各种高聚物中，是基于常识性的考虑：所有其它已知的串都会缠结，高聚物为什么不呢？的确，我们应该记得，高聚物链不是幻影(参见2.6节)，而且不能交叉。有些人虽然接受这一逻辑，但是认为结对高聚物是某种异常的东西。虽然一般的期望是，打结概率P_{knot}必须很小，但是有一段时间没人能提出任何可行的方法——无论是实验上还是理论上的——来找出P_{knot}。困难在于，给定一条链，怎么找出是否有结，如果有结，则是哪种类型的。在图2.7中合适地展示了这个问题：请读者来猜一猜，从细菌中溢出的DNA是否打结？……实际上，高聚物线团通常是一个复杂的随机形状的物体，如果我们看着它，完全是一团糟——那我们如何弄清楚它是否打结呢？

突破出现在1970年，主要是由于在莫斯科的分子遗传学研究所的弗兰克–卡门涅特斯基(Frank-Kamenetskii)博士及其年轻的同事卢卡什(A.V. Lukashin，1945—2004)和沃洛各德斯基(A.V. Vologodskii)的工作。这些研究人员认识到，一种被称为**代数拓扑**(或所谓的**多项式拓扑不变量理论**)且被认为对任何实际应用都完全无用的非常抽象的数学，实际上是非常完美地适合于让计算机来识别结。因此，如果我们可以在一台计算机上生成许许多多闭合的随机行走，就可以测量它们中的哪些部分是打结的。而生成这些"高聚物构象"实际上并不困难：我们已经就线性链讨论了这种过程(见2.4节)；它并不完全是平淡无奇的，但可以修改该算法，以使得它能在开始行走给定的N步之后生成闭合的轨迹。

我们应该提及，多项式拓扑不变量理论是在20世纪20年代由普林斯顿大学的数学家J.W. 亚历山大二世(James Waddell Alexander Ⅱ，1888—1971)发明的。这些不变量是什么？理论上来说，在三维空间给定任何连续且不自相交的闭合曲线，我们就可以计算一个多项式，使得该多项式在该曲线的任何连续变形过程中不会变化，但在曲线交叉时发生变化——就这样，这个亚历山大多项式就是一个拓扑不变量。例如，对三叶结的任何形状，其多项式是$\Delta(t) = t^2 - t + 1$，而对无结是$\Delta(t) = 1$：无论无结的形状如何，无论它怎么弯曲和弄皱，它的亚历山大多项式能保证维持为$\Delta(t) = 1$；但是一旦两个无结交叉，形成三叶结，其亚历山大多项式就会变为$\Delta(t) = t^2 - t + 1$。而此处的t是什么呢？没什么！它没有任何物理学相关的东西。亚历山大多项式$\Delta(t)$只是抽象代数的对象……这是物理学家们通常完全不懂的一种数学。但科学时不时地教育我们，任何类型的偏见都是一个坏顾问，而一个科学家，要想配得上"科学家"的名头，就必须保持睁开双眼……在我们的故事中，在弗兰克-卡门涅特斯基课题组中的研究人员认识到，他们的计算机对每个所产生的环线可以求出对几个t值的亚历山大多项式，例如，如果结果是$\Delta(-1)=3$，则环线最有可能是三叶结。(最有可能而非完全确认，是因为也有一些其它极复杂的结也具有与三叶结相同的亚历山大多项式；而且亚历山大多项式不能区分左手型和右手型，这不是一个重要的问题，所以让我们在此略过。)

这真是一个令人激动的思想。这是人们第一次开始定量地测量结的概率为具体数字，而不是把结当作是模糊的定性论证。毫无疑问，结是在随机的闭合环线中发现的——表示为微小然而明显可注意到和可测量的量。当按照链长N来绘制时，结的概率P_{knot}显示出清楚的、或多或少的线性增长趋势。这是一个令人鼓舞的迹象，因为它预示着在更长的环线中会有更大的收获，但这也是一个非常令人不安的信号：如果持续增长，很快就会达到100%！

第一个模拟实验测试了最长到大约$N=70$的环线。随着计算机迅速变得越来越强大，越来越长的环线被进行了研究，并很快变得清楚了，随着环线长度的增大，P_{knot}确实接近100%。结不是罕见的，而是对于足够长的高聚物是很常见的。研究人员的情绪和兴趣悄悄地翻转了标志，现在问题变成了**无结**——无结在长环线中是多常见？或者概率$P_{unknot}=1-P_{knot}$是多少？年复一年，在研究了长达$N=3000$的环线之后，出现了一个外观简单的结果：

$$P_{unknot} = e^{-N/N_0} \tag{11.1}$$

因此，在长环线中，无结是与N是指数关系地罕见的，几乎所有的长环线都打结。

但出现在公式(11.1)中的参数N_0是什么？好吧，在形式上它是一个特征链长度，在该长度时无结概率按照e的一个因子衰减。结果表明，对柔性链机制，它依赖于排除体积，也许还依赖于其它性质。但无论如何，它出奇的大。对非常薄的直线片段自由连接链，大约是$N_0 \approx 250$；对于"厚"链(有排除体积)，它变得甚至更大，对处于晶格上的链可达$N_0 \approx 200\,000$。从这个意义上说，结只在非常非常长的环线中占主导地位，特别是在排除体积很重要的情况下。

这是关于线团中的结。因为排除体积会减少打结，所以"负的排除体积"——坏溶剂效应或球状构象——能大大增加打结的概率，这与我们日常生活中对绳子或类似物体的经验不一致。

这提示我们得做另一个注解，以免使读者迷惑。在当代对结最熟悉的专业人员，或许可以断定是外科医生(渔夫和登山者紧随其后)。出于显而易见的原因，外科医生们被教导要打上可靠的结，在任何情况下都不能松动，即使缝线变得又湿又滑。这暗示了摩擦力在这种宏观结中的重要作用。但我们不是在讨论这种摩擦，而只是在处理分子的结。例如，DNA片段带有负电荷，能避免彼此靠得太近，所以干摩擦是在问题之外的。

结果式(11.1)被证明为几种不同类型的环线模型(立方晶格、自由连接链等)的数学定理——它是在本领域中极少的解析理论结果之一(我们建议感兴趣的读者阅读综述论文[34]，文中对物理学家解释了关于结的统计学的严谨事实，并提供了完整的文献列表)。然而，对公式(11.1)中的指数依赖性的解释仍然缺失手把手的论证，而且没有对参数N_0的任何分析性理解。我们对高聚物中的结的绝大部分知识都来自于计算机模拟。

11.4　DNA中的结

关于高聚物中的结的实验是怎么样的呢？最重要也是很幸运的是，这类实验最容易的实验对象是双螺旋DNA。一个良好的实验可以用具有"黏性末端"的DNA来完成——一条长长的双螺旋，每条链在其中一端比对应链延伸出15个左右未配对的核苷酸。如果这些延伸段的序列是彼此互补的，它们会由于双螺旋线团的随机涨落而在第一次碰撞时就粘接在一起。然后我们能测定产物的拓扑结构吗？

人们也可以从细菌中提取环状DNA质粒，并探询它们的拓扑状态如何。同样，问题是如何测定拓扑结构。正如在理论研究中那样，这是最困难的部分。

一个可能的途径是用一些合适的蛋白质(例如recA)来包裹DNA以增加其厚度，并吸附在合适的表面，然后就可以对它拍摄一张电子显微照片或原子力显微照片。这是一个非常费力的操作过程。加州大学伯克利分校的尼古拉斯·科扎雷利(Nicholas Cozzarelli，1939—2006)实验室得到的一个成果显示在图11.3中。结果是有趣的，因为它表明，天然DNA经常打结。但这肯定不是解决任何统计问题的方法。

另一种方法是基于DNA带有负电荷因而在电场作用下会移动(见下文12.10节)这一事实。很容易相信，平均上，具有一个更复杂的结的DNA会更紧凑，因此，能更快地移动通过凝胶。这种电泳方法是该领域大多数实验发现的幕后手段。特别是，多达六个交叉的所有结都在天然质粒和黏性末端DNA的实验中得到了明确的鉴定。

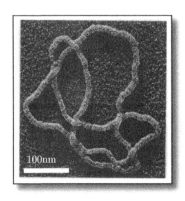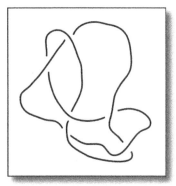

图 11.3 环状DNA的电子显微照片。可以看出这种特殊的分子是打结的；右图显示了DNA结示意图的样式，我们可以识别出这个结为6_2(见结表，图11.2)。这种特殊的结是由于酶催化反应——即所谓的位点特异性基因重组——而产生的结果。测定这种反应的产物的拓扑性质是研究其反应机理的一个非常有效的工具[本图经许可复制自：S. Wass-erman, J. Dungan and N. Cozzarelli, "Discovery of a Predicted DNA Knot Substantiates a Model for Site-Specific Recombination(发现一个预测的DNA结证实了一个位点特异性重组模型)", Science, v. 229, p. 171, 1985]

此外，在对不同厚度的链的模拟中计算得的结概率和在对不同盐度条件下DNA实验中测得的结概率几乎完全定量吻合。(盐离子屏蔽了DNA片段之间的库仑斥力，从而能控制DNA的有效直径。)

我们想要顺便在此说明，这产生了一个在整个科学史上有点前所未有的局面：研究者们基于模拟和实验之间的吻合，声称对DNA打结有了一个比较完整的理解，但我们**还没有理论**。它是否会这样继续下去，或者有人最终能够破解出一个理论——还有待观察。

11.5　绞旋DNA与拓扑酶

双螺旋DNA当然就是一种高聚物，但在许多方面是非常奇特的。一个奇特之处是双螺旋具有扭转刚度。通常的化学高聚物链(例如在图2.1中所示的那些)，或者在图5.4中的蛋白质链，如果我们把一端相对于另一端进行扭转，则可以通过转动主链的单个共价键来松弛变形。DNA肯定不像是那样的。一个对此有用的思考方法是，想像从一条线性的双螺旋DNA来制备闭合环状DNA：我们应该弯曲双螺旋以使其两端相互对齐，然后把两端连接起来。在化学上，一条链的5′

端可以连接到同一条链的3′ 端(关于这两个末端，请参见图5.5和图5.6)。这就是为什么闭合环状DNA总是有两条相互拓扑连接的单链，就像图2.10(e)中所勾画的那样。不过，这会留下一个自由度：环线可以用两条单链之间的不同数值的连接编号来制备。我们建议读者用一条狭长的纸条(比如说，25cm长，0.5cm宽)来练习这个过程。用两种不同颜色的记号来标记长条的两边(代表两股DNA)，现在试着通过把两端粘在一起来匹配已标彩色的边。后面的"颜色配对"条件排除了默比乌斯环以及其它类似的含有半整数转圈的单边构建物，只留下制作整数转圈的可能性。事实上，双螺旋DNA早就有转圈，大约每十个碱基对就转一圈，所以我们能做的就是，可以强制某个整数倍的超级转圈，正向的(如果我们拧紧双螺旋)或负向的(如果我们拧松它)。

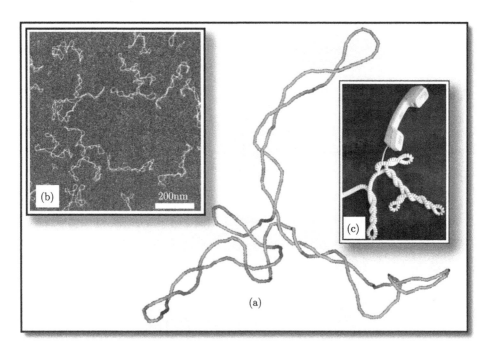

图 11.4 主图(a)计算机模拟的绞旋DNA；插图(b)实际绞旋DNA的电子显微照片；插图(c)"绞旋"的电话线。图(a)是对含4000个碱基对的dsDNA以超级转圈等于−0.05进行计算机模拟生成的；后者意味着在双螺旋封闭之前被稍微拧松了，对原始螺旋每 20= 1/0.05 圈移除了1圈；给定 4000 个碱基对，则原始的dsDNA可期望含有400个螺旋圈，而制备好的超螺旋大约有380圈。此图承蒙A. Vologodskii提供。图(b)是大约3000个碱基对长的DNA环的电子显微镜图像，其超螺旋密度同样约等于−0.05，大约相当于连接数约为285，而松弛的双螺旋圈数约为300(此图承蒙D. Cherny提供)

通过制作一定数量的超级转圈，我们固定了DNA单链之间的连接数。注意，连接数是一个拓扑不变量，不能在不破坏化学键的情况下改变。有一个美丽的数学定理认为，扭转圈数和连接数是相互关联的，取决于双螺旋在空间中的形状。这一定理的发现及其随后被用来破译DNA的许多与生物学有关的特性，是生物学家、物理学家、数学家等跨学科发展中最美丽的成功故事之一。遗憾的是，这个故事太复杂，无法在这里详述。我们只能提到，由于连接数是一个拓扑不变量，不能在不破坏键的情况下改变，分子通过在扭转变形能、弯曲变形能和构象熵之间达成平衡而使其自由能最小。这导致了被称为**绞旋(plectonemic)**的有趣的形式，这不仅可以在DNA上实现，如图11.4(a)和图(b)所示，而且可以在电话线上发生，如图11.4(c)所示(后者是因为我们把听筒以不同的动作取下和放回，导致每次有360°的扭转变形)。

在结束我们对DNA拓扑学这一主题的简短介绍之时，我们应该提到，细胞已经发展出专门的机器来处理DNA中的拓扑约束。这当然只是证实了拓扑性质对分子生物学的重要性。不同类型的与拓扑相关的酶的绝对数量和这些酶参与的细胞过程(其中包括，例如，DNA复制)的清单远远超出了本书的框架。我们只提一下，拓扑酶有两个大类，一类是不消耗能量的，另一类是消耗能量的。后一类在许多方面与分子马达(见5.8节)非常相似。为什么有些拓扑过程需要能量而另一些则不需要，这是一个有趣的问题。对此有些已经知道一些答案，有些还不知道答案，读者若想继续研究超出本书之外的主题，就会有很好的机会去学习许多令人兴奋的东西。

11.6 蛋白质中的结

因为DNA和蛋白质在细胞中的作用截然不同，所以按照生物学家的逻辑，这两者之间不太可能有相似之处。相比之下，高聚物物理学的逻辑使得对这两者之间进行比较是非常自然的。因此，蛋白质中有结吗？当然，蛋白质要短得多，但它们是球状的，所以问题很微妙。

这个问题在一个更基础的意义上是微妙的：蛋白质从来不会是环状的，它们是两端自由的线性高聚物。因此，蛋白质中是否有结的问题在严格的数学意义上是不合理的。但我们在运用数学的严谨性时不应过于严苛——任何与鞋带打过交道的人都会承认带有自由末端的高聚物在有结和无结之间的差别。更重要的是，具有开放末端的线性高聚物越紧凑，它是否有结的问题就越不模糊。其实，可以考虑一个由高聚物链和一条连接其末端的直线段组成的闭合环。它的拓扑状态是明确定义的，而且可以相信，当直线连接段的长度与高聚物链长度的比值很小时，直线连接段的作用很小，这尤其可以很好地适用于球状高聚物。事实上，有更好和更复杂的方法来封闭环线，不一定要对末端用直线连接——但我们在此不想触及它。实质是蛋白质中的结的问题可以被明确地表述，并且应该解决。

　　答案是肯定的：**是的，存在着含结的蛋白质**。有时，这些都是简单的三叶结，但已知少量情形中有相当复杂的结。例如，图11.5显示了被称为人类泛素水解酶的蛋白质，特有复杂的5_1结。其它蛋白质特有如图11.6所示的所谓的**活结**。除了结存在这一事实，我们不知道更多。例如，蛋白质数据库中有结的蛋白质的比例要比假如构象是随机时所预期的要小得多，这一事实的原因还不清楚——尽管并不缺乏推测。结对于蛋白质的功能有特殊的重要性吗？对上面提到的人类泛素水解酶，有推测认为就是如此。但总的来说，结在蛋白质中的作用这一问题还没有定论。

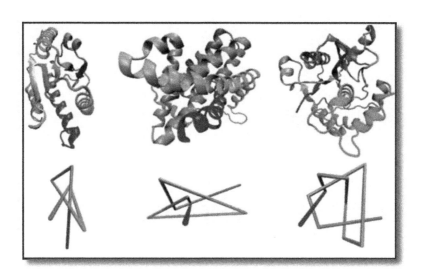

图 11.5　蛋白质中的结的三个实例。其中在称为人泛素水解酶蛋白(最右边的图像)中含有非常复杂的5_1结。在每一个实例中，下方用一个简单的小棍模型显示出与蛋白质相同的结。为了方便观察，每条链都从一端到另一端按彩虹颜色着色[该图经作者同意转载自论文：P. Virnau, L. Mirny and M. Kardar, "Intricate Knots in Proteins: Function and Evolution (蛋白质中复杂的结：功能与进化)", PLoS Computational Biology, v. 2, pp. 1074–1079, 2006] （书末附有彩图）

　　当然，也可以用10.10节中讨论的玩具晶格"蛋白质"来研究。最短的立方晶格结有24个单体(图11.7(a))，但它不是空间填充的。最短的空间填充(末端开

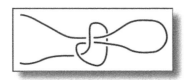

图 11.6 一个活结。这不是一个真正的结，因为你只要拉动末端就可以解开它。然而，这是某些蛋白质的一个有趣的长期存在的特征。在如下论文中可以找到一些关于实际蛋白质中的活结的数据：J. Sulkowska, P. Sulkowski and J. Onuchic, "Dodging the crisis of folding proteins with knots(避免蛋白质含结折叠的危机)"，PNAS, USA, v. 106, p. 3119, 2009

放)的含结晶格高聚物得有36个单体。其含有一个三叶结的构象显示在图11.7中。顺便说一下，如果它的单体种类序列被适当地选择(见10.6节)，它的折叠(当然是在虚体中)相当成功，并不比相应的不含结的链要慢很多——这把问题打开得更宽了，为什么实际蛋白质在统计上比随机肽链较少地含有结……

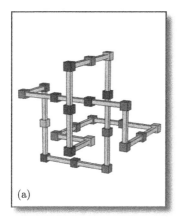 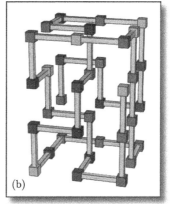

图 11.7 图(a)：含有三叶结的立方晶格的最小单体数目为24；图(b)：在立方晶格上填充3 × 3 × 4域的可以打结的紧凑高聚物的最小单体数目是36。所显示的构象中确实含有一个结。你可能想知道为什么单体在这里显示为小立方体，而在图10.2和图10.3显示为小球。其实这些形状只是一种审美趣味，并没有真正的意义

第12章 凝胶和智能凝胶

这天晚上，整个城市都灯火通明，
礼炮齐响，轰！轰！士兵们都举枪敬礼。
那是在举行一场婚礼！
公主和影子在阳台上向群众露面，
并再次得到一阵欢呼！

汉斯·克里斯蒂安·安徒生
《影子》

12.1 凝胶和网络，以及如何制备

我们在本书中已经提到了高聚物网络(见图2.8)，并相当详细地讨论了橡胶的弹性(见第7章)。事实证明，**高聚物凝胶**在许多其它方面也是非常有趣的体系。事实上，高聚物物理学的所有篇章和各个方面都以不同的方式在凝胶中得到了证明。因此，现在，在接近本书结尾之时，是适当的时候来讨论凝胶了。

橡胶当然是凝胶的一个特殊例子。但这只是一个例子。凝胶被用作离子交换剂，还用作渗透色谱、超滤膜、软性隐形眼镜的支持物，以及作为控制药物输运的载体。人们还认识到，诸如角膜、软骨和细胞间基质等水合生物结缔组织，具有许多与合成凝胶相关的特性。

水凝胶(hydrogels)可以执行化学–机械能转换，即直接将化学能转化为机械功，而不需要借由热能。这是卡查尔斯基(A. Katchalsky)所研究的一种可能的"人造肌肉"。

因此，凝胶有许多有趣的方面。正如本书通常那样，我们只限于讨论基础物理学。而且，我们使用简化的术语：对我们来说，**高聚物凝胶和高聚物网络是同义词**。

我们记得，橡胶是由硫化反应制备的——在干燥的高聚物熔体中对链进行交联。但是凝胶可以用许多其它方法来制备。为什么这很重要？线性高聚物也可以用多种不同的方法来合成(见第3章)，但它们的性质基本上与制备流程无关。凝胶在这方面与线性均聚物不同，**凝胶的性质非常依赖于制备方法**。在这个意义上，线性均聚物的制备类似于求解中学数学题(多种方法导向相同的答案)，而凝胶的制备更是让人联想到烹饪(结果取决于过程)。

图12.1展示了一个例子，读者可以根据前面关于高聚物物理的章节来欣赏它。在图中，我们在左列(a)和右列(b)勾画了两个制备过程。两者都是从相同的均聚物链半稀溶液(顶图(a1)和(b1))开始。在第一种制备方法中，我们先引入交联(左列中图(a2))，然后除去部分溶剂，从而压缩高聚物(左列下图(a3))。在第二种制备方法中，我们执行相同的两个步骤，但顺序相反：先移除一些溶剂使高聚物溶液更浓(右列中图(b2))，然后引入交联(右列下图(b3))。最后我们得到两种占据相同体积的凝胶，它们是由等量的相同高聚物制备而成的，包含有相同数量的交联——但两者仍然具有非常不同的性质：左边凝胶的所有子链都是褶皱的，所以它可以比右边凝胶伸展得更多(实际上，对它们的分析——超出了本书内容——表明，膨胀率(与干燥状态相比)仅与制备态密度的1/4次方成反比，所以效果是存在的，但是相当微妙)。

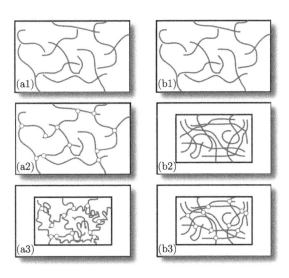

图 12.1　两种凝胶制备方法的示意图。这两种方法都是从相同的条件开始，得到的凝胶具有相同的链浓度和相同数量的交联，但它们的性质差别很大

当然，任何制备凝胶的方法都必须以某种组合方式包括两个必要的方面，即

制作长链和使它们交联。一个有趣的问题是：制作一个凝胶究竟需要多少交联？例如，如果交联太少，那么许多链将无法与任何东西连接起来，它们将形成所谓的sol碎块(sol-fraction)。此外，如果交联更少，那么可能根本就形成不了网络，大部分的链将不相连，只有少数连接的小链群。这表明，随着交联数量的增加，发生了某种戏剧性的变化——**系统从少量交联的液态转变为大量交联的固态**。这种转变点叫做**凝胶点**(或**凝胶化点**)。因此，在凝胶点之下，如果链很长而且缠结，系统可能是非常黏稠的，但它仍然是液体。相反，在凝胶点之上，系统可能是软绵绵、黏糊糊的，但它是固体。如果对凝胶点之下的系统轻轻地、慢慢地施加剪切应力，它会流动；如果对凝胶点之上的系统做同样的操作，系统就会产生弹性反应。

凝胶化点实际上是一种特殊的相变。在某些方面，但不是在其它方面，它类似于渗滤阈值。虽然这个主题非常重要和令人兴奋，但它远远超出了本书的范围。我们只能推荐读者研究专著[57] 和专著[4] 中的第6章。

在本章中，我们将讨论凝胶的一些性质以及它们如何依赖于制备过程——假设凝胶化确实发生了。

12.2　弹性和管道

与制备流程有关的凝胶性质的一个方面是弹性和高弹性。我们想提醒读者，在第7章我们考虑了橡胶弹性并在最终得出了公式(7.32)，该式说明，一个网络的弹性模量是分子浓度为ν——交联密度数——的理想气体的压强乘以3。但是，当然，如图12.1所示的两种凝胶——图(a3)和图(b3)的ν是相同的，而其弹性必定是不同的。这是否意味着我们在第7章中的估算是错误的？我们犯了错误吗？

科学规则在这方面是相当严格的。如果我们发现了一个错误，它就必须被诚实地、最明确地揭示出来。但是，在我们的情形下，当然，我们不会在前面的章节中告诉你一个错误的公式，所以我们现在所面对的是一些更有趣的事情，而不仅仅是一个需要纠正的错误。关键是我们在第7章中所发展起来的熟悉的旧理论的适用性有限，应该超越这些限制进行推广。

这种情形在科普讲座中通常是以诸如相对论和量子力学等大物理理论来诠释的。的确，牛顿经典力学不适用于与光速相比拟的高速度运动的物体——但这并不意味着牛顿犯了错误，它只意味着在这样的速度下必须使用更普适的相对论力学。而且，相对论力学当然在牛顿力学的适用范围内与后者是等价的。同样，量子力学并不是使经典力学作废，而是描绘了经典力学对很小事物的应用限制，而且量子力学在不那么小的长度和时间尺度下与经典力学是等价的。同样的故事也发生在不那么大的科学理论上。新发展识别出旧理论的适用范围，新理论包含着旧理论，把它作为受限的简化版本。

至于凝胶及其弹性，读者将可以在读过第13章中我们对高聚物动力学和蛇行理论的讨论之后能更好地理解它们。实际上，我们将在那里说明，链与链之间的缠结可以起到等效交联的作用，我们甚至将会估算这种等效交联的浓度和最终的杨氏模量——见公式(13.8)。其思想将是使用特殊的参数 N_e——其定义为沿链最近的两个等效交联之间的平均单体单元数。我们可以把这个思想重新表述为，缠结的有效浓度是~$1/N_e\ell^3$，因此，**实际交联和等效交联的总浓度**应该是 $\nu_{\text{total}} = \nu + 1/N_e\ell^3$。当然，我们可以猜测，参数 N_e 对图12.1中所勾画的两个凝胶样品是非常不同的，左边凝胶的 N_e 相当大，而右边的 N_e 相当小。

这就使得有必要处理凝胶的**拓扑约束**。至于动力学和蛇行，那是通过使用著名的"**管道模型**"达到理解的——我们将在下面的第13章中学习。顺便说一句，从历史上看，管道模型首先是由S. F. 爱德华兹在凝胶的弹性这一背景下提出来的，只是后来被P. G. 德热纳采纳应用于高聚物动力学。在这本书中，我们无法公正地对待这个令人激动的问题，只好再次请读者参阅专著[4]。

12.3 凝胶在好溶液中的溶胀

假设我们有一块含有少量溶剂的高聚物网络，可能是从制备条件中遗留的溶剂，也可能是稍许不同的溶剂，例如，我们可能在凝胶剂制备之后改变了温度。让我们来看其中的一条**子链**(即一条链在两个相邻交联之间的那一部分，见7.5节)。很自然地，它的形状取决于溶剂的质量。基于我们对高聚物的知识，我们应该期待在 θ 溶剂条件下是高斯线团构象，而在好溶剂下是溶胀的线团，如此等等。如果我们改变溶剂的质量——例如通过改变温度，那么在凝胶中的每条子链都会改变其大小，这将在宏观上显示出来，凝胶样品作为一个整体会出现大小变化。这就是凝胶的美丽之处：**它们在宏观尺度上表现出所有的高聚物性质，在许多情形下这些变化可以用肉眼观察到。**

通常的凝胶实验是按以下方式进行的。凝胶是由盛放在一些直径为 d_0(最有可能是大约为1mm)的玻璃毛细管中的适当溶液而制备的。然后，玻璃管被弄破，凝胶圆柱被取出来，然后通过诸如改变温度、改变溶剂组成等进行检测，并测量其实际直径 d 相对于 d_0 之比。凝胶科学家们都习惯于测量 d/d_0，以至于其中某人在其儿子出生之后就对孩子开始每天绘制"d/d_0"作为成长函数！

我们能否利用我们在前几章中所学的知识来更加具体和更定量地描述凝胶溶胀吗？首先，很清楚的是，**平衡溶胀度**，或者简单地说是凝胶的平衡大小，是由我们在单分子情形下很熟悉的相同因素——子链的构象熵和单体的体积相互作用——的平衡所决定的。按照弗洛里理论的精神，我们可以查看相应的弹性和相互作用对自由能的贡献：U_{eff} 和 U。让我们看一看，我们是否能估算它们这两者对自由能的贡献。

首先，在这种情境下通常所做的假设是，**凝胶中的每条子链都以与宏观凝胶样品相同的比例溶胀或塌缩**。换句话说，每个子链的溶胀率 α 都与宏观测量的比率 d/d_0 相同。现在已知，这个所谓的类同性 (affinity) 假设并不总是有效的，但它是一个很好的出发点。这与我们在第7章中使用的假设是相同的。基于这个思想，我们可以直接利用公式 (7.25)，假设 $\lambda_x = \lambda_y = \lambda_z = \alpha = d/d_0$，从而写出自由能的弹性部分：

$$U_{\text{eff}}(\alpha) = \frac{3k_{\text{B}}T\nu V}{2}\left(\alpha^2 - 1\right) \tag{12.1}$$

关于相互作用部分，我们可以采取我们曾在单链情形下使用的相同的维里展开式 (公式 (8.7) 和 (9.2))。如公式 (12.1) 一样从 $\alpha = 1$ 的"参考水平"开始计数，我们得到

$$\begin{aligned} U(\alpha) &= k_{\text{B}}T\nu V N\left(B(n - n_0) + C(n^2 - n_0^2)\right) \\ &= k_{\text{B}}T\nu V N\left[Bn_0(\alpha^{-3} - 1) + Cn_0^2(\alpha^{-6} - 1)\right] \end{aligned} \tag{12.2}$$

如本书通常那样，N 是链中的单体数，在这种情形下，是在两个交联之间的子链中的平均单体数。将这两个自由能贡献项组合起来，并对 α 取导数，我们就得到了平衡溶胀度 α 的方程：

$$\alpha^5 = x + y\alpha^{-3} \tag{12.3}$$

这几乎与公式 (9.7) 相同，甚至对 x 和 y 的表达式也是相同的 (除了因子 γ_1 和 γ_2 也许数值不同)——但是，不像式 (9.7)，现在在左边没有 $-\alpha$ 项。如果你回到第9章并追踪这个 $-\alpha$ 项的起源，它来自于高聚物链塌缩的熵 (图9.2)。高聚物网络没有这样一项，这一点需要弄清楚。

通常情况下，对一条单链塌缩，$R^2/N\ell^2 = \alpha^2$ 项意味着两端相互接近得到的熵奖励。这对一条单链是很小的，因为它被更大的项 $N\ell^2/R^2 = \alpha^{-2}$——描述将所有单体带入一个小体积中——所遮盖了。对于凝胶，当它塌缩时，每条子链的端点确实彼此靠近或更近 (假设在这个平均场图景中有类同性)，但没有力把任何给定的子链的所有单体都带到一起，每条子链都可以保持为高斯型，只有两端被迫靠近——至少当子链不担心拓扑 (例如，它们是否比 N_e 短) 时是如此。

幸运的是，这个$-\alpha$项在定量上并不显著，公式(12.3)预测到的行为基本上与图9.3所刻画的那样基本相同。定性行为明确无误地相同：在好溶剂中(即当$x >0$时)溶胀($\alpha >1$)，在坏溶剂中($x ø 0$)塌缩($\alpha < 1$)。此外，对于具有小y值的较硬的链，其塌缩转变更为急剧——这也是熟悉的高聚物特性。

现在它变得很吸引人了：我们提到，因为链趋向于聚集，所以线团到微球的转变是很难观察到的。我们在凝胶中能观察到线团–微球转变的宏观表现吗？

12.4 高聚物网络的塌缩

假设我们有一块高聚物网络，由于它处在很好的溶剂中而溶胀。它的子链是溶胀的。现在，假设溶剂变坏了。子链会收缩，从而导致整个网络的收缩。如果温度降低到θ点之下，每条子链都将发生线团–微球转变。结果，整个网络将迅速塌缩。与单分子情形不同的是，凝胶的塌缩是很容易用肉眼观察到的，如图12.2所示的那样。当我们来处理网络的塌缩时，没有像分子聚集体发生沉淀这样的问题。我们只有一个宏观样品，它在所有子链塌缩时会作为一个整体而塌缩。

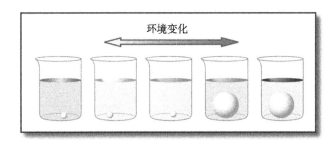

图 12.2 展示凝胶在环境条件——例如溶剂组成、温度等——发生变化时的塌缩和溶胀的示意图(本图承蒙T. Tanaka许可)

这就是所谓的**高聚物网络塌缩**的现象。虽然这种转变的可能性是由K. Dusek和D. Patterson在1968年基于对弗洛里理论的分析而提出来的，这种实际现象是由田中丰一(T. Tanaka，1946—2000)及其同事在麻省理工学院(MIT)于1978年发现的。这一发现的关键点是田中教授注意到来自凝胶中的散射光强度在某些条件下的发散。实际上，这种发散，正如我们现在所理解的，是一个相当微妙的效应，但历史事实是，直觉并没有背叛田中，他的解释是正确的。为了确认散射不是由于形成了冰而产生的，田中选择了使用丙酮和水混合稀释的聚丙烯酰胺网络。在这些实验中，温度没有变动。为了使溶剂变坏，他们在溶液中额外注入了一些丙酮(这是因为丙酮与水不同，它对聚丙烯酰胺来说是坏溶剂)。图12.3给出实验发现的大致思想。它勾勒出了网络的大小如何依赖于丙酮浓度。你可以看到，如果"倒入"42%的丙酮，网络就会突然塌缩，其体积的下降倍数可达20。

乍一看，看上去这个实验很好地证实了我们在12.3节中所讨论过的理论结论。我们遵循与线团–微球转变相同的逻辑，对网络塌缩发展了一个理论。毕竟，它们两者都有相同的原因。然而，这并不能工作，至少不能很好地工作：田中的实验并不支持它的结论。你甚至可以发现图12.3中有一个矛盾，这些数据来自聚丙烯酰胺，它是一种柔性高聚物。所以我们这里是在 $y > y_{cr}$ 区域，在此区域内的线团–微球转变应该平滑地发生。然而，图12.3(b)中的曲线在一个阶梯上就降落下去了，并在返回时表现出有迟滞。

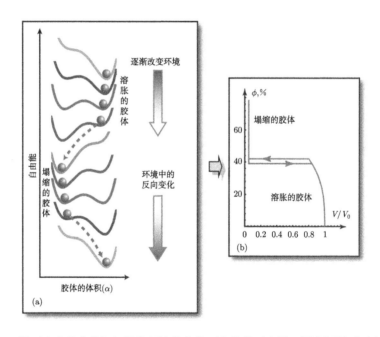

图 12.3　(a)展示自由能曲线如何随着环境的变化而变化的示意图，图中还显示了在状态之间的能垒变得很低时会发生相变；(b)丙酮和水混合物中的聚丙烯酰胺网络的体积，作为丙酮百分比的函数(V_0是网络刚制备好时的体积)(本图承蒙T. Tanaka许可)（书末附有彩图）

后来，田中丰一进行了详细的研究，发现如下。阶梯的高度强烈地依赖于网络制备与开始实验之间的时间间隔。延迟越长，阶梯就越高。如果一个网络在制备之后被保存了两个月后再做实验，观察到体积变化的倍数可达几百。相反，新鲜制备好的网络表现出了良好、平稳的塌缩，可由上面的公式(12.3)令人满意地描述。

我们能对这些古怪现象找到一个解释吗？线索是聚丙烯酰胺链在水中不稳定。它们容易发生被称为**水解**的化学反应。其结果是，最初中性的单体发生解离。这意味着小而轻的离子(这样的小离子通常称为**反离子**，我们已经在2.5节谈到过它们)从单体分裂出来，留下带有相反电荷的片段。释放出的反离子在溶胀的网络内自由漂游。聚丙烯酰胺的水解过程**非常缓慢**。因此，在很短的时间内，只有极少数的单体将获得电荷。然而，网络越"老"(制备好之后的时间越长)，带电单体的比例将会增长得越高。现在，我们只要做一个假设，就可以解释田中丰一的实验。我们需要假设，**即使是少量的带电单体也能强烈地影响塌缩**，并且随着这个比例的增加，阶梯变得更高。

是什么给我们权力作出这样的假设？让我们想想。与带电单体同时出现的，在溶胀的网络有漂游的反离子(图12.4)。注意，反离子不能漂移出网络到周围的纯溶剂中去。为什么不能呢？如果它们这样做，系统将在很大的宏观尺度下失去其电中性。在网络上的电荷和外部的反离子之间将产生强烈的库仑相互作用。这些相互作用的能量非常高。这就是这种状态是能量不利的、而且绝对不会发生的原因。

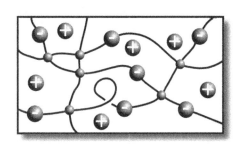

图 12.4　在带电的高聚物网络中的反离子"气体"

因此，反离子在网络内部自由移动，但不允许移动到网络之外去。你可以说网络的"外壳"(即它的外表面)阻止了它们。因此很明确，一群反离子对"外壳"施加了一定的压力。这种压力有利于网络向四面八方伸展。我们现在要证明的是，这正是使塌缩与你可能期望的完全不同的原因。

让我们回到绘图板上来，试图修正我们的理论。再一次，整个网络的自由能是所有单条子链的自由能的总和。而每条子链的自由能，包含熵项和能量项，$U_{\text{eff}}(\alpha)$ 和 $U(\alpha)$(方程(9.1)或(12.1))。(提醒一下，α如平常一样代表溶胀系数——这一次，既是任何特定子链的溶胀系数，也是整个网络的溶胀系数。）

如果我们在网络中仅仅新建一小部分带电单体和相同数量的反离子，会改变些什么？能量 $U(\alpha)$ 几乎不会改变。由于库仑的相互作用，肯定会有额外的贡献，但考虑到电荷的数量很少，这并没有什么影响。至于 $U_{\text{eff}}(\alpha)$，我们不要忘记我们刚讨论过的：反离子会引起渗透压，而使网络膨胀。这会产生什么差别？它增加了一个额外的熵，就像约束在凝胶体积 V 中的反离子理想气体的熵。我们在7.7节中讨论了理想气体的熵，并可以直接使用方程(7.17)和(7.18)：因为在此情形下有 $V_1 = V_2 = \alpha^3$，由于反离子的压力为 $3k_{\text{B}}T\ln\alpha$ 每条子链，我们得到一个对自由能的额外贡献，对于整个凝胶有

$$\Delta U_{\text{eff}} = \frac{3k_{\text{B}}TNV\nu}{\sigma}\ln\alpha \tag{12.4}$$

此处 $1/\sigma$ 是每条子链的离子化基团的分率，换句话说，$NV\nu/\sigma$ 是漂浮的反离子的数目。

现在我们可以把自由能贡献式(12.1)、式(12.2)和式(12.4)组合在一起。要使自由能 $F(\alpha) = U(\alpha) + U_{\text{eff}}(\alpha) + \Delta U_{\text{eff}}(\alpha)$ 最小化，我们对它按 α 微分，令导数为零，则得到 α 平衡值的如下方程：

$$\alpha^5 - s\alpha^3 = x + y\alpha^{-3} \tag{12.5}$$

其中，$s = N/\sigma$ 是每条子链的带电基团数。结果汇总在图12.5和图12.6中。图12.5比较了中性凝胶(左)和带电凝胶(右)。左图根据公式(12.3)绘制，右图根据公式(12.5)绘制。正如预期的那样，中性凝胶的行为与单链高聚物非常相似，图12.5(a)与图9.3(a)非常相似：y 越小，即高聚物越硬——则转变越急剧。然而，加入电荷和反离子压力具有更强得多的效果；每条子链只要有3个离子，正如图12.5(b)所示，转变就变得很急剧。

图12.6以不同的方式展示了相同的思想。在该图中，我们绘制了仅对于 $y = 0.1$ 这个值——这大致相当于聚丙烯酰胺链的硬度——的结果；但对不同的 s 值——每条子链的反离子数：范围从0~3。完全如同田中丰一在他的实验中所观察到的那样，我们看到，随着凝胶逐渐充电——也就是说，随着 s 的增加——凝胶的塌缩转变越来越尖锐。

直接在方程中看到反离子及其压力在自由能中的作用也有启发性。首先，$U_{\text{eff}}(\alpha)$ 的最小值向更高的 α 移动(图12.7 (b))。结果，函数 $F(\alpha)$ 现在可能出现在图12.7(c)中，这正好对应于图12.5和图12.6中的"环线"，意味着阶梯状塌缩。

对一个电中性的高聚物网络，按方程(12.1)和方程(12.2)计算出的 $U_{\text{eff}}\,(\alpha)$ 和 $U(\alpha)$，连同它们之和 $F(\alpha)$ 的关系曲线，绘制在图12.7(a)中。对参数 $x = \gamma_1 BN^{1/2}/$

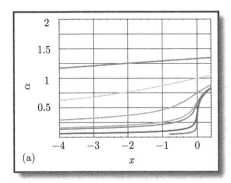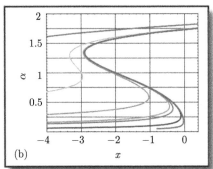

图 12.5 凝胶溶胀参数α作为溶剂质量(例如温度)——以参数$x= Bn_0N$表征——的函数。图(a)与图9.3中的单链情况非常相似,它是对中性凝胶(无带电单体)根据公式(12.3)按照表征链硬度的y的不同值而绘制的。从上到下, $y=10$, 1, 0.1, $1/60$, 0.01, 0.001, 0.0001(同图9.3)。微小的差异是由于在公式(12.3)中缺少$-\alpha$项(为什么必须省略请见正文)。图(b)是对$s=3$的带电凝胶根据公式(12.5)绘制的。注意:由于反离子的压力,带电凝胶在好溶剂中溶胀更强烈(有较大的α),同时塌缩更急剧。如果与读者在普通物理或化学中更熟悉的实际气体中的范德瓦尔斯环线进行对比,或比较图9.3中的两个图,就可以清楚地看出来

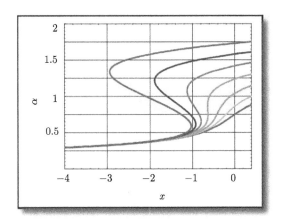

图 12.6 凝胶溶胀参数α作为溶剂质量(例如温度)——以参数$x =Bn_0N$表征——的函数。对于$y=0.1$的这个特定值,图中显示了不同的s值(每条子链的反离子数),从底部到顶部增加: $s=0$, 0.5, 1, 1.5, 2, 2.5, 3。与田中丰一实验严格相符的是,单体电离得越多,凝胶发生塌缩转变就越急剧

ℓ^3所选择的数值位于线团–微球转变区域；同时，$y = \gamma_2 C/\ell^6$的数值设置为刚好在y_{cr}之上，因此，函数$F(\alpha)$只有一个极小值(这对应于图9.3中的"非环线"情形)。

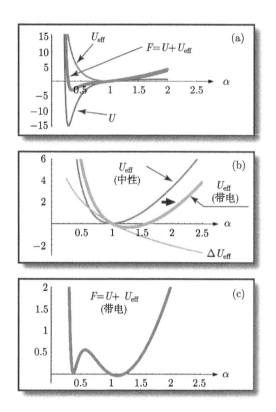

图 12.7 (a)：中性网络的$F(\alpha)$、$U_{eff}(\alpha)$ 和$U(\alpha)$的关系曲线；(b)：当网络获得一个电荷时，$U_{eff}(\alpha)$ 的变化；(c)：带电网络的$F(\alpha)$。图(c)有两个最小值，正是我们在绘制图12.3时所假设的类型

因此，网络中的带电单体扩展了可能发生阶梯状塌缩的参数范围，即使是通常预期会有平滑塌缩的柔性链网络($y > y_{cr}$)(当它们是中性时，见图12.7(a))，也可能表现出阶梯状塌缩(图12.7(c))。计算表明，你只要每条子链有几个电荷，就几乎可以保证转变是类似阶梯状的。现在你可以明白为什么部分带电的网络，虽然是由柔性的聚丙烯酰胺链制成的，却如此陡峭地塌缩(图12.3)。请再看图12.7。你有更多的带电单体(即来自反离子的膨胀渗透压越高)，阶梯就越高。这充分解释了凝胶的相变随着凝胶保存时间——即电离度的增加——而变得越来越急剧的观察结果。

高聚物网络的塌缩最近引起了很多关注。这部分地是由于一些重要的应用，它们都源于这样一个事实，即你只需要稍微改变溶剂的质量，就能使网络迅速塌缩。塌缩对溶液中带电单体和反离子的存在非常敏感，这是特别有用的。因此，网络的塌缩可以应用于检测溶液中的小离子杂质，以及清除杂质。除此之外，网络的塌缩也可以作为生物学中其它的一些过程(例如，眼睛的玻璃体中)的良好模型。

麻省理工学院的田中丰一团队收集了大量的"标本"——在多种系统和环境中的网络塌缩转变案例。例如，如果温度改变，就会发生塌缩——有些网络在冷却时塌缩，有些则在加热时塌缩，这使情况更复杂化了！它也可以通过离子强度引起，通过添加特定的分子引起，通过光照引起，等等。它可以用由田中丰一亲自画出的图12.8形象地说明。此外，如果密度不规则的话，网络可以分块地塌缩。在这种情况下，我们将获得一种特殊的衍射光栅，或者物体的全息图。

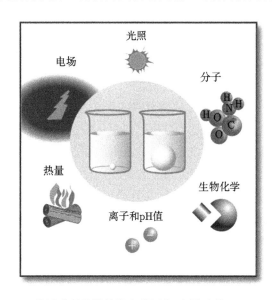

图 12.8　可能导致凝胶塌缩的多种因素(本图承蒙T. Tanaka许可)

最后，我们将提到**聚电解质凝胶**的另一个特性。如果我们使用一些以前发现的东西，就很容易理解。我们看到，聚电解质凝胶的反离子会产生额外的压力，使网络膨胀。这种压力真的很高。所以凝胶会膨胀得很厉害，在凝胶内高聚物含量不会超过0.1%，其余的体积会被水占据。换句话说，1g的"干"高聚物凝胶可以吸收多达1kg的水！这就是为什么人们有时候说聚电解质凝胶是超级吸水剂。这个特性已经得到了大量的应用。也许，给人印象最深的是尿不湿(一次性婴儿尿布)。它们是怎样吸收这么多液体的？事情是这样的：水是由聚丙烯和聚甲基丙烯酸制成的聚电解质凝胶颗粒所吸收的；干燥的尿布是一种塌缩的网络，水使其通过一个非常急剧的阶梯陡峭地膨胀，从而使其体积急剧增加，给水开辟了大量空间。这种凝胶也被用于农业，使干燥地区的上层土壤保持湿润。

12.5　蝴蝶图案

凝胶最独特的特性之一是它们必定**对其制备条件有一定的记忆**。在这方面，凝胶的制备让人联想起烹饪：如果你做了一个苹果馅饼，但忘了加糖——你的馅饼永远不会忘记你的错误，并且会以它的酸味来提醒你的客人。如果你的错误是关键性的，就会发生更有趣的事情。例如，如果你没有正确地把苹果和其它配料混合起来，那么一些客人会几乎只收到苹果，而其他人只得到完全没有苹果的面包。凝胶中肯定也有类似的情况。到目前为止，我们只讨论了平均的性质（例如总体的电离度），但在现实中每一个实际的凝胶都有一定程度的不均匀性，某些空间部分的交联密度比其它部分要高，某些部分比其它部分电离得或多或少，如此等等。这能在实验上检测到吗？当然能!

为了检查这些记忆效果，被溶剂渗透的凝胶提供了独特的优势。在橡胶中，总体密度是相当均匀的，橡胶是不可压缩的，从分子的观点来看，根本没有密度差异的余地，因为高聚物分子彼此紧挨地坐着。而在溶剂渗透的凝胶中，情况是非常不同的，因为凝胶的不同部分可以含有不同比率的溶剂。事实上，光散射和其它实验表明，虽然凝胶可能看起来(可能是!)在厘米和毫米的宏观长度尺度上完全一致，但是它在微米和更小的尺度上具有非常显著的不均匀性。

一个有趣的观察实验如下。假设你取一块凝胶，用光散射检查它，并在几个地方检测到更稠密的斑点。现在你改变(例如)温度并在一个很坏的溶剂中使这块凝胶塌缩。在像橡胶那样致密的状态下，凝胶没有密度差异的余地，它必须是均匀的，所有的密度差异必须融合在一起。现在是决定性的步骤：再次改回温度，让凝胶样品溶胀到初始体积。仔细的实验非常清楚地表明，更稠密的斑点会重新出现在原始位置[①] 。因此，凝胶确实有记忆。你可以多次重复这个实验，让温度上下循环，并观察凝胶如何恢复——至少大致地恢复——其密度差异。

甚至有人做过更美丽的实验，其中凝胶散射模式的改变是由弹性变形引起的：你只需简单地拉动凝胶并观察其光散射特性的变化。巴斯太德(J. Bastide)及

[①]例如，参见文献：C. Goren et al, "Elastic recovery of gels on mesoscopic length scales. A photon correlation spectroscopy study," Macromolecules v. 33, pp. 5757-5759, 2000.

其同事在斯特拉斯堡于20世纪90年代做过这样的实验，产生的结果在那时是非常出人意料的[1]。实验方案如图12.9所示。如果凝胶不变形，那么它就向各个方向散射光线。在屏幕上记录的散射强度只取决于与轴的距离，或取决于散射角。相应地，等强度线是同心圆。这就是如图12.9(a)所示的。现在让我们拉动凝胶，例如垂直拉动。这似乎可以抑制凝胶内垂直方向上的涨落。事实上，如果你想像自己被两个相反的方向拉着双手，那么你就不会有太多的余地晃动，这就是每个单体(或每个交联)在强烈拉伸的凝胶中应该感受到的。这一想法似乎表明，垂直

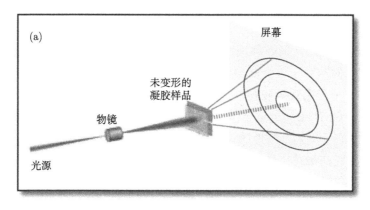

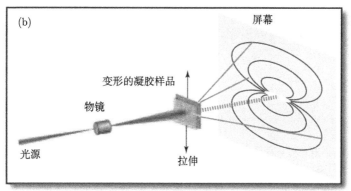

图 12.9　J. Bastide等所做的光散射实验方案。在屏幕上勾画出了等散射强度线。如果凝胶不变形，则如图(a)中，它同等地向各个方向上散射光。相应地，屏幕上的等强度线是同心圆。而在图(b)中，凝胶样品在垂直方向上被拉伸，则在屏幕上的等强度线轮廓看起来像一只蝴蝶，蝴蝶的身体是水平的，即垂直于凝胶拉伸方向。这意味着，小强度的(外部的)线弯曲靠近中心，表明侧路散射相对减少，或拉伸方向的散射相对增加

---

①J. Bastide, L. Leibler, J. Prost, "Scattering by deformed swollen gels: butterfly isointensity patterns," Macromolecules, v. 23, pp. 18211825, 1990.

方向上的密度涨落应该受到抑制，因此，光不应该向上或向下散射，而应该主要是侧路的。这与所观察到的正好相反！事实上，在图12.9(b)中勾画的等强度线看起来像一只蝴蝶，表明侧路散射减少，而上下散射增大。这直接说明散射不是由凝胶的热涨落掌控的，而是由在制备浴槽中发生的涨落的冻结记忆所掌控的。

　　当然，我们不能将这一主题涵盖到其应有的深度，我们只能向感兴趣的读者推荐对其理论方面进行了详细描述的文献[1]。

12.6　协同扩散

　　当凝胶塌缩时，溶剂必须被挤出来。而当凝胶溶胀时，溶剂必须被吸进去。这是怎么发生的？对于单个高聚物链来说，因为它很小，所以这不是一个大问题。但是对于一个宏观凝胶样品来说，这怎么可能呢？1974年，田中丰一教授与L. Hocker、G. B. Benedek合作，利用动态光散射研究凝胶中的高聚物链的微观动力学，发表了一篇开创性的论文。这项工作证明了这些链的热驱动运动引起了溶剂穿过凝胶的集体扩散，是来自于高聚物网络的弹性(类似于橡胶)恢复力与高聚物链对溶剂的相对运动而产生的黏性力的相互作用的结果。

　　有趣的是，如果溶剂非常缓慢地扩散进入凝胶的体积内部，则凝胶的表面部分会比内部膨胀得更快。这就导致凝胶表面上形成了美丽而且有时候奇特的扣环图案，这使得高聚物科学家们开玩笑地说，膨胀的凝胶看上去和大脑没有什么不同(图12.10)。

12.7　印　　记

　　我们解释了凝胶塌缩是单链线团–微球转变的宏观表现。我们还知道，最令人兴奋的线团–微球转变发生在蛋白质链中，并导致蛋白质折叠，使得蛋白质链不仅塌缩，而且保持唯一确定的构象。我们在第10章详细讨论了这个。

　　有一个非常雄心勃勃的想法。我们能不能制作一种凝胶，它不仅能塌缩，而且是以这样一种方式塌缩：它的每一条子链，或至少部分子链，能在某种程度上模拟蛋白质折叠？当然，这完全是出于蛋白质是杂聚物这一事实。因此，如果我们想在这个方向前进，我们就要察看杂聚物凝胶。这并不是一个真正的大问题，杂聚物凝胶可以非常容易地合成。我们还指出了，蛋白质字母表应该足够

　　[1]S. V. Panyukov and Y. Rabin, "Statistical Physics of Polymer Gels," Physics Reports, v. 269, p. 1, 1996.

图 12.10 田中丰一教授拿着一个凝胶样品。这种非常大的凝胶是专门为演示而制备的。在这个非常大的尺寸下，扩散需要很长的时间，在凝胶表面形成的大脑皮层状图案清晰可见

大(见10.6节的结尾)，至少它必须包括不止两个单体种类。因此，我们需要具有好几个单体种类的杂聚物，它们最好能实现不同类型的相互作用，如疏水作用、库仑作用等(图8.1)。这个障碍也是可以克服的。但现在最棘手的问题是：可折叠的蛋白质的序列不是随机的，它们是被巧妙地选择出来的。

因此，问题是：我们能不能制备一个杂聚物凝胶，其单体种类序列类似于——至少在某种有限的程度上——蛋白质？这个问题仍然悬而未决，到目前为止还没有人能解决。这在根本上是可能的吗？我们不知道。有什么办法可以接近这个问题吗？是的，有一个，叫做印记(imprinting)。虽然在这里解释这个想法可能是不合适的，因为它是未经检验的，但我们要提到它——因为田中丰一教授。他在凝胶科学中扮演了那么主导的角色，并花费了他生命的最后几年致力于研究印记。

12.8　田中丰一——高聚物凝胶先生

2000年5月20日星期六，田中丰一(Toyoichi Tanaka)按照他的每周例行日程去打网球，却再也没有回来。他在球场上猝死，时年仅54岁。

田中丰一于1946年1月4日出生于日本长冈市。他的父亲田中丰介(Toyosuke)是埼玉大学的化学教授。在童年早期，丰一就对科学很感兴趣，主要是物理和化学。他于1968年毕业，然后于1973年在东京大学获得博士学位，并于1972年进入麻省理工学院。麻省理工学院成了他终身的家。他最初是在贝内德克(Benedek)教授的实验室做博士后，然后一路前行，跻身于物理学教授和奥托&琼斯"黎明之星"科学教授的行列。

丰一是一个实验者，但他也对理论充满热情。学生们很喜欢丰一，他是麻省理工学院最受欢迎的教师之一。无论他教什么物理学科——力学、电磁学、量子力学或统计力学——他都展示高聚物凝胶的溶胀和塌缩。他相信，现代科学的激动人心对于年轻人来说比学科之间的任何人为界限都更为重要。在田中丰一的专业讲座中，这种激动的感觉一直都是可以明显察觉到的，而且也可以在他的许多论文中接触到。

回顾田中丰一的科学成就，我们会记得很多，其中包括，例如，首次使用多普勒技术无损伤地测量人类视网膜中的血流量。然而，总的来说，我们觉得，如果我们叫他"**高聚物凝胶先生**"，丰一一定会同意的。在20世纪70年代末期，他发现了高聚物凝胶塌缩的现象，这一发现成为该时期最频繁引用的工作之一。自那以后的几十年里，遍布全世界的无数追随者研究了凝胶中的各种相变，但丰一的全方位视野造就了他的与众不同。在他手中，凝胶成为了基础科学和应用科学的有力工具。丰一研究了在许多不同的凝胶中的相变，系统地跨越了在水中的生物系统中起作用的四种基础的分子间相互作用(见图8.1)。他达到了对凝胶塌缩什么时候作为一级相变不连续地发生和什么时候作为二级相变连续发生的系统性的理解。这产生了利用凝胶对冷热、电磁场、光、酸度和化学物质的敏感性而在工业上的应用。

田中丰一能够精明地处理具有催化活性的凝胶，而且具有能够根据局部的化学反应进度而把催化作用打开和关闭的能力。他发明了一种能记忆全息图像的凝胶；此外，它可以在凝胶溶胀时破坏这个图像，然后在塌缩时重现它，而且可以重复多次。

这些凝胶的应用范围广泛，但仍未能使丰一满足。在他的最后几年中，他正在做一个更雄心勃勃的项目。他的想法是在凝胶中实现某种形式的迄今只在生物分子(例如蛋白质)中已知的分子自组织。他想制备一种凝胶，或者说得更好，一种杂聚物凝胶，并以某种方式把一些信息印记在它的结构中，从而在凝胶塌缩时在某种程度实现分子自组装。丰一在这个方向上取得了重大的进展。他通过实验证实，阻挫(frustration) ①在杂聚物凝胶上是可操作的，而且他能够展示，印记能导致阻挫的最小化。然而，这个方案仍然是未完成的。很容易提出这样一个论点，即印记方案几乎没有成功的机会。怀疑是容易的。但令人失望的是，在我们的视野中没有人继续这个巨大的雄心勃勃的项目。是的，通往成功的道路可能是狭窄的，但在便利的已开辟的道路上却找不到重大的科学成就。请记住费曼(Feynman)的话："完美合理地偏离寻常路……"我们认为，应该有人尝试!

---

①在物理学中，阻挫通常可用如下例子说明。设想有三个伊辛(Ising)自旋s_1、s_2和s_3(它们中的每一个都可以是1或-1)，并且假设它们的能量(或哈密顿量)是$H = -s_1s_2 - s_2s_3 + s_3s_1$。这意味着，$s_1$和$s_2$"希望"彼此平行以使其能量最小化，$s_2$和$s_3$也是如此，而$s_3$和$s_1$在反平行时能使能量最小化。由此可以看出，没有哪种自旋配置方式能满足所有三个键中每一个的能量最小化——至少有一个键是"被阻挫的"。在杂聚物中存在类似的问题：设想由单体A和B组成的高聚物，假设A吸引A，B吸引B，但A和B彼此强烈排斥对方。通常，你会假设A会与B分离(就像你试图把水和油混合在一起时那样)，但是它们对分离的"渴望"会因为它们被高聚物链连接着而被阻挫。

第13章　高聚物流体动力学

于是他开始爬出洞口。他用前爪拉了一
下， 用后脚掌推了推，过了一会儿， 鼻
子露了出来……然后他的耳朵……然
后他的前爪……然后他的肩膀……然
后……

A. 米尔恩
《小熊维尼》

13.1　黏　　度

我们说到的**高聚物流体**是什么意思？它是一种黏稠的液体，由严重缠结的高聚物链构成。特别地，它可以是高聚物熔体、高聚物浓溶液或高聚物半稀溶液。你可以很容易地感受这些东西像什么。你所需要做的只是熔化一块普通的塑料，它就会开始流动。显然，高聚物液体之所以重要，最重要的原因是它们在塑料生产的所有工艺流程中都会遇到。高聚物液体是相当奇特的。在许多方面，它们与我们熟悉的水或其它普通液体完全不同。

首先让你震惊的是**高黏度**。它的黏度通常比水高得多。黏度产生的物理原因是内摩擦力。它在流动流体的相邻层之间起作用。因此，我们可以说流体高聚物中的内摩擦力大于水中。 让我们带进去一些数学吧。图13.1显示了一个非常简单的实验。一些液体被限制在两块相距为h的水平平板之间。下板处于静止状态，而上板以恒定的速度v移动。在不同高度处的液体会怎样移动？由于内摩擦力的作用，在最底部的一薄层液体将保持静止。这一层等效于"黏合"在下板上。同样，最上面的一层将被上板以速度v拖曳。如图13.1所示的液体的速度分布被称为**简单剪切流**。当然，上板不会自行移动，而是由外力拉动。问题是：我们能不能计算出为了使上板以速度v运动、并从而维持液体的简单剪切流而必须施加

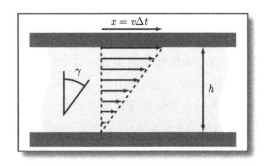

图 13.1 两块平行板之间的液体层。上板以速度v移动，导致一个简单的剪切流

在上板上的力f？第一点是施加的力必须等于摩擦力(在绝对值上)——因为我们现在是对恒定速度(有时某些物理教科书中称为**终极速度**)的运动感兴趣。第二点是液体中的内摩擦力通常与速度成正比。因此，所需的力必须与速度v成正比。此外，很自然地，力与上下板的表面面积A成正比，因为摩擦力作用在沿着板的所有地方。最后，力必须与两板之间的距离h成反比，因为h越小则速度曲线越尖锐，相邻液体层之间的摩擦力就越大。这个问题是物理学中最经典的问题之一，牛顿和斯托克斯(Stokes)等对它进行了详细的研究，并得出了方程：

$$f = \eta \frac{Av}{h} \tag{13.1}$$

其中，η是流体的性质，称为**黏度系数**或简称为**黏度**。它给出了液体黏性的测度。例如，水有$\eta \approx 10^{-3}$ kg/(m·s)(在室温和常压下)，番茄酱或蜂蜜有$\eta \approx 10$kg/(m·s)，而在实践中，高聚物流体的η值往往高达10^3 kg/(m·s)——它取决于该链有多长，以及是否有溶剂[①]。

13.2 黏 弹 性

不同寻常的高黏度并不是高聚物流体所提供的唯一令人惊奇之处。另一个有趣甚至可能更重要的特性是**黏弹性(viscoelasticity)**。取决于外力变化的快慢，高聚物流体可以表现得或者像正常的、低分子量的液体（尽管非常黏稠），或者像弹性固体。

一系列能很好地展示黏弹性的实验可以轻松地在家中进行，如图13.2所示。以一种通常被称为"蠢油灰"(有时被称为"跳油灰")的橡皮泥玩具为例。它其实是

[①]一个纯粹主义者会说，玻璃(4.3节)也是液体，其黏度要高几个数量级。像往常一样，纯粹主义者是对的——但我们也是对的：高聚物流体甚至在远离玻璃化转变时就有很高的黏性。

一种叫做硅树脂的高聚物材料，但它有可能让孩子们和成年人玩乐好长时间。首先，你可以很容易地把这种玩具塑造成几乎任何你喜欢的形状，例如，把它在你的手掌之间搓动(图13.2(a))。如果你把它做成一个球(图13.2(b))并掉在地板上，它就会像橡皮一样反弹和跳动(图13.2(c)和(d)；还记得用天然的未硫化橡胶做成的美洲土著球吗？)。现在把同一片硅树脂塑造成香肠一样(图13.2(e))并把它搁置一段时间，几个小时之后可以毫无疑问地看出它是一种流动的液体(图13.2(f))。

我们如何解释这样的"双重身份"？高聚物在很长一段时间内持续受到重力作用时表现为液体(图13.2(f))。另一方面，当力的作用很短(例如击打在地板上，如图13.2(c))时，反应是弹性的。这就是黏弹性。一般来说，**黏弹性物体往往表现出对缓慢变化的力的黏性响应，以及对快速变化的力的弹性响应**。

黏性和弹性的奇特组合也可以由下面的虹吸效应看出来(图13.2(g))。把一个黏弹性的高聚物样品(例如适当形状的橡皮泥)放在一个倾斜的玻璃容器中(A)，使材料的相当一部分伸出到容器之外并进而低于容器底部(B)。它看起来很神奇：高聚物会持续不断地从A渗流到B，直到A完全变空为止！因此，A和B的行为就好像它们是由一条管道(虹吸管)连接的，只是没有管道——流体本身就起到了管道的作用。很清楚，这不适用于水或其它普通液体——它们的行为主要是黏性的。为了达到这个效果，必须有一定的弹性才行。

关于黏弹性还有另一个有趣的实验。拿一个装满高聚物浓溶液的圆柱形缸子。在缸内安装另一个较小的圆柱形缸子，使它可以绕两个圆柱形的共同中心轴转动。使内圆柱体以一个恒定的角速度旋转一段时间，然后突然松开它。猜猜会发生什么事？在停止之前，内圆柱体将在相反的方向上向后转动一点点！这个向后转动的角度可以达到好几度。这种不寻常的行为当然是黏弹性的迹象。

所有高聚物液体都是黏弹性的。这表明黏弹性不是由某些特殊的化学结构引起的，而是一种普遍的性质。这就是为什么理论物理学家们聚集在一起研究黏弹性，并通常会研究流体高聚物的动力学。

高聚物流体的黏弹性真的那么出人意料吗？想像一束很长、很混杂并缠结起来的链；这团混合物的一个似有可能的图像显示在图13.3中。它会如何流动？显然，如果某条链想移动，就必须沿着在这束链内部的小小蜿蜒走廊滑动，在其路径上把结解开。这种画面激发了**蛇行(reptation)**理论(根据爬行动物的蛇形运动而命名)。这是流体高聚物动力学第一个成功的分子理论。它是由巴黎法兰西学院的物理学家德热纳(P. G. de Gennes，1932—2007)、日本东京大学的多伊(M. Doi)和英国剑桥大学的爱德华兹(S. F. Edwards)在20世纪70年代所发展起来的。

在我们告诉读者更多知识之前，我们先做一个注解。有些读者可能听说过列

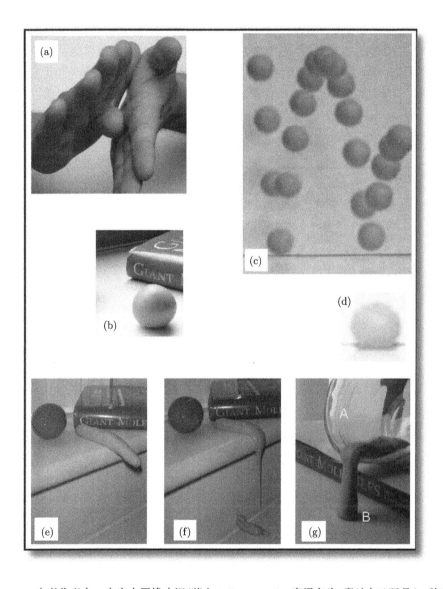

图 13.2　本书作者之一在家中用橡皮泥(英文"silly putty"，直译名为"蠢油灰")玩具(一种硅树脂)所做的实验。通过两手之间的搓动（图(a)），该材料可以很容易地被制成一个球（图(b)）。本书英文版(书名"Giant Molecules")第一版也显示在图中以表明尺度。球形的橡皮泥在地板上弹跳（图(c)），它在停止之前能跳好几下。一组弹跳球的图像(c)是用普通数码相机在电影模式下以每秒30帧的方式拍摄的。其中一帧（图(d)）偶然地捕捉到球撞击地板的那一刻，我们清楚地看到了球下部的瞬时变形形状。下方一排图片展示了这种硅树脂的类似于液体的行为。早晨，玩具被制成香肠形状（图(e)）并被搁在架子边缘上；到了晚上，很明显可以看出，这种物质是一种液体，流到了架子下面（图(f)）。此外，同一个样品能够在容器边缘非常缓慢地流动，显示出了虹吸效应（图(g)）（书末附有彩图）

夫·朗道(L. D. Landau)对液体分子理论的怀疑。他认为创建这样一个理论是不可能的。所有液体是如此不同，它们似乎没有足够多的共同之处以服从一个普适的理论。例如，比较一下液氦和普通水。关于液体的另一个棘手的问题是它们没有明显的或小或大的参数。大多数重要的无量纲参数是一阶的。这真讨厌。正如我们在8.1节中所看到的，如果你想要简化一个系统的行为，并为它构建一个理想的模型，那么就需要一些或小或大的参数。

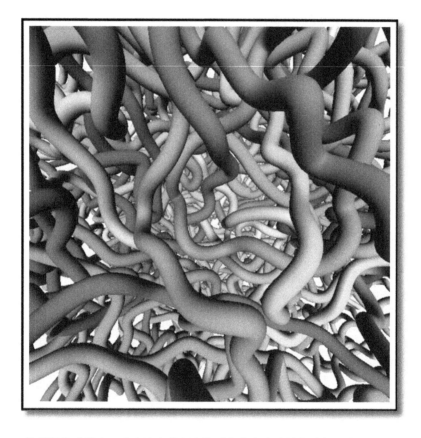

图 13.3　计算机生成的在一个高浓度的高聚物系统中许多缠结的链的图像。请拿此图与单链球的放大内部(图9.1)进行比较[本图承蒙A. Likhtman和T. McLeish许可，经许可从复印自文献：T. McLeish, "A tangled tale of topological fluids (拓扑流的缠结故事)", Physics Today, v. 61, issue 8, p. 40, 2008. Copyright 2008, American Institute of Physics] （书末附有彩图）

　　然而，高聚物液体不是那么糟糕。它存在一个天然的大参数：链中的单体单元数N。这是为什么了解诸如黏度和分子扩散系数等参数都依赖于N——在N

≫1的限制条件下——是有益的。这种依赖的形式将决定高聚物的行为。这种情形使我们能够使用一种非常普通的理论物理方法。

13.3 蛇 行 模 型

让我们在高聚物液体中任选一条测试链。想象一下，所有其它的链都"冻结"了，无法移动。在这样一个"冻结"的丛林里，测试链能做什么？它不能穿越其它分子。所以它将被限制在一个由相邻链形成的某种**管道**中(图13.4)。这是一个基础概念。链不能穿越管道的墙壁，所以它只能爬行。在二维版本的图13.5中可以非常清楚地看出这一点(在该图中，"冻结"的周围环境是由在平面上的固定障碍物模拟的，当链在移动的时候不能穿越它们)。如果没有外力，沿着管道的运动显然是纯扩散性的。就像布朗运动(见第6章)：链以相等的概率在一个或另一个方向做随机的步进。

现在，让我们"解冻"周围的链。那么测试链就获得了更多的运动机会。一些相邻的链将开始移动开去。因此，形成管道的一些约束和缠结(图13.4和图13.5)将会逐渐消失(或"衰减")。然而，正如德热纳证明的，这种影响并不重要。该链将从"冻结"管道中蛇行出去，比那些约束的衰减要快得多。这就是为什么在固定的障碍管道中的运动是高度缠结链的动力学的主要机制。

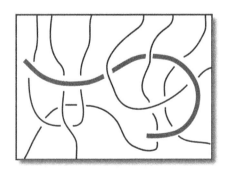

图 13.4　在高浓度系统中，一条高聚物链处于其它链之中

沿着管道的蛇形运动被称为蛇行(reptation)，来自于拉丁文*reptare*，"爬行"。相应的高聚物模型被称为**蛇行模型**。

图 13.5　在"冻结的"障碍物网络中的一条高聚物链的示意图(二维情形)

13.4　最长弛豫时间

看看我们能从蛇行模型学到什么是很有趣的。考察它的最好方法是察看一个简单的实验。取一块高聚物熔体或一份浓溶液放在类似于如图13.1所示几何形状的两块平板之间(在实践中，它也可以是在两个同轴圆筒之间的间隙)。在$t = 0$时刻，施加一个恒定的剪切应力σ，并测量它从$t = 0$时施加应力之后随时间而产生的相对变形或应变γ。如果σ较小，变形会正比于应力：

$$\gamma(t) = \sigma J(t) \tag{13.2}$$

函数$J(t)$被称为材料的**柔顺度(compliance)**。在对数刻度上，它看上去像图13.6(a)中的曲线。从开始大幅上升之后，它到达一个平台，$J(t) = J_0 =$ const。如果我们把这个常数设为$J_0 = 1/G$，那么，在平台区，我们有

$$\sigma = G\gamma \tag{13.3}$$

这在本质上就是胡克定律，而G是剪切模量。严格地说，最常见的胡克定律方程(4.1)与公式(13.3)有所不同，前者描述的是伸长，后者描述的是剪切。但由于高聚物样品的体积几乎没有变化，我们可以忽略这些不同类型的变形之间的差异，特别是，剪切模量G与杨氏模量E对这些系统没有明显的不同。因此，该系统在平台区是有弹性的，杨氏模量$E \sim 1/J_0$。

只有经过足够长的时间，$t > \tau^*$(图13.6(a))，变形才成为不可逆的，而且高聚物开始流动。在这种情况下，柔顺度是时间的线性函数，$J(t) = J_1 t + J_2$，其

中J_1和J_2不随t而改变。让我们拿这个关系式与函数$J(t)$的定义式(13.2)进行比较，可以得出这样的结论：在$t > \tau^*$的范围内，应力不再正比于应变，而是正比于应变的变化率：

$$\sigma \sim J_1^{-1}\frac{\mathrm{d}\gamma}{\mathrm{d}\tau} \tag{13.4}$$

这是流体的典型行为。如果你对此不信服，只需将方程(13.4)与牛顿–斯托克斯定律(13.1)进行比较。图13.1表明$\tan\gamma = x/h$，其中x是顶板相对于它在$t = 0$时的位移。因此，如果γ很小，则$\gamma \approx x/h$。我们还记得$v = \mathrm{d}x/\mathrm{d}t$，于是可以把公式(13.1)改写为

$$\frac{f}{A} = \eta\frac{\mathrm{d}\,(x/h)}{\mathrm{d}t} = \eta\frac{\mathrm{d}\gamma}{\mathrm{d}t} \tag{13.5}$$

进一步，我们可以把左边的比率f/A替换为切向剪切应力σ。我们可以得出的最有趣的结果是，公式(13.4)中的系数J_1^{-1}就是高聚物溶液的黏度η。因此有

$$\sigma = \eta\frac{\mathrm{d}\gamma}{\mathrm{d}t} \tag{13.6}$$

让我们总结一下。在$t < \tau^*$时，高聚物熔体表现为一个弹性体(式(13.3))，而在$t > \tau^*$时，它很像一个普通的流体(见式(13.6))。为了比较，我们还把典型的非高聚物液体(如水)的柔顺度函数$J(t)$绘制在图13.6(b)中，你可以看到这个图没有与弹性行为相对应的中间平台区式(13.3)。

高聚物的应力反应类型发生变化的时间τ^*称为**最长弛豫时间**。

在蛇行模型之前怎么样呢？像图13.6 (a)中的实验数据被以如下方式解释。高聚物液体被认为含有某种**等效交联(effective cross-link)**。与通常的化学交联(由化学键形成)相反，等效交联不会长期存活。它们只能持续约等于τ^*的一段时间。然后，它们断裂(或"衰减")，并在其它地方生成新的交联，如此等等。因此，当$t \ll \tau^*$时，交联没有足够的时间来消失。它们把样品持握在一起，所以它的行为就像一个弹性体。相反，当$t \gg \tau^*$时，交联开始衰减，而样品开始流动。

蛇行模型使这个图像更清晰。它告诉我们这些交联在分子水平上实际上是什么。例如，在高聚物熔体中选取两条链。它们都被限制在自己的固定管道里。假设这些管道彼此互相靠近(图13.7)，则这两个分子将不得不互享彼此的陪伴，直到其中一个摒弃了它的管道与另一个管道相接近的那部分。你可以说，当这两个管道是彼此相邻时，在那个区域有一个等效交联。然而，一旦其中一条链离开相邻区域，交联就消失了。

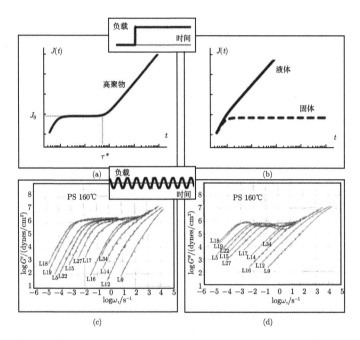

(a)　　　　　　　　(b)

(c)　　　　　　　　(d)

图 13.6　任何材料的机械响应都可以用多种方法进行测试，其中在思想上最简单的是"接通"实验(图(a)和(b))，而技术上最健壮的是"振动负载"实验(图(c)和(d))。相应的负载随时间关系如插图所示。在"接通"实验中，在阶梯式施加应力之后，应力随时间的演化是以柔顺度函数$J(t)$示意性地绘制在双对数坐标图中，图(a)中是高聚物液体，图(b)中是用于比较的普通低分子量流体(实线)和固体(虚线)。高聚物系统的主要特征是在$t < \tau^*$时存在有平台区。与图(b)中的虚线比较可见，高聚物系统柔顺度的平台意味着在时间长至τ^*内的弹性行为(比较图13.2(c)和图(d)中的弹跳球)。相反，高聚物柔顺度$J(t)$在$t > \tau^*$时的线性增长是黏性行为的特征，与图(b)中的实线相似(比较图13.2(e)和图13.2(f)中的液体流动行为)。图(c)和图(d)表达了相同的物理思想，它们显示了实际振荡载荷实验的结果。这类实验的结果是按照反应的两部分来说明的：弹性部分，与驱动力的相位相同；黏性部分，在相位上滞后π/2。它们在传统上分别被称为G'和G''，它们分别与频率ω绘制在双对数坐标上。数据是用聚苯乙烯在160℃下得到的，并清楚地表现出在一定的频率范围内的特征性的平台行为，而频率相应的周期对应着在微观时间和τ^*之间的t。不同的曲线对应于不同链长的样品。图(c)和图(d)经许可转载自论文：S. Onogi, T. Masuda and K. Kitagawa, "Rheological Properties of Anionic Polysterens (阴离子型聚苯乙烯的流变性能)", Macromolecules, v. 3, n. 2, pp. 109–116, 1970

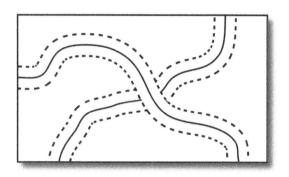

图 13.7　形成等效交联的两条高聚物链

现在你可以看到τ^*的微观意义——我们是把它作为一个典型的等效交联的弛豫时间而引入的。交联由于链的蛇行而衰减，即由于链爬出了其管道。因此，τ^*给出了链摒弃其初始管道(在$t = 0$时)的时间这一思想。在这段时间之后，链会发现自己处在一个全新的管道中，那是其末端的随机运动所导致的(图13.8)。你可以说管道已经完全"更新"了，所有的初始交联(即不同管道的相邻部分)完全消失了。

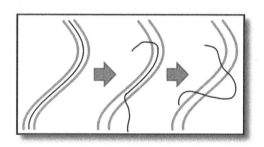

图 13.8　一条高聚物链离开其初始管道的几个相继阶段

让我们回到在如图13.6所示的最简单的实验，在那里我们在$t = 0$时施加一个较小的恒定应力σ。我们可以估算在$t \gg \tau^*$(黏性)范围和$t \ll \tau^*$(弹性)范围的柔顺度是多大呢？根据公式(13.6)和(13.2)，我们推断，在$t \gg \tau^*$时有$J(t) \sim J_1 t \sim t/\eta$。另一方面，从公式(13.3)我们可得，在$t \ll \tau^*$时有$J(t) \sim 1/E$。那我们是否可以说明在$t \sim \tau^*$会发生什么？显然，这两个估算式应该能够平滑地相互合并起来。这个想法让我们找出了在黏度η、最长弛豫时间τ^*以及等效交联网络的杨氏模量E之间的一个非常重要的关系：

$$\eta \sim E\tau^* \tag{13.7}$$

这个关系式可以帮助我们了解高聚物溶液的黏度。特别是，我们可以用它来找出黏度与链的单体单元数 N（在 $N \gg 1$ 的限制条件下）的依赖关系。可以推测，我们首先需要知道 E 和 τ^* 如何依赖于 N。所以我们应该冒险调查一下。让我们分开考虑 E 和 τ^*，为了简单起见，我们专注于高聚物熔体的情形。原则上，同样的逻辑应当适用于浓溶液和半稀溶液。

13.5　等效交联网络的杨氏模量

一个等效交联网络在 $t \ll \tau^*$ 时表现为普通的弹性网络。我们在第7章讨论了高弹性的经典理论。你可能还记得，一个网络的杨氏模量大约为 $k_B T$ 与交联密度之积（与通常一样，k_B 是玻耳兹曼常量，T 是温度）。

因此，我们必须粗略地计算出在高聚物熔体中有多少等效交联。棘手的问题是要决定什么是等效交联，而哪些不是。所有的链都高度缠结。一个极端的观点是将一对链之间的任何接触都视为等效交联。这并不是完全不合逻辑的。每当一对链相互靠近时，它们的进一步运动就会受到限制（因为它们不能相互穿越）。这就是为什么对每条链所允许的构象的数量比它在自由空间中的构象要少得多的原因。你可以通过等效交联来模拟这样的拓扑约束。

如果我们用交联来替换链与链之间的每一个接触，我们会得到什么样的图像？你可以想象，它将是一个非常密集的编织结构。全部交联会使它非常坚硬，所以它完全不会像普通的弹性体（即在 $t \approx \tau^*$ 时完全不像熔体）。假设在熔体中的链是柔性的，库恩片段长度为 ℓ，则每单位体积内的接触数量约为 $1/\ell^3$。让我们暂时接受上面提出的极端观点，那么熔体（即等效交联网络）的杨氏模量将为 $E \sim k_B T/\ell^3$。这个估计值怎么样？我们可以用它来计算柔顺度的平台值——对各种熔体有 $J_0 = 1/E$——以进行检验。事实证明，与实验值相比，它给出的答案太高了。

这并不令人惊讶。事实上，等效交联与链之间的简单接触是有很大区别的。例如，请看图13.9(a)。两条链彼此靠近，所以我们可以说它们是有接触的。然而，这并不严重地限制它们的自由，即对可能构象的选择。相比之下，图13.9(b)中所示的接触为更具约束性。它真的就和一个交联相同。在这种情形下，允许构象的数量明显大大减少。

因此，链与链之间的接触并不相同。并非所有的接触都会起到等效交联的作

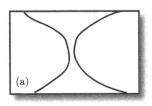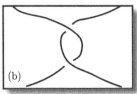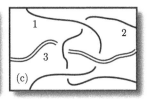

图 13.9　高聚物链之间的接触：(a)无等效交联；(b)有等效交联；(c)表明，一般情况下，两条链之间是否存在等效交联可能取决于周围的其它链：在本例中，如果链3存在，则链1和2是交联的，如果链3不存在则无交联

用。考虑到这一点，我们把对E的估计数修改为

$$E \sim \frac{k_\mathrm{B}T}{N_e \ell^3} \tag{13.8}$$

此处N_e是**两个最近的等效交联之间的沿链单体单元的平均数量**。参数N_e是在现代的高聚物液体理论中唯一的唯象参数(即它必须从一些其它的论证或观察中单独地找出)。还没有人从微观结构的知识中计算出它。我们所能说的是，它肯定与链彼此之间形成结的能力有关。因此，它必定依赖于链的刚度和几何形状(例如是否有任何侧枝等)。你可以在实验中找出N_e，从图13.6(a)中的平台所对应的杨氏模量的值来求出。通常，N_e的范围是50~500。在任何情况下，$N_e \gg 1$。这证实只有少数接触是作为等效交联在起作用。

　　考虑到"**缠结长度**"N_e是很大的，你肯定会问：要形成一个高度缠结的高聚物熔体，链应该要有多长？蛇行模型讨论的是在管道中的链。**只有当每条链都有大量的等效交联时，即$N/N_e \gg 1$或$N \gg N_e$时，该模型才有意义**。我们在推导黏度η和最大弛豫时间τ^*与链长N之间的依赖关系时，务必牢记这一点。

13.6　管　道

　　为了求出η和τ^*，我们将选取一条链，并更详细地探讨它的管道。管道是由其它链形成的。如果它们接触到测试链，就成了该链运动的障碍。然而，我们已经看到，只有一小部分这种接触能够真正限制该链的构象选择。这一小部分约为$1/N_e$。它们是可以被视为等效交联的交触。

　　因此，我们得出处在管道中的链的如下图像(图13.10)。首先，有一个特征尺寸$d \sim \ell N_e^{1/2}$，它粗略地给出了沿链上两个最近交联之间的距离。在尺度$r < d$上，链不会"感觉"到等效交联。因此它可以完全选择允许的构象。其次，对于距

离 $r > d$，等效交联会产生管道。这就是 d 必须与管的直径相同的原因。现在我们可以把链看作是大小为 d 的"链团"的序列，每一个链团含有 N_e 个单体，它们表现为理想的高聚物线团。(链团是理想的，是因为在高聚物熔体中完全屏蔽了排除体积相互作用——见第8章)。它们填满了管道，顺着管轴排列起来。因此，管轴的总轮廓长度是 $\Lambda \sim (N/N_e)d$，因为 N/N_e 是每条链的链团数。我们记得 $d \sim \ell N_e^{1/2}$，于是得到

$$\Lambda \sim \ell N N_e^{-1/2} \tag{13.9}$$

注意，这个管道长度的结果对链的全长 $N\ell$ 要小得多。这是因为 $N_e \gg 1$。

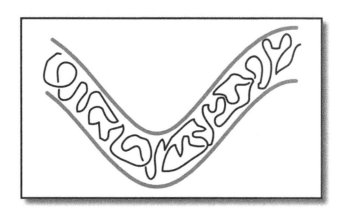

图 13.10   一条处于管道中的链

13.7   最长弛豫时间与链长的关系

现在让我们来计算高聚物熔体的最长弛豫时间 τ^*。正如我们已经说过的，这是一条蛇行链离开其初始管道的时间。要做到这一点，则链很明显必须沿管轴扩散一段长约为 Λ 的距离。

当一条链在浓稠的系统(例如高聚物熔体)中移动时，作用在每个单体上的摩擦力是完全独立的。因此，运动链所受到的总摩擦力就是每个单独的单体上所受摩擦力的总和。我们怎样才能求出在单体上的这些摩擦力呢？让我们专注于一个单体，假设它有速度 $\boldsymbol{v}$，因为这是扩散速度，所以它不是太高(更精确地说，它是单体热运动速度的量级)。这使我们可以正当地认为黏性摩擦力 $\boldsymbol{f}$ 正比于速度：$\boldsymbol{f} = -\mu\boldsymbol{v}$，这里 μ 是单个单体的摩擦系数。由于总摩擦力是在所有单体上的总和，所以摩擦系数在所有单位都是相同的。对单个单体的摩擦系数求和，就得到了整

个链的总摩擦系数。假设我们有一条含N个单元的链爬过管道，那么它的总摩擦系数μ_t就会是N乘以单体的摩擦系数μ：

$$\mu_t = N\mu$$

我们通常如何描述扩散(或布朗)运动呢？一个重要的量是扩散系数D。它决定了一个布朗粒子在一段时间t内(沿一条轴)的均方位移$\langle x^2 \rangle$：

$$\langle x^2 \rangle = 2Dt \tag{13.10}$$

(这是因为，对布朗运动，$\langle x^2 \rangle$正比于t；参见式(6.2)。)摩擦力如何进入这幅图像呢？有证据表明，对某些粒子，摩擦系数μ越大，扩散系数D越小，反之亦然。两者之间的确切关系是阿尔伯特·爱因斯坦在1905年找到的，并被称为爱因斯坦关系。它指出：

$$D = \frac{k_\mathrm{B}T}{\mu} \tag{13.11}$$

顺便说一下，这恰巧是爱因斯坦被引用最多的论文——比相对论和其它东西都要多。温度T出现在方程(13.11)中的物理意义相当清楚。对于给定的μ值和t值，均方位移式(13.10)必须随着温度的增长——即当热运动变得更加激烈——而增大。

现在我们可以回到在熔体中的高聚物长链的蛇行问题。我们将估算描述链沿着管道纵向扩散的扩散系数D_t。根据式(13.11)：

$$D_t = \frac{k_\mathrm{B}T}{\mu_t} = \frac{k_\mathrm{B}T}{N\mu} \tag{13.12}$$

我们知道，最长弛豫时间τ^*大致是链沿着管道扩散的距离等于管轴长度Λ(方程(13.9)，参见13.4节)所花费的时间。因此，使用式(13.9)、(13.10)和(13.12)，我们得到

$$\tau^* \sim \frac{\Lambda^2}{D_t} \sim N^3 \ell^2 \frac{\mu}{N_e kT} \tag{13.13}$$

由上式可见，最长弛豫时间随着链中单体单元数N而急剧增大：$\tau^* \sim N^3$。这就解释了为什么高聚物液体中的弛豫是如此缓慢(与普通的低分子量液体相比)。其结果是，高聚物液体对以前的流动历史有一个长期记忆。(如果没有这样的记忆，例如，在图13.2中所示的实验是不可能的。)

因子N^3能把事情放慢多少？让我们做一些估算，以比较高聚物液体和低分子量液体。我们可以按照如下方式重新整理方程(13.13)：

$$\tau^* \sim \tau_\mathrm{m} \frac{N^3}{N_e} \tag{13.14}$$

其中，$\tau_m \sim \ell^2 \mu / kT$ 是低分子量液体的典型微观弛豫时间。使用式(13.10)，我们可以写出：$\tau_m \sim \ell^2 / D$，其中 D 是一个单分子在这样一种液体中的扩散系数。现在我们可以看到 τ_m 的含义，它是一个分子移动等于自身大小距离 ℓ 所花费的时间。让我们取一些典型值：$\ell = 0.5\mathrm{nm} = 5\times 10^{-10}\mathrm{m}$，$D \approx 2 \times 10^{11}\mathrm{nm^2/s}$ $= 2\times 10^{-7}\mathrm{m^2/s}$，则 $\tau_m \sim 10^{-12}\mathrm{s}$。因此，我们求出了低分子量液体的典型微观弛豫时间[①]。

根据式(13.14)，高聚物熔体的最长弛豫时间 τ^* 是 τ_m 的 N^3/N_e 倍。假设高聚物链相当长，$N \sim 10^4$。然后，利用粗略估计值 $N_e \sim 10^2$(13.5节)，我们得到 $N^3/N_e \sim 10^{10}$。这推导得到一个最长弛豫时间 $\tau^* \sim 10^{-2}\mathrm{s}$，它完全是一个宏观值，甚至可以更大。分子之间强烈的相互作用有时可能会增大摩擦系数 μ，这将进而增大 $\tau_m \sim \ell^2 \mu/(k_B T)$，进而增大 τ^*。最长弛豫时间可能会高达几秒甚至更大。这正是在测量黏性高聚物液体的宏观弛豫时间的实验中可能观察到的。

这么高的 τ^* 值对高聚物的黏弹性负责，我们甚至可以在如本章开头描述的最简单的宏观实验中见证它。如果外力是很突然的，即它的作用时间比 τ^* 要短(例如，当硅树脂球击打地板)，没有时间发生弛豫。于是高聚物表现为弹性体。另一方面，如果力的持续时间比 τ^* 要长(例如，重力使硅树脂流出罐子)，则黏性摩擦力就会起作用。

13.8　高聚物熔体的黏度和自扩散系数

现在让我们使用蛇行模型来求出高聚物熔体的黏度 η。我们将要使用方程(13.7)以及弹性模量 E 和最长弛豫时间 τ^* 的估算公式(13.8)和(13.13)。这给出：

$$\eta \sim E\tau^* \sim \left(\frac{\mu}{\ell}\right)\frac{N^3}{N_e^2} \tag{13.15}$$

如果链足够长($N \gg N_e$)，熔体的黏度会随着 N 的增加而上升得相当快：$\eta \sim N^3$(就像弛豫时间一样)。

我们还将计算链作为整体在熔体中移动时的平移扩散系数 D_s。当链在时间 τ^* 内完全离开初始管道时，其质心的移动距离必定为 $R \sim \ell N^{1/2}$，即大约为线

[①]估算结果 $\tau_m \sim 10^{-12}\mathrm{s}$ 给出了室温下液体的天然时间尺度。事实上，我们可以用另一种途径得到它。在浓稠系统中，尺寸 ℓ 标志着两个重要的长度尺度之间的边界。在较短的尺度上，每个分子的运动可以精确地描述为弹道，非常类似于低压气体中粒子的自由路径。相反，在较大的尺度上，分子参与扩散。我们感兴趣的是粒子在微观尺度上的位移 ℓ，这是在扩散或随机游走——在大尺度上的运动类型——与小尺度下在碰撞之间的弹道运动两者之间的交叉点。要想求解它，我们可以用扩散关系式 $\tau_m \sim \ell^2/D$ 或公式 $\tau_m \sim \ell/v$，其中 v 是分子的平均热运动速度。在室温下对较轻的有机分子，$v \sim 500\mathrm{m/s}$。因此，$\tau_m \sim \ell/v \sim 0.5\times 10^{-9}/500\mathrm{s} \sim 10^{-12}\mathrm{s}$。

团的大小。链在每个长度为τ^*的区间内的位移在统计是独立的。这就是为什么我们可以在一个大的时间尺度上讨论质心的扩散。这就像一个粒子的布朗运动具有平均自由时间τ^*一样。在碰撞之间，它在一个随机的方向上移动约为R的距离（参见第6章）。因此，根据式(13.10)我们可以写出：

$$D_s \sim \frac{R^2}{\tau^*} \sim \frac{k_B T}{\mu} \frac{N_e}{N^2} \tag{13.16}$$

因此，蛇行模型预测，D_s随着链中单体N的增长而以N^{-2}降低。当N非常大时，扩散系数非常低。因此，如果你把两种高聚物熔体放在一起，它们将会非常缓慢地相互渗入——即使热力学表明混合状态是最有利的(即如果两种高聚物是可以混溶的)。

13.9 蛇行理论的实验检测

蛇行理论的主要结果式(13.13)、(13.15)和(13.16)与实验相符吗？对于估算式$D_s \sim N^{-2}$，通常符合得很好的。然而，对于最长弛豫时间$\tau^* \sim N^3$和黏度$\eta \sim N^3$的幂律，符合得并不很令人满意。大多数实验表明有稍微更尖锐的依赖关系：$\tau^* \sim N^{3.4}$和$\eta \sim N^{3.4}$。这与理论相当接近，但并不完全相同。已经有很多人试图解释这个偏差。目前，最广泛接受的解释如下。如果链是无限长的，实验会恰好给出理论预测的结果，$\tau^* \sim N^3$和$\eta \sim N^3$。但对于有限长的链，我们观察到指数为3.4；每条链的单体数N与N_e相比不够大。

蛇行模型可能比你想到的更强大。不仅仅只是对于黏度、最长弛豫时间以及链在高聚物熔体中的扩散系数等最简单的基本规律，你还能从它得到更多。这个模型允许你描述，例如，高聚物在应力撤除之后的弛豫，或对于周期力的响应。结果是，你能对高聚物熔体的动力学得到了一个相当完整的图像，尤其是它们的黏弹性。

蛇行模型是第一个引入大参数N起作用的模型。结果是，已经发展出了流体高聚物动力学的分子理论。而关于高聚物液体动力学的所有先先的理论基本上都是唯象的。

13.10 蛇行理论和DNA凝胶电泳

现在让我们驻足一会儿，来看一个相当出人意料、可能也是蛇行理论最重要的应用。基因工程、DNA测序和其它生物技术的分支都依赖于高精度的DNA分析技术。特别是，要学会如何区分在长度或扭转和打结的数量(后两者只对环状DNA有意义)等等上略有不同的DNA链是很重要的。事实证明，**凝胶电泳**方法令人惊讶地非常适合于这些目的。

　　这个想法如下。假设你有一个溶液，其中包含着你想要分离的DNA分子。将溶液摊放在高聚物网络(即凝胶)的边缘。在水中，每个DNA单体将解离并获得负电荷。因此，如果你把样品放在有正确极性的电场中(即在电容器极板之间)，就可以使DNA链在凝胶上移动。这种运动称为**电泳**(electrophoretic)。您只需要希望链的速度依赖于它们的长度和结构! 如果是这样，问题就解决了。不同的链将运动通过不同的距离，并被分离开来(图13.11)。

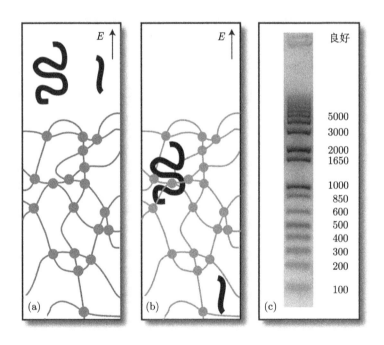

图 13.11　对DNA凝胶电泳工作原理的解释。不同大小的DNA链由于流动性不同而被分开：在受到相同的电场作用时，它们以不同的速度移动，因而在一定的时间范围内，移动通过不同的距离。从状态(a)开始，系统经过一段时间后到达状态(b)，短DNA比长DNA移动得更远。图(c)表示一个真实的实验结果，把含有多种不同长度的DNA的混合物在一条高聚物凝胶上分离开来：右边的数字表示相应的DNA中碱基对上的长度，并可以清楚地看到每个长度产生了良好分辨的分离带(图(c)承蒙A. Vologodskii提供)

　　让我们考虑，例如，分离不同长度的线性DNA链。我们是否可以推算出电泳运动的速度如何依赖于链长N？为了得到这一个想法，我们将探索两个极限情形。首先，假设电场很强。我们顺着DNA分子的前端向前移动，并创造出新的管道。这一末端将花费更多的时间沿电场方向行进，而不是横穿它，或者更不可能逆着它运动。因此，链将趋向于在电场的方向上拉伸(图13.12(a))。拉伸力f正比于N(因为链上的总电荷正比于N)。现在，整个链的摩擦系数μ_t也正比于N，正如我们讨论蛇行模型时谈到的。这是很遗憾的。在强电场中的运动速度最终是独立于N的，即

$$v = f/\mu_t$$

也许我们会在较弱的电场中更为成功？DNA分子在这种情形下不会拉伸，而是保持为高斯线团的形状。该电场在空间上沿同一方向拉动链的不同部分，但这可能(并且经常如此)对应于沿着管道的不同方向(图13.12(b))。我们最终得到了一种拔河比赛。谁会赢？显然，这将是恰好在电场方向上向前移动的链末端(因此更长)。它施予的附加力与该末端的位移成正比，也就是$N^{1/2}$。然而，摩擦系数μ_t仍然是正比于N。

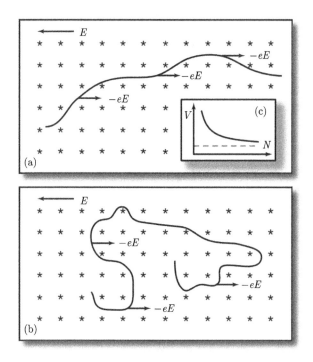

图 13.12　如果电场很强，凝胶中的DNA分子在电场中被拉伸（图(a)），而如果电场较弱，则仍然维持为一个未显著变形的线团（图(b)）；插图(c)显示了电泳速度v与链长N的关系曲线，对于长链，依赖曲线变得平坦，这意味着在恒定电场的分离只适用于中等长度的链

多么令人感到欣慰! 此时这两个依赖关系并不相互抵消, 我们可以求出, 沿着管道运动的速度v是

$$v_t = \frac{f}{\mu_t} \sim \frac{N^{1/2}}{N} \sim N^{-1/2} \tag{13.17}$$

(这是蛇行的速度. 不要把它与整条链的速度——我们仍然在寻找它——混淆!)

　　分子的质心移动得有多快? 假定链已经沿着管道爬行一段短距离Δ. 这个运动的结果可以方便地表示为, 你切下链的一端长为Δ的一小片, 并把它粘接到链的另一端. 当你切下这一小片后, 把它传送过$\sim N^{1/2}$的距离, 质心将移动的距离为$\sim N^{1/2}\Delta/N \sim \Delta/N^{1/2}$. 因此, 质心的速度比蛇行速度慢一个因子$N^{1/2}$. 于是, 我们得到了在弱磁场中质心的速度为$v \sim v_t/N^{1/2} \sim 1/N$.

　　更精确的计算证实了我们的答案. 它给出了如下公式:

$$v = \frac{q}{3\eta} \left[\frac{1}{N} + \text{const} \left(\frac{Eq\ell}{kT} \right)^2 \right] E \tag{13.18}$$

其中, E是电场强度矢量; q是每单位长度的DNA链的电荷; N是链的长度(以库恩段计量); ℓ是库恩段的长度; η为介质的黏度; "const"是一个约等于1的数字. $v(N)$图形被画在图13.12中的插图(c)中.

　　当N较小时, v对N的依赖性相当强. 然而, 它随着N的增大而变平, 变得可以忽略. 这意味着, 只有相当短的链可以很容易地分离. 当然, 如果减小电场, 就可以增大阈值长度. 然而, 这并不是很有帮助. 在一个非常弱的电场中, 整个过程将变得太慢, 这是不方便的, 可能会导致额外的问题.

　　为了克服其中的一些困难, 人们设计出了许多有趣的小技巧. 外加磁场周期性地关闭(或旋转90°). 电场经历一个周期所花的时间应该大致等于典型的管道更新时间, 即$\tau^* \sim N^3$(式(13.13)). 在这种情形下, 电泳运动只发生在具有大约正确的N数的链上. 还有二维电泳和许多其它变体. 一些聪明的改进被证明工作出色, 并能给出非常精确的结果.

13.11　蛇行理论和在聚合反应中的凝胶效应

　　蛇行理论能帮助我们了解自由基聚合反应中的**凝胶效应**. 我们在第3章中描述了聚合是如何发生的. 假设我们在尚未聚合的单体的溶液中加入了一些引发剂, 反应就开始了. 首先, 生长链出现在一种稀溶液中, 单体分子在其中扮演了溶剂的角色. 随着时间的推移, 越来越多的单体分子参与了反应. 链的浓度增大, 它们开始重叠, 这是当溶液变成半稀溶液的时刻. 从这一时刻起, 链的运动

特征发生变化，它们开始以蛇行方式移动。正如我们已经证明的，这意味着高聚物链的扩散速度大大减慢。

另一方面，由于扩散的结果，在两条链的两个末端的两个自由基碰巧相遇、反应、并形成共价键时，高聚物链停止生长(见第3章)。显然，如果扩散减慢，链端的这种相遇也就变得不那么频繁了。

因此，你可能会期望，一旦链开始重叠，聚合反应应该进行得更快。链本身应该能生长得更长，因为它们的生长不会像以前那样经常停止。

的确，所有这些都可以被实际观察到，并且被称为自由基聚合反应中的**凝胶效应**。所发生的变化是非常强烈的。反应速率跳变了几个数量级，而高聚物的比例只增加了一点点。这种效应在蛇行理论被提出的相当长时间之前就被注意到了。然而，只有蛇行理论才对这种现象作出了适当的数学描述。

第14章 复杂高聚物结构的数学：分形

所以他得到了答案：
二又三分之二个工人……

S. 马尔沙克
(俄罗斯童谣)

"很好，"斯图亚特说，"你通常上午
上的第一门课是什么？"
"算术，"孩子们喊道。
"讨厌的算术"！斯图尔特大声说道。
"咱们跳过它吧。"

E. B. 怀特
《精灵鼠小弟》

14.1 物理学中的一点数学：物理学家如何确定空间的维度

布朗运动是对另一个非常有趣但尚未说到的故事的好起点。正如你所记得的，布朗粒子的位移(或高聚物链的末端距离)正比于与所经历的时间的平方根(或链的轮廓长度)。在一本关于高聚物的书中讲述关于**空间维度**的故事可能看上去令人惊讶。数学家们对这个主题已经研究了将近一百年，对它有了相当多的了解。然而，直到芒德布罗(B. Mandelbrot)在1977年和1982年出版了两本著作[47]之后，物理学才显得特别相关。我们在这里要避免太多的数学，基本上讲述物理方面的知识。

我们所生存的空间当然是三维的。我们都知道这一点，因为要描述任何位置都需要三个坐标，例如x、y和z。你可能也听说过，时间经常被认为是第四个坐标。因此，**时空**是四维的。二维空间只是一个平面，而一维空间是一条直线。然而，事实上，还有一些对象具有**分数维**!

让我们来考虑一个对象。作为合适的物理学家，我们可以想像它是由某些粒子组成的，让我们同意简单地称它们为"原子"。例如，我们可以想像一个由原子构成的体积晶格(例如晶体)、一块平面薄膜或一条直线链。这些对象的维数分别为3、2和1。我们可以用如下方法确认这是真的。取半径为R的球体，计算球体内部有多少个原子。比如，这个数字是$N(R)$。对于一个体积晶格，$N(R)$将正比于球体的容积，为$(4/3)\pi R^3$。同时，对平面薄膜，它将正比于通过中心的横截面面积πR^2；而对一条链，正比于直径长度$2R$。在所有这些例子中，正如你看到的，维度是由R的某个指数给出的，在每一种情况下都是**指数等于维度**。一般情形下，我们可以写

$$N(R) = KR^{d_f} \tag{14.1}$$

其中，K是一个与R无关的数字。为了去掉这个我们不感兴趣的常数，让我们对两边都取对数导数：

$$\frac{\mathrm{d}\ln N(R)}{\mathrm{d}\ln R} = d_f \tag{14.2}$$

这个公式定义的数量d_f称为对象的**维数**。更确切地说，它就是所谓的**分形 (fractal)维数**、**标度(scaling)维数**或**豪斯多夫(Hausdorff)维数**。(在数学中，你可能听说过很多其它的东西，例如计量维数、拓扑学维数等，但我们不想谈论它们。)

14.2 确定性分形或如何绘制娱乐图样

"那又怎样？"你可能会问。"方程(14.2)有什么用？我们现在不是有一个简单的概念，即在三维空间中有长度、宽度和高度，而是有一个复杂的公式，里面有导数和对数。这有什么意义？"

请看图14.1。这些模式图被称为谢尔宾斯基(Sierpinski)镂垫(根据波兰数学家Waclaw Sierpinski(1882—1969)而命名。他在20世纪初发明了这些模式图)。人们可以很容易地从图片中推断出规则，并用它来创建各种类似的模式图。在所有的例子中，有两种砖块，灰色的和白色的(当然也可以使用彩色砖)。基本砖块可以是正方形(例如，见图14.1(a)和(c))、三角形(如图14.1(b))或任何其它类型的形状。例如，让我们来看一下镂垫图14.1(a)，很容易根据白色和灰色方块做出左边

的图形。现在我们可以把这种图形看成是一种新的大灰色砖。然后，让我们用这些大灰砖和同样大小的白砖，做成同样的图形。很明显，我们可以循环往复地继续这样做下去。当我们制作更大的图形时，不仅白色的"洞"更大，灰色区域也更大。

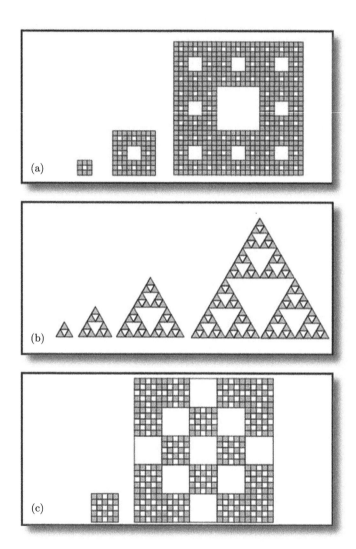

图 14.1　谢尔宾斯基(Sierpinski)镂垫——简单的自相似分形图案几何模型

其实，人们在很多年前就知道这种模式图。请看图14.2。该图显示了在意大利的Anagni村的教堂(建造于1104年)的马赛克地板，难道它不是类似于谢尔宾斯基镂垫吗？

假设灰砖是"原子"，而白砖只是空洞。我们能算出系统中有多少个"原子"吗？让我们仍然来看图14.1(a)中的镂垫：经过ℓ步，我们将拥有一个边长为3^ℓ的正方形，因此有$(3^\ell)^2 = 3^{2\ell} = 9^\ell$个初始基本砖块。第一个图形中有8个"原子"(即初始灰砖)。每走一步，就乘以8，所以在ℓ步之后变成8^ℓ。因此，如果一个正方形的边长为$R = 3^\ell$，则里面有$N = 8^\ell$个"原子"。经简单的代数可以给出$\ell = \log_3 R$，$N(R) = 8^{\log_3 R} = R^{\log_3 8}$。因此，公式(14.1)或(14.2)告诉我们，在图14.1(a)的情形下，谢尔宾斯基镂垫的维数$d_f = \log_3 8 = 3\log_3 2 \approx 1.89$。

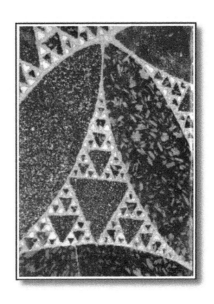

图 14.2　在意大利Anagni村的教堂(建造于1104年)地板上可以看到的分形模式图[本图承蒙H. E. Stanley同意，经施普林格科学与商业媒体公司许可转载自著作：Dietrich Stauffer and H. Eugene Stanley, "From Newton to Mandelbrot: A Primer in Theoretical Physics (从牛顿到芒德布罗：理论物理学引论)", Springer, 1995]

类似的计算可以推导出图14.1 (b) 中的镂垫的维数为$\log_2 3 \approx 1.58$，图14.1(c)中的镂垫的维数为$4\log_5 2 \approx 1.72$。

因此，谢尔宾斯基镂垫是一种简单的具有**分数维**的对象模型。当然，当我们试图确定这些镂垫的维度时，长度、宽度和高度这些朴素的概念都帮不到我们。从这些朴素概念的观点来看，非整数维度与一些粗心的小学生偶尔会求出人数为分数的答案一样荒谬。但是镂垫确实有分数性的非整数维！

那么，分形维数的物理意义是什么呢？由于$N(R) \sim R^{d_f}$，那么d_f的值越大，就可以把更多的"原子"装进系统的固定容积中，因而空洞就更少。在这个意义上，可以说，分形维数表明系统的"空洞度"怎么样。更准确地说，由于在一个谢尔宾斯基镂垫平面上的灰色砖块的最大数目正比于$N_{\max} \sim R^2$，在二维平面绘制的系统的实际"空洞度"值是$2-d_f$。的确，你可以用肉眼看到，图14.1中最"空洞"的是镂垫图(b)，它真的具有最低的维度。

顺便说一句，从我们所说的可以推导出，如果系统处于一个平面中，它的维数是$d_f \leqslant 2$。类似地，在一个三维空间中，$d_f \leqslant 3$，依此类推(如果一个分形处于另一个中，则有$d_1 \leqslant d_2$！)

人们可能会问这样的问题。"空洞度"是否可以用更简单的方式——例如借助于密度——来描述？遗憾的是，它不能。取图14.1(a)中的镂垫为例。在第ℓ步，灰块是散布在该区域的$8^\ell / 9^\ell = (8/9)^\ell$部分。这是最自然地被认为是密度的东西。你可以看到，由于8/9< 1，当ℓ增长时它趋于零。这并不奇怪，这是一般规律。密度正比于$N(R)/N_{\max}(R) \sim R^{d_f-2}$，即取决于$R$，并且只要$d_f < 2$(或者，更普遍的是，只要$d_1 \leqslant d_2$)，就会随着$R$的增大而趋于零。

写一个计算机程序来绘制谢尔宾斯基镂垫是很容易的。你只需要做的是设计一个能绘制基本砖块的第一个形状的子程序。然后你就只需要在每个后续阶段递归调用这个子程序。换句话说，可以运用俄罗斯套娃——传统的俄罗斯玩具小娃娃，可以把一个套在另一个中——的思想。这个原则不仅适用于谢尔宾斯基镂垫，也适用于许多其它的模式图。它们中的一些很漂亮，而且它们都是**自相似**的。

14.3　自相似性

想像一条理想的几何直线。取一小段，比如说，1cm长。现在，"放大"，并以更大的比例来看它。你看到了什么？同样的一条直线。你可以对几何平面做同样的事情。用另一种方法来看这个，请检查一条用铅笔或绳或线制成的真实的物理直线。你可以使用放大镜，然后用显微镜，在越来越高的放大倍率下观察它，你所看到的仍然是一条直线，直到你可以开始辨认出它的宽度或构成它的"原子"。

谢尔宾斯基镂垫具有相同的性质。在图14.3中有两个不同的镂垫。其中一个是从另一个经由两步获得的。首先，把较小的块使用如图14.1所示相同的"递归"过程放在一起，构成较大的块。再把由此产生的形状按比例缩小到1/2。然而，看看图14.3，你很难判断哪个图片是哪个！这就是我们所说的**自相似**

性(self-similarity)。

图 14.3 自相似性的思想。两图中的一个是另一个按几何学缩放比例而得的。真的很难说,哪个是哪个!

因此我们可以看到"**分形(fractal)**"这个词就是意味着一个自相似的对象。

自然界中有分形吗?如果有的话,它们的物理意义是什么?那么高聚物和这些有什么关系呢?在尝试回答之前,让我们来想一个稍微不同的东西——有没有并不自相似的几何学图形?当然有。取一个圆为例。在大的显示比例上,它看起来像一条直线,而在小的显示比例上它更像一个点(图14.4)。显然,这两者之间没有任何相似之处!这就是关于自相似性的问题如此重要的原因。

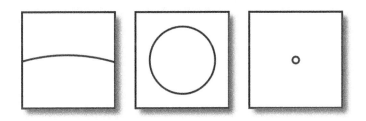

图 14.4 圆不是自相似的:这是它在不同放大倍数下看起来的样子

14.4 天然分形

图14.5显示的似乎是一个花菜头的两张照片。实际上,我们是先拍摄了一张整个花菜头的照片,然后从花菜上剪下一枝,再从更近的地方拍摄了另一张照片。照片上的钢笔显示了比例,如果没有它在那里,就很难区分这两张照片。把

摄像机移得更靠近物体，完全类似于进行了一个相似性变换。因此，花菜是一个自相似的物体——一个天然分形。

图 14.5　花菜和它的一部分看起来彼此相似，图中用一支钢笔显示了比例：左、右两张照片分别显示完整的花菜和它的一枝花

这个实验有一个很好的副作用——我们剩下了美味的花菜！在下一个实验中，我们将只剩下垃圾。取一块铝箔，把它切成不同大小的小方块。再把它们揉成小球，并测量小球的直径。然后把小球扔掉……(或回收它们)。图14.6显示了一个小球的直径D与制作它的正方形的大小之间的关系曲线。该图是在对数刻度上绘制的，也就是说，我们在坐标轴上画的是$\ln D$和$\ln a$，而不是D和a，虽然轴上表示的数字对应于D和a本身。你可以看到实验点与一条直线很吻合[①]。因此，在很高的精确度下有

$$\ln D \approx \alpha \ln a + b, \quad \text{因此有} D \approx \text{const} \times a^\alpha \tag{14.3}$$

我们对截距b的值并不感兴趣，而我们感兴趣的是这条线的斜率，$\alpha \approx 0.88$，这表明了它是一个分形维数。

这都意味着什么？让我们回到公式(14.1)。铝的总量(质量或总原子数)在a那边取平方为a^2，即$N \sim a^2$。现在，这些铝被填充成直径为D的球体，所以，所

[①]当你寻找幂律依赖关系时，使用对数坐标是非常有用的。当我们在公式(13.1)中写出$N(R) = KR^{d_f}$时，我们肯定认为d_f是一个重要的量，而K通常不那么重要。因此，如果我们对两边取对数，就得到了$\ln N(R) = \ln K + d_f \ln R$，并可以期望直线的斜率$d_f$是我们感兴趣的，而截距包含着$K$的信息，因此每当我们需要拟合幂律时，我们就使用对数–对数图。另外，同样请注意，我们通用$\sim$符号来表明我们舍弃了所有的像K之类的前缀因子，只保留幂律；换句话说，我们在对数–对数图中只留了公式中负责斜率的部分。例如，我们会经常写$N(R) \sim R^{d_f}$，而不是写完整版式(13.1)。

以$R \sim D$。由于$D \sim a^{\alpha}$，我们得到了$N \sim D^{2/\alpha} \sim R^{2/\alpha}$。这意味着褶皱铝箔的分形维数$d_f = 2/\alpha \approx 2.27 < 3$。铝箔没有完全压扁，铝球内部有许多小空洞，这反映在维数小于三的事实上。如果我们有一把非常锋利的刀，切割时不会压扁铝片，我们可以仔细地把铝箔球进行切片，就会发现截面上的图案很像一个谢尔宾斯基镂垫上的孔洞的图案。因此，褶皱铝箔也是一个分形。

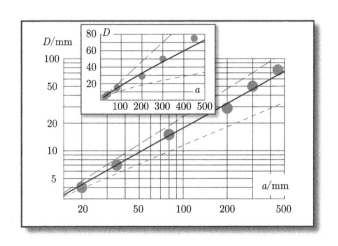

图 14.6　褶皱铝箔的直径D与正方形铝箔片的大小a的对数–对数图。点表示我们测量的数据。实线给出了形如$\ln D \approx -1.18 + 0.88\ln a$的最佳拟合，这表明一个幂律关系$D \sim a^{0.88}$，从而体现了具有分形维数$d_f \approx 2/0.88 \approx 2.27 < 3$的褶皱铝箔的分形结构。所显示的两个虚线是用于比较，它们分别对应于分形维数为2(展开的铝箔)和3(密实的材料块)的假想系统。插图是以线性比例显示相同的数据

　　图14.7中的插图显示了挪威海岸线的卫星照片。关于海岸线的长度我们能说些什么呢？我们决定要进行测量，并拍摄了三张不同的挪威地图。一张地图相当详细，比例为1:6 000 000。与此同时，另外两幅地图则不那么详细，比例分别是1: 12 000 000和1:25 000 000。这三张地图比较起来怎么样？比较粗略的地图丢失了该结构的细节，如小海湾和海岬。所以画在一个粗略的地图上的海岸线并不是精确的正确形状；你可以说是线条太粗了，无法显示真实结构中的所有的小"曲折"(请再看图14.7)。

　　我们能对地图上的海岸线的长度说些什么呢？当然，答案强烈地依赖于地图的详细程度。换言之，一艘航行于公海的大船在两点之间所航行的距离与一艘小船或独木舟是不同的，因为小船必须靠近海岸，并沿着海岸线的外凸和内凹而航行。使用上述三个地图测量图中两个小城之间的海岸线的长度，分别得

到22cm、10cm和3cm。这些结果以点显示在图14.7中。图中以对数形式画出了线的长度s与地图的比例尺m之间的函数关系，正如你所看到的，函数关系几乎是线性的：

$$\ln s \approx -1.4 \times \ln m + \text{const}, \quad 即 s \sim m^{-1.4} \tag{14.4}$$

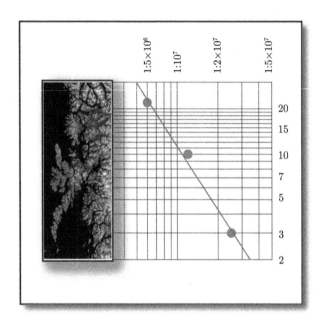

图 14.7　从地图上测量得的海岸线长度，依赖于地图的比例(图中以对数轴绘制)。插图显示了实际的海岸线，让人看出它是多么曲折。在主图中，横轴提供了地图的比例，而纵轴对应于在地图测得的距离(单位为cm)

由此我们推断，海岸线的分形维数d_f约为1.4。$d_f > 1$是什么意思？它表示实际的线条是"厚的"(见上文)。为什么$d_f < 2$？这是因为海岸线实际上不是一个平面(像一块织物那样)，而是一个将地球表面划分为两部分——海洋和陆地——的边界。我们应该提及，挪威并没有什么特别的，你可以挑选任何你喜欢的其它地方。只是挪威的海岸线很曲折，从一个非常中等的地图上就可以看到结果，而其它地方可能需要更多的工作。

读者肯定注意到了，我们提到的都是大众熟知的例子，而且故意描述的都是大家可以自己在家做的"实验"(花菜、褶皱铝箔和地理地图)。读者可以在其它书籍和因特网上很容易地找到许多更为严肃的例子，其中的对数图并非与我们的图14.6和图14.7不同，都跨越了许多个数量级。但我们希望这些例子足以让你发现，而且不难相信，也会有维数大于二的"粗糙"的表面。一些宇宙学家认为(不是开玩笑的！)，宇宙是一个维度大于四的"泡沫"。

现在让我们再看一眼我们讨论过的所有例子。你可能注意到它们可以分成两个不同的组。其中一些，就像谢尔宾斯基镂垫那样，当你对它们进行相似性变换时，会完美地与自身适配。这正是它们构造的方式。这一类分形被称为**确定性分形**，主要由数学家们在研究。与此相反，另一组分形只是**在某些平均统计意义上**是自相似的，这是根据模式的一般性质来判断的。大多数**"物理的"**分形都是这样的。

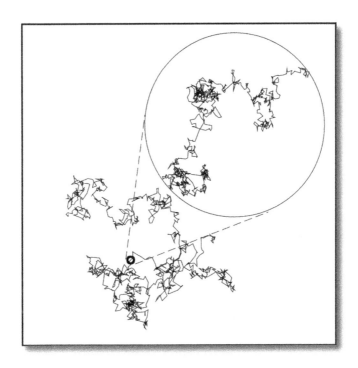

图 14.8 布朗轨迹在平均上是自相似的。随机行走(或自由连接的高聚物)是由计算机经过10^6步生成的。在主图中，每10^3步作为一个片段显示在一起，共有$10^6/10^3=10^3$个片段。在插图中显示了一个片段的"内部结构"，它里面有10^3步，看起来和整个图形很相似(本图承蒙S. Buldyrev许可)

也许，对于我们的目的来说，最重要的分形例子是我们在第6章中详细讨论过的布朗粒子的路径。一位实验学家如何测定布朗轨迹？他(她)把一台与照相机相连的显微镜聚焦到含有悬浮微粒的液体上，这些微粒被闪光灯照亮拍照，比如说，每秒钟k次。照相机胶卷上的结果实际上不是一条轨迹，而是一系列的点。

这些顺序相继的点通常用直线连接——不是因为粒子在做直线运动，而只是因为实验者无法做得更好，这样就给出了某种"拉直"或"粗粒化"的轨迹表示。你可以这样看待如图14.8所示的图像。想像一下，我们现在取一套更好的设备，例如一个更快的照相机，并使闪光灯和拍摄的频率是原来的两倍，每秒钟$2k$次。我们将看到的几乎就会是图14.8中的插图所示。我们会看到一条尺寸较小的轨迹，但大体上都是相同的。因此，布朗粒子的路径也是一个分形。

此时重新看一看图9.1是很有用的，尤其是看看图中放大后的插图。将它与图14.8进行的比较揭示出了线团和微球之间的根本区别：当我们把线图(图14.8)放大来看，仍然会看到一个线团；而当我们把微球(图9.1)放大来看，却看不到一个微球，而是看到一个高聚物浓溶液。有些人认为，微球的分形维数是3，因为其大小标度为$N^{1/3}$，这是错误的，微球并不是自相似的对象。

布朗运动和地理地图，宇宙和菜花——能把相距这么远的东西概括起来，数学真是令人惊讶…… 然而，让我们回到高聚物。这些东西怎么可能和它们有关呢？

14.5　简单的高聚物分形

第一个"高聚物"的例子是显而易见的。事实上，我们已经讨论了高聚物链是如何弯曲和缠结的，就像布朗粒子的路径一样。所以它必定是一个分形！

那么一条孤立的理想高分子链的分数维是多少？链中的粒子数，也就是单体单元数，显然正比于链的轮廓长度，即$N \sim L$。同时，根据式(6.3)，一个含N个单体的线团的尺寸为$R(N) \sim N^{1/2}$。换句话说，$N(R) \sim R^2$。因此，我们得到$d_f = 2$。

因此，自由高聚物链的分数维是二。虽然链是一条线，但它的维数表明它更像一个曲面。要理解这样一个令人惊讶的结果，请想像一下你把高聚物线团压平到一个平面上。例如，当高聚物被吸附在固体表面时，就发生了这种情况。或者，你可以想像在二维平面上的随机行走，例如，一个在森林中迷路的步行者。如果你有足够长的链(或路径)，它会大致均匀地散布在平面上(正是这个原因，步行者会不断地重复回到他/她已经到过的地方)。你可以把这种布朗轨迹想像成一条线。它一圈一圈地来回走动，渐渐地编织出一块布——当然，这是一个二维物体。与此相反，在普通的平滑线(例如直线)形状的分子在吸附过程中不可能把自己编织成任何一块布。顺便说一下，这就是它的维度只是一的原因。

下面我们将给出更多的例子。然而，即使是现在，我们也可以得出这样的结论：**自相似性和分形结构在高聚物和其它复杂系统中是一种常规而非例外。**

我们在第8章中讨论了一个实际的(非理想的)高聚物线团的膨胀——原因在于，每个单体都不是一个无穷小的点，而是一个可能很小但仍然具有有限大小的物体。我们已经看到，溶胀线团的大小是$R \sim N^{3/5}$。因此溶胀线团也是一个分形，其分数维$d_f \approx 5/3$。

到目前为止，我们已经讨论过了线性高聚物，但是对于分支高聚物我们能说些什么呢？当然，这在很大程度上取决于存在哪种分支。例如，如果你有一条很长的具有纤细侧支的链，你实际上可以把它当作一个线性高聚物来处理，只是单体单元稍微有点特殊。然而，一个更有趣的例子是随机分支的高聚物。你可以用如下方式来想像它。假设一个高聚物分子正在逐渐生长。在每一点上，它要么停止生长、要么分裂成两个分支。这样你就会得到一棵"树"[①]，有点像图14.9所示的那样。早在1949年，在加利福尼亚大学圣迭戈分校的Bruno Zimm(1920—2005)和在位于新罕布什尔州的达特茅斯学院的Walter Stockmayer(1914—2004)就发现含有N个单体的这种树的大小正比于$R \sim N^{1/4}$。因此，这种树是一个分形，其维数是$d_f = 4$。

图 14.9 一小片随机分支树。更大片的无法画在纸上，也无法装填到空间中

"这真是太不寻常了！"敏锐的读者可能会说。"我们以前从来没有遇到过大于3的维数。"很清楚，由于一条直线或一个谢尔宾斯基镂垫的维数小于2，它们可以被摆放在一个平面上。相反，三维物体不能放在平面上。同样，很自然地可以推想，四维树不能真正地装填在三维空间中。这个结论是正确的。在分支聚合过程中，一棵树会逐渐变粗，要么停止生长，要么停止分支；换句话说，它获得

[①]这里有一个相当好笑的术语混用："树"是我们普遍接受的用于所描述对象的单词，然而它的晶格模型被称为"格状动物"。这是否表明了见多识广的物理学家对生物的了解程度如何？

了越来越长的没有分支的部分(如果你在森林里或公园里四处看看，就可以说服自己，这对实际的树木确实是真的)。对于分子树来说，这种结构的增厚在某些情形下显得非常重要。例如，它会使血液在空气中变得更浓稠和凝结。任何曾割伤过手指的人都会感激这种效果！

　　当然，我们其实不需要讨论维数，就可以得出一条随机增长链在三维空间中增厚的正确结论。假设一个分子由N个单体构成，其大小约为$\sim \ell N^{1/4}$。每个单体占据很小、但是有限的体积v。于是全部单体所占据的体积的分率正比于$Nv/(\ell N^{1/4})^3 \sim (v/\ell^3)N^{1/4}$。所以它随着$N$而无限增大。另一方面，在实践中，一棵树只能达到单位为一的体积分数，而且肯定不能大于100%。所以，$N < (\ell^3/v)^4$总是正确的。这是很有趣的：线性高聚物可以，至少在原则上，不受限制地生长得很长；而随机分支高聚物不能这样，它的生长存在着实实在在的极限，极限在数值上可能稍大或稍小，依赖于分支长度ℓ和体积v，但是确实存在着这么一个极限。

　　这两种论证方式——第一种维度方式和第二种密度方式——哪一种更好？我们不想否认，目前对此有不同的看法。甚至本书的两位作者也就这个问题进行了多次讨论。欢迎你偷听我们的谈话(作者的名字缩写为A.和S.)。

14.6　为什么要关心分形？(两位作者某天如是说)

　　A.：我对分形上的这些东西有怀疑。感觉好像在冷天里走到了室外。读者从本章真正学到了什么新的思想？

　　S.：为什么这样说？他们会知道像高斯线团、溶胀线团和随机分支高聚物之类的东西都是分形。这本身就很有趣。我提醒你，生活中还有比高聚物更多的东西。听说过其它分形、不同物体的标度不变性，以及分数维的数学思想，这可能会很有意思。

　　A.：也许你是对的。但并不能从我们的文字中推导出你可以用分形来做什么，也不知道它们可以帮助解决什么新问题。

　　S.：是的，我明白你的意思。但我不认为这是我们的错！假设我们不局限于简单的例子，那么我们能想出这样的问题吗？

　　A.：问题是我们也不能。据我所知，没有人利用分形几何学发现了任何关于高聚物的新东西。它更多的是从一种旧语言翻译成一种新语言，而不是推导出新东西。当然，这是一种非常美丽的语言。

　　S.：恰恰如此！还记得我们放在第6章开头处歌德所说的"数学家就像法国

人……"吗？但是，说真的，我真正想强调的是这样。首先，它不仅仅只是有趣的——掌握描述同一事物的不同方法常常是有用的(别介意它们在数学上是一样的！)。这正是理查德·费曼(Richard Feynmann)在他的著作《物理定律的本性》(*Character of Physical Law*)[38]中阐述万有引力定律时所展示的。其次，物理学中有许多新成就(有时甚至是令人兴奋的成就！)不是用分形的语言表达的，而是用与之有着非常密切联系的**幂律**和**分数维**来表达的。

A.：是的，当然，在那一点上很难不同意你的观点。我们忍不住要提到诺贝尔奖得主K. 威尔逊(K. Wilson)关于强烈波动系统的性质的工作。原来的主要问题是，波动无法"放进"三维空间，但随着维度的增加，情况变得简单了。即使在四维上，它在某种意义上也变得稀松平常了。那么威尔逊做了什么？他观察波动在维度为$(4-\varepsilon)$时的行为如何。如果ε是小的，则我们接近于简单的情形。然后他发现，即使你观察维度为3.99的情形，在现实中($\varepsilon = 1$)所发生行为的主要特征也可以被观察到。

S.：多么可爱的例子啊！我正好也想到另一个诺贝尔奖获得者，P. G. 德热纳。他的想法，所有那些关于标度和链团的东西，都被证明对高聚物是如此的富有成果，也都与自相似性和幂律联系在一起，不是吗？

A.：它们当然是的！但它们与所有这些关于谢尔宾斯基镂垫和花菜的轻松讨论有多少联系，则是一个见仁见智的问题。我提醒你，我们甚至没有解释幂律是如何进入这个问题的。

S.：说得好。那么，让我们给读者一个机会，来判断它们之间有什么联系，以及达到了多大程度。现在就让我们来讨论幂律吧。

14.7　为什么幂律描述了自相似性，以及这在高聚物物理学中有何用途

从本章第一个方程(14.1)开始，我们在这一章中遇到了相当多的**幂律**。请看图14.6和图14.7。这些图在对数坐标中是线性的，这意味着它们表示了幂律关系曲线。这使我们得出结论：所讨论的物体是分形，也就是说，它们是自相似的。

就高聚物而言，问题是要决定链是由什么单体单元构成的。"这真是个愚蠢的问题。"一个化学家会说，"如果一个化合物的化学式是A_N，它是由许多A分子构成的，那么A肯定是单体单位。"然而，为什么你不能把分子两两连接起来，然后把这$N/2$个二聚体A_2连接起来呢？或者，为什么不将三个单体——如此等

等——的单元组连接在一起呢？于是有

$$\mathcal{A}_N = (\mathcal{A}_2)_{N/2} = \cdots = (\mathcal{A}_k)_{N/k} \tag{14.5}$$

在这种情形下，甚至没有必要谈论合成。让我们取一条链，选择特定的一小段，比如说最初由g个单体组成的，并把它看作是新的"单体单元"（图14.10）。然而，性质不应该依赖于我们描述结构的特定方式，也就是说，不应该依赖于g。这是如何得到的呢？

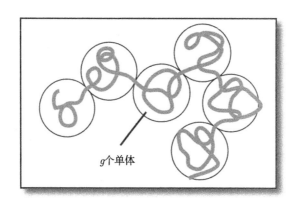

图 14.10　高聚物线团中任意数量的连接可以被认为是"新等效单体"，这种新单体通常称为链团

让我们来计算高聚物链两端之间的距离。我们已经知道，对高斯线团有$R \sim \ell N^{1/2}$——见公式(6.3)或式(6.11)。现在，如果我们以大小为g的"新"单体单元来讨论，我们应该仍然得到同样大小的R，这应该是由相同结构的公式所表达的，只是借由新"单体"的大小ℓ_g和新的单元数目N_g来表示：

$$R = \ell_g N_g^{1/2} \tag{14.6}$$

那么ℓ_g和N_g是什么？首先，$N_g = N/g$。而对于ℓ_g，我们必须按如下方式思考。每个新单体本身都是一个微小的高斯线团。因此，ℓ_g对这个微小线团扮演着R对普通线团同样的角色。因此$\ell_g = \ell g^{1/2}$。把所有这些论证放在一起，我们得到

$$R = \ell_g N_g^{1/2} = (\ell g^{1/2}) \times \left(\frac{N}{g}\right)^{1/2} = \ell N^{1/2} \tag{14.7}$$

确实，它不依赖于g！

我们猜想你可能想对溶胀线团(我们在第8章讨论过)进行同样类型的证明感兴趣。我们可以对此证明$R = bN^{3/5}$，b是一个合适的不依赖于N——即只与单体关联——的长度标度系数(见公式(8.14))，还可以对随机树证明有$R = bN^{1/4}$。你可以自己看到幂律确实对应于自相似的对象，即那些含有g个单位的对象是与整个物体一样以相同的方式构造的(与整条链一样服从相同的幂律)。

这一切对我们有什么用处吗？是的，当然，有很多用处！例如，看如下问题。取一个实际的高聚物线团。我们实际需要知道的只是它的大小，$R = bN^{3/5}$。现在试着把它"挤"进直径为D的毛细管中，如图14.11所示。你可以翻看一下第8章，看到关于具有排除体积的实际高聚物线团的甚至很简单的问题也是非常复杂的。而且，如果把该线团放在毛细管里，连想一想怎么开始都很困难。然而，想像一下，处理这个问题的德热纳在利用自相似性的思想时是怎么做的。他

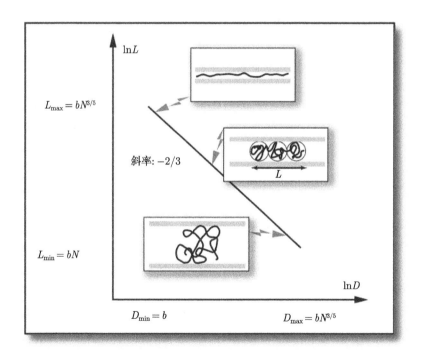

图 14.11　毛细管中的真实(自回避)高聚物链。管道的被占据长度L与管的直径D的对数-对数曲线是线性的，从而表明该结构的自相似特征。典型的链构象示意性地显示在小插图中。在最小的可能管道直径——约为一个单体($D_{\min} \approx b$)——的情形下，高聚物链是几乎完全拉伸的($L_{\max} \approx Nb$)。另一方面，在大D($D \geqslant D_{\max} \approx bN^{3/5}$)情形下，该高聚物不受管道的影响。在这中间，高聚物可以被视为一系列的链团，这样在每个链团内的链就不受影响，而链团链则被完全拉伸

可以按其喜欢的方式随意选择单体单位。假设g是使单体单位的大小等于毛细管的大小时——即$bg^{3/5} = D$时——的值，于是$g = (D/b)^{5/3}$。对这样的单体单元的技术术语是"**链团**"。显然，这样的链团会沿着毛细管一个接一个地排列，就像火车的车厢一样[1]　。由于每个链团的大小是D，并且它们的数量是N/g，那么高聚物沿着管道的长度为

$$L \simeq D\left(\frac{N}{g}\right) \simeq ND^{-2/3}b^{5/3} \tag{14.8}$$

就这些吗？是的，它就是这样！极其简单却又正确无误！

有一个确实值得养成的良好习惯。每次当你遇到一个公式，不管它多么简单，对一些更简单的极限情况进行尝试并"对它获得一点感觉"是一个好主意。这对方程(14.8)意味着什么？这里有两个极限情况。设想一个宽敞的管道，它的宽度与线团的大小相当。显然，它对线团没有影响。这正是我们从式(14.8)得到的：如果$D = bN^{3/5}$，那么$R = bN^{3/5}$(对于更大的D值，方程(14.8)当然不再有效)。现在假设相反的情形：这个管道窄得和一个单体一样。那么链就不可能弯弯曲曲，必须伸展成一条直线。这也是很容易从式(14.8)推导得到的。的确，如果$D = b$，则有$L = Nb$。

也许，我们关于分形讲得有点太多了，但是还有两件事我们不能错过！

14.8　高聚物中的其它分形，分形中的高聚物

想像一下，连同烟雾一起从烟囱里飞出来的烟尘中的小微粒。这些微粒是黏乎乎的(如果你不相信，请触摸它们，然后试着洗手！)。当两点烟灰互相撞击时，它们会黏在一起，形成一个更大的微粒。它继续飞着，遇上越来越多的黏乎乎的"伙伴"，并生长得越来越大。因此，我们最终会得到相当大片的烟尘。它们有的在烟囱里积累，有的则飞走了。如果你想到烟尘微粒的结构是自相似的，也就是说它是一个分形，那么是的，你是正确的。

另一个例子是雪花。说到雪花，我们想给你们推荐一点读物：开普勒的短文《论六角雪花》。这篇文章的作者的确就是发现行星轨道三大定律的开普勒(传说

---

[1]这里可能出现一个问题。如果我们来看在相同的毛细管中的理想高斯线团问题，那又如何呢？在这种情况下，和往常一样，我们会选择一个管道大小的链团，即$\ell g^{1/2} = D$，所以$g = (D/\ell)^2$。然而，这些链团现在可以自由地互相穿越。这就是为什么方程(6.1)对管道中的链团链的随机"行走"无效，我们必须使用(6.2)作为替代。它使我们推导得到$L = D(N/g)^{1/2} = \ell N^{1/2}$。因此，压缩在一个管道中的一个理想高聚物不会在管道的方向上变得更拉伸。

他是把这篇文章作为圣诞礼物而写的，就是在这篇文章里他提出了著名的关于微球最密堆积的"开普勒猜想"——这一猜想在400年后才被数学证明)。

不过，让我们把烟尘和雪花都搁下吧。对我们来说真正重要的是，许多高聚物物质和材料都是以非常相似的方式形成的，物质的小片一步一步地粘接在一起。例如，以吸墨纸或滤纸为例。它是由一种复杂的孔隙和通道的分形结构组成的。在某种程度上，它看起来像一块褶皱箔片，尽管整个物体更小(分数维略有不同)。

也许我们不应该再谈论这些材料，而是讨论它们在实践中如何使用，这将引导我们进入问题的另一方面，"分形和高聚物"。

具有复杂分支孔隙的介质可用于纯化和分离高聚物。

这是因为不同长度和不同化学结构的链在这样的一种介质中会以不同的方式移动(参见凝胶电泳，14.10节)。因此，出现了一个问题，普通的线性高聚物在分形介质中的行为如何？让我们取一个简单的模型，穿过谢尔宾斯基镂垫中的灰色小图形的随机行走。像式(6.2)这样的方程会发生什么变化？均方位移，即高聚物链的末端距离是多少？我们希望你在期待着对线团的大小与链的长度的依赖关系会得到某个幂律，即$R \sim N^\nu$。唯一的问题是，ν等于多少？我们建议你在电脑上玩这个游戏。它既有趣又有启发性。我们在此只想说到$\nu = d/2d_s$。这里的d_s是由某种能沿着用小弹簧制成的分形所传播的声波所决定的。它也依赖于"弹性"分形在较低的温度T下的热容量$C(C \sim T^{d_s})$。谈论这一切是很有趣的。遗憾的是，虽然我们的书是高分子聚合的，但它不是弹性的!)。

14.9 几何学与分类

也许每个青少年都经历过兴奋地阅读儒勒·凡尔纳(Jules Verne)的科幻冒险小说的时期。儒勒·凡尔纳的最有魅力的人物角色之一是《格兰特船长的儿女》中那个心不在焉的科学家雅克·帕噶乃尔(Jacques Paganel)。事实上，这样的人物出现在凡尔纳很多其它的小说中——或许是冠以不同的姓名。在凡尔纳的描述中，帕噶乃尔作为一个科学家所做的事情，是收集所有东西——岩石和虫子等——的样品并进行分类。确实，任何研究学科的分类都是科学中的一项重要任务，而寻找自然分类通常是一次重大的科学飞跃。来自不同领域的一些经典例子有助于说明这一点。俄罗斯化学家德米特里·门捷列夫(Dmitri Mendeleev)在1869年中发现了化学元素的自然分类，它具有周期表的形式，即可以画在平面上。地理信息的自然分类是通过地图实现的，而且如果我们谈论整个地球或其一大部分，自然地图就是一个地球仪，正如我们所知道的，自从1522年麦哲伦探险完成之后，地球仪就是在一个球体上绘制的。生物的自然分类法是由卡尔·林奈(Carl Linnaeus)在17世纪中期发现的，它具有一棵树的形式；我们不想吓唬读者，但是该树可以绘制出来的天然地方是非欧几里得的罗巴切夫斯基(Lobachevsky)平面。

因此，我们看到，自然分类总是与寻找适当的基础几何有关。从这个意义上说，分形几何的发现极大地拓宽了我们对各种物体进行分类的能力。

第15章　高聚物、进化与生命起源

关于狐狸我们知道什么？
——什么都不知道。而且并非我们所有人
都知道这么多。

B.扎克霍德(B. Zakhoder)
(俄罗斯儿童诗)

我说不出真相是怎样的；我只是
按照我所听到的而讲这个故事。

沃尔特·司各特

　　毫无疑问，对进化的思考和研究确实提升了我们的精神，开阔了我们的视野："对能够做研究的生命物质来说，生命物质是最有趣的研究对象！"(列夫· A. 布鲁门菲尔德(L. A. Blumenfeld))。此外，这是一个非常宏大的主题，我们别无选择，只能用比本书中的任何其它内容更宽大的笔触描述它。然而，有一个非常特殊的原因，让我们必须触及进化论。

15.1　为什么在一本关于高聚物的书中讨论进化

　　查尔斯·达尔文(Charles Darwin)在1859年出版了他的《物种起源》第一版。从此之后**进化**就成为对所有生命科学的主要组织原则；多勃赞斯基(T. Dobzhansky, 1900—1975)有一句熟为人知的话："如果没有进化论的光芒，生物学中的任何东西都没有意义"。

　　要看到进化的发生，人们不必一定要去古生物博物馆。例如，每年都会发生流感疫情，正是因为病毒的进化；实际上，对于它们来说，我们的身体是它们生存的地方，而它们的进化会选择出它们之中最适合生存的，这恰恰就造成我们最大的麻烦。类似地，细菌的种群也在我们使用药物的驱动下进化，这就是为什么，例如，在几十年希望用抗生素战胜它们之后，肺结核却呈上升趋势。

也许最令人印象深刻的进化例子是我们的身体对流感或相似传染病的反应。最初的症状对每个人都很熟悉：头痛，身体疼痛，眼睛疼痛，流鼻涕，我们只想呆在床上，这种情况持续几天，然后……然后我们感觉好起来。这个奇迹是怎么发生的？事实上，我们体内发生了……是的，进化。我们将不详述细节，一句话来说就是，我们免疫系统的细胞发生了进化，获得一种全新的识别和消灭恶毒入侵者的能力。

因此，进化是一个事实，它的许多方面不需要亿万年。但达尔文在书中所说的远不止于进化的事实。他说，进化主要是通过自然选择驱动的，著名的"适者生存"（达尔文著作的全称是"论依据自然选择的物种起源"）。这一观点在20世纪20~50年代被明确地解释为所谓的现代进化综合论，或新达尔文主义，或合成进化论——达尔文进化论与孟德尔遗传学的逻辑结合体。它是由罗纳德·费希尔（Ronald Fisher，1890—1962）在英国发起的，其主要思想是人口遗传多样性的作用。在这幅图景中，自然选择通过给种群中出现的基因型的某些版本提供相对的竞争优势或劣势而起作用，结果是种群作为一个整体在统计上被驱动朝向更大的适应性。这个思想可以用**适应度景图**(fitness landscape)的概念很好地展示，这一概念与我们在10.8节讨论的自由能景图非常相似，只是物理系统倾向于自由能最低，而生物学家喜欢高适应度；因此负自由能就类似于适应度——这一概念是由塞沃尔·赖特（Sewall Wright，1889—1988）在20世纪30年代引入的。棘手的部分是选择压力作用在表现型(phenotype)上，而基因型(genotype)是遗传的，基因型和表现型之间的关系不是一对一的。虽然如此，进化最终可以被认为是代表种群的基因型云在适应度景观图上的扩散[22]。这种统计进化理论的发展是一个真正的挑战，可用这一事实证明：当时世界上最卓越的数学家之一，莫斯科大学的安德烈·N·科尔莫哥洛夫（Andrey N. Kolmogorov，1903—1987）积极参与了这一理论的发展。

当这种进化合成被提出时，人们还不知道基因是什么。从这个意义上讲，合成进化理论的发展可以与热力学的早期阶段相比较：例如，傅里叶没有任何关于热的知识，就编写出了正确的热传导方程(并发展了强大的求解方法——傅里叶级数)。但是一旦理解了热的分子本质，热力学科学就在统计力学中得到了它的自然基础。同样地，一旦基因的性质——是编码特定蛋白质的DNA序列——被理解，它就为在分子水平上理解进化打开了大门。由于涉及的分子是DNA、RNA和蛋白质这些生物高聚物，我们当然应该在本书中触及这个话题。这就是为什么我们邀请读者参与关于进化的物理学基础的讨论。

15.2　进化的分子现象学

15.2.1　系谱树，其根：卢卡

因此，在分子水平上，生物的进化是——至少部分上是——关于**在生物高聚物一级结构上的变化**。

对物理学的一个重要问题是，DNA双螺旋的形状实际上并不怎么依赖于单体的序列(这是因为碱基对是互补的，并隐藏在双螺旋内)。从这个意义上说，DNA就像一张纸或一个计算机存储器——一种适合记录任何信息的介质。正是这个原因，DNA"文本"才能被改换。否则，进化的结果将不是最适合的生物体，而是具有更低能量的DNA分子。相反，蛋白质的三级结构强烈地依赖于其一级结构，这使得不同的蛋白质能执行那么多不同的功能，并且不允许蛋白质作为遗传信息的存储器。

通常情况下，DNA序列和蛋白质序列集在特定细胞的生命期内不发生变化，但时不时地由于突变、复制错误和其它机制，而确实并不频繁地发生变化。它会导致什么？

对生物高聚物的大规模测序和相应的丰富数据库的成长，产生了前所未有的数据财富，来分析不同物种甚至不同个体的遗传"**亲缘度(closeness)**"。

例如，取来自于血红蛋白(英语为hemoglobin或haemoglobin)——一种存在于红血细胞中的球状蛋白，负责将氧气从肺或鳃输送到其它组织和器官——的氨基酸序列为例。在人类种群中，已经知道大约有10种版本的血红蛋白序列，其中一些是功能性等价的，但有一些在氧输送功能方面表现出中度的效能降低(这对某些个体，通过例如具有更好的疟疾耐受性，而部分地得到了补偿——这就是为什么这个遗传版本在疟疾广泛传播的地区更为常见的)。这证实了种群遗传多样性的思想。但是所有这些血红蛋白序列仅在一个或两个位置上有差别。现在来比较一个人、一匹马和一条鲨鱼的血红蛋白。在141个"字母"(氨基酸)中，人和马有123个是相同的，只有18个不同。与此同时，人类和鲨鱼的氨基酸相同的约为62个，不同的约为79个。可以推测，这表明我们与马的关系比鲨鱼要密切得多！

在已在数百个物种上测序的几千种蛋白质上进行了类似的比较。蛋白质的一级结构被精心地收集和编制目录。毫无疑问，比较由含20个字母的字母表所编写

的"文本"要比处理真实生物——无论是现存的或灭绝的——容易得多。最重要的是，对序列的比较可以公式化并委托给计算机处理。这种分析的结果被用来重建物种的"家谱"树。现在已经确认，生命存在着三个主要领域——古细菌、细菌和真核生物，并且有非常令人信服的证据证明，整个树是从一个单一的树根生长出来的。这意味着，所有生命都起源于共同的祖先，因此，在很久以前，一定有一个**最后普遍共同祖先(Last Universal Common Ancestor)**，一个叫卢卡(LUCA)的有机体。

关于卢卡的思想在20世纪60年代开始具体化，当时遗传密码刚被破解，并表明在整个生物圈中都是通用的(虽然有一些边际变异)——这很自然地被解释为共同祖先的一个标志。现在，卢卡的思想似乎已经很成熟了，尽管它的遗传特征和其它特征还不清楚。

实际上，事情比我们刚刚描述的要复杂一些。的确，有证据表明一些遗传物质可以以不同于直接祖先的方式转移，这就是所谓的**水平基因转移**。它可以由病毒或其它手段来实现，但无论什么机制，最终它意味着系谱树并不真的是一棵树，而是某种网络。但是，树是一个不错的一级近似——在此对我们来说是足够好了。

15.2.2　进一步观察

我们还可以从序列研究中学到什么呢？有许多观察结果，但似乎很难把它们纳入一个系统。我们只根据自己的主观品味，选择几个例子列在这里。

对不同种类的蛋白质进行互相比较时，有一些类型的蛋白质具有更多的共同特征，有些则很少。例如，所谓的组蛋白之间的差异远远小于，（例如）血纤肽(fibrinopeptides)之间的差异。这告诉我们一些关于进化历史的东西。的确，这是完全合乎逻辑的，组蛋白所做的工作(把DNA链打包塞进染色体中)必须出现得比血纤肽负责的工作(凝血)更早；DNA的打包是一个古老的进化发明，因为它存在于所有的真核细胞(包括非常原始的)中，而血液和凝血当然是相对更近的进化成果。我们还可以得出结论，DNA打包机器在进化的最近阶段并没有多少进化。

下面是另一个有趣的观察例子。想像一下，你有一个球状蛋白，把其中一个不在活性中心的疏水氨基酸替换为另一个疏水的，或者把一个亲水的替换为另一个亲水的(参见5.7节)。那么，最有可能的是，这样的替换并不会带来很多麻烦：蛋白质微球的三维结构不会被冒犯，蛋白质仍然能够完成它的工作。在这里，"最有可能"并不意味着"总是如此"，存在有例外，有些蛋白质与遗传病相关，因而是不合适这样做的。但总的来说，蛋白质具有显著的抗突变的稳定性，正如我们已经在10.6节讨论过的。

遗传编码似乎也有一些纠错功能。一个特别的性质是沃尔肯斯特因(M.V. Volkenstein)所注意到的，几乎不可能是偶然的。为了解释这一点，让我们想像我们有一个基因——编码特定蛋白质的DNA序列。如果一个DNA核苷酸意外地被另一个替换，则有超过一半的概率(事实上大约为2/3)将导致最安全的替换，即在所编码的蛋白质中出现疏水残基–疏水残基或亲水残基–亲水残基替换。

15.2.3 幂律

最近(2003年)，尼姆维根(E. van Nimwegen)比较了几百个物种并注意到了某些我们在关于分形的第14章中谈及幂律时所没有包括的东西[1] 。人们认为更为复杂的生物体通常会具有更长的基因组，这似乎是合理的；细胞内蛋白质类型的数量与基因组长度会呈线性增长，这听起来也并不令人惊讶。但是如果我们专门察看涉及调节DNA活性的蛋白质，例如转录因子，它们在细胞中的数量与基因组长度的**平方**成比例增长！大家都知道，不论系数A和B如何，Ax^2的增长速度都比Bx要快，这意味着用于基因组调控之外的蛋白质的分率会**降低**。此外，如果这种标度继续存在，则在某个基因组长度上，当所有蛋白质都是调节蛋白而没有其它类型的蛋白时，就必然发生灾变。这就像在一个企业中，如果全体员工中管理者的比例随着公司规模的增加而增加，那么灾难就不可避免：当达到某个规模时，因为所有的员工都在互相管理，公司就无法做任何事情了。通过对分形的研究，我们知道系统必须跨越一个完全不同的标度体系(如图14.11所示)。这在进化中是如何发挥作用的？——我们还不知道。

在蛋白质的序列和结构之间的关系——基因型与表现型之间的经典生物学关系的分子对应关系(见5.9节)——中发现了另一组与进化相关的幂律。实际上，有许多——有时甚至成百上千——的序列可以编码本质上相同的构象。为了在数学上描述，让我们假设我们已经对能编码给定构象S的序列进行了计数，而这样的序列数目是$k(S)$。进一步，我们把满足$k(S) = n$的构象S的数量称为p_n；换句话说，p_n是能由n个序列所实现的结构的数目。然后结果表明$p_n \sim n^{-\gamma}$，其中γ通常为2左右。

此外，如果我们从蛋白质构象而非序列的角度来看待进化，那么也可以看出幂律和潜在的分形性质。在此，我们应该提到，蛋白质的构象看上去似乎已经

---

[1] E. van Nimwegen, "Scaling Laws in the functional content of genomes(在基因组的功能性内容中的标度定律)", Trends in Genetics, v. 19:9, pp. 479–484, 2003.

由某种方式选择好了。我们在11.6节中已经讨论过其中一个方面：含有结的构象
与随机情况下相比，似乎是低表达了。但除此以外，正如英国剑桥大学的乔希
亚(C. Chothia)所指出的，蛋白质中的特征构象数量相对较少，不超过几千(他的
论文[1]有一个有趣的标题："分子生物学家的一千个家庭")。此外，结果表明这些
已被选中的蛋白质构象形成了某种自相似网络[2]。

　　这里，我们指的是以前没有触及过的分形科学的一个分支。为了介绍它，让
我们想像在一张(很大的)纸上给居住在地球上的每一个人画一个节点，然后，当
且仅当相应的两个人曾经握过手时，就用一条线连接这两个节点，这样我们就得
到了一个网络。另一个例子是全体物理学家的网络，如果两个物理学家发表过一
篇共同作者的论文，那么就把他们对应的两个点连在一起。演员网络是通过给曾
参演同一部电影的任何两个演员建立一个连接而获得的。国际互联网已经是一个
网络，它的连接是从一个站点到另一个站点的链接。还有电力网、细胞生化过程
中的网络，等等。最引人注目的发现是大约在1999年，主要是在印第安纳圣母大
学的巴拉巴希(A. L. Barabasi)及其同事所做出的。他们发现了所有这些网络的
无标度性，这意味着，例如，在每一个网络中具有k个连接的节点的数目与k之间
的标度关系是$k^{-\gamma}$。虽然γ可能是不同的，在大多数情况下是在2~3，可能的结
论是，典型的自然过程导致形成了(非常非随机的)**无标度自相似网络**——这些网
络具有可观数量的高度强连接节点。这当然符合我们的日常观察：周围的某些人
似乎认识每一个人，对吧？

　　蛋白质构象似乎也是与此相似的，它们可以被看作是无标度网络的节点。在
这个网络中起着连接作用或在构象之间起着"握手"作用的是什么呢？如果读者记
得蛋白质构象接触矩阵——我们在10.5节中围绕公式(10.1)讨论过，则答案显得
很自然，实际上，两种构象之间的"距离"可以用把一个构象的接触矩阵转化为另
一个构象的接触矩阵的置换数来表征。然后，如果两种构象之间的距离小于某一
阈值(并且结果显得对这个阈值的特定数值在合理的限度内相当不敏感)，则这两
种构象被宣称为"邻居"，并连接起来("握手")。有了这样的定义，蛋白质构象网
络就变成了无标度网络。显然，这一事实肯定是进化的结果。但是在进化上这是
如何发生的呢？它会导致什么呢？这些都是当前活跃的研究课题。

---

　　[1]C. Chothia, "One thousand families for the molecular biologist", Nature, v. 357(6379), pp. 543–544,1992.

　　[2]N.V. Dokholyan, B. Shakhnovich and E.I. Shakhnovich, "Expanding protein universe and its origin from the biological Big Bang", PNAS, v. 99, p. 13132, 2002.

15.2.4 序列的统计学

统计学可以用来分析蛋白质"文本"中的"字母"序列吗？类似的问题也存在于传统人类语言中(例如，如果想要解码信息等)。例如，著名数学家马尔可夫(A.A. Markov)在20世纪初期从这个观点上研究了俄语。即使对这种语言一无所知，仅用统计数字也很能来揭示一些有用的信息。例如，你可以区分诗歌和散文。那么"蛋白质统计学"能告诉我们什么呢？结果表明，蛋白质"文本"看起来几乎像是用于统计测试的随机文本。当然，我们知道，蛋白质序列不是真正随机的(10.6节)，但它们的非随机性必定是一个更微妙的特征，很难通过单纯的氨基酸统计数字来揭示。俄罗斯科学院蛋白质研究所的普季岑(O. B. Ptitsyn)总结得很好：**蛋白质是轻微编辑过的统计性共聚物。**

在这里，我们想大致介绍查看任何性质的长序列——蛋白质中的氨基酸、DNA的核苷酸、本书中的字母——中的关联性的数学途径。方法是把该序列映射到一个随机行走。它可以按如下方式来做。让我们把序列中的所有符号分为两组(元音和辅音；嘌呤(A,G)和嘧啶(C,T)；等等)，并给序列中的每一个符号指定数字：第一组为$\xi_i = 1$，第二组为$\xi_i = -1$。我们可以想象一下，i标记着时钟计时单位，而$\xi_i = \pm 1$代表向右或向左迈步。这使我们可以使用方程(6.6)~(6.11)——虽然是在一个简化的版本中。所以随机行走被限定为一条直线，只能在两个相反方向上走动，所以我们甚至不需要任何矢量。设R_t是t步之后的位移，则$R_{t+1} = R_t + \xi_t$。因为我们以前做过，所以我们可以直接对这个公式进行平方。这是因为R的平均值是零。然而，现在我们可能有一个偏移(顺便说一句，在高聚物的情况下，当我们以相反方向拉动链的两端时，也存在偏移。见图7.3。)因此，我们牢记偏移，再取平均，就得到：$\langle R_{t+1}\rangle = \langle R_t\rangle + \langle \xi_t\rangle$。由此可得$\langle R_t\rangle = \langle \xi_t\rangle$(很明显，$\langle\xi\rangle$平均值不依赖于$t$)。因此，平均位移的方程将与式(6.1)是同类的。它描述了在一个以速度为$\langle\xi\rangle$的简单的匀速运动。你可能会建议：选择一个不同的参照系。实际上，定义位移为$S_t \equiv R_t - t\langle\xi\rangle$，则$S_{t+1} = S_t + (\xi_t - \langle\xi\rangle)$。显然，$S$在这种情况下没有偏移。它的平均值为零。所以我们可以回到第6章中的公式。如果文本是随机的，那么没有哪个字母是由前一个字母所决定的，这意味着，S_t与$\eta_t = \xi_t - \langle\xi\rangle$是完全独立的，服从"平方根法则"，即$S \sim t^{1/2}$，其中$S = \sqrt{\langle S_t^2\rangle}$。然而，如果文本**不是**随机的，那么可以预期$S \sim t^\alpha$，其中$\alpha \neq 1/2$。分形指数$\alpha$的值是测定一个序列的随机性($\alpha = 1/2$)或非随机性($\alpha \neq 1/2$)的最佳措施之一。

1992年，波士顿大学的斯坦利(H.E. Stanley)及其同事声称，在DNA的编码区有$\alpha = 1/2$，而非编码的DNA显示有$\alpha \approx 0.7$。这意味着非编码的DNA序列不是随机的。而且，它是一个分形！

15.2.5　有意义和无意义的，随机与分形

非编码的DNA——即DNA文本的"无含义"部分——的"分形语言学"仍然是一个充满争论的话题。

但是DNA文本的"有含义"部分呢？编码的DNA有$\alpha = 1/2$，即沿着相应的蛋白质来看像是统计性随机的，这难道不令人不安？不过这并不是很令人惊讶。当我们只看到描述在这个序列的长块上的平均值的分形幂α时，意义是太微妙了，无法在这个初级水平上揭示出来。制作一份有含义的文本的任何机制，在选择文本的下一个字母时，完全依赖于实际语境，而无视该过程的任何物理方面，即字母和符号是由什么制成的(无论是纸上的墨水、核苷酸或者别的什么东西)。试想像一个自相似的文本。整本书在统计学上看起来与它的每一章都相似(这意味着所有章节在统计上都是相似的！)，而且每一章都与它每一节都相似，这不会很有含义，不是吗？

英国著名天文学家爱丁顿(Arthur Eddington)(1882—1944)曾试图给出一个绝对没有含义的例子，他建议我们想像一只猴子在打字机上(如果给它这个机会的话！)会制造出什么东西。实际上，就可怜的猴子而言，我们还有一个想法：它创造出的文字几乎肯定会缺乏含义；但我们认为，它远不是随机的，很可能是$\alpha > 1/2$的分形。打字猴子是对生产无含义的文本、但并非随机不相关的序列的机制的一个很好的隐喻。事实上，纯随机序列的生成是计算机科学许多领域中的一个重要课题，也是一个非常困难的问题，存在有许多被称为随机数发生器的复杂的计算机程序，但它们没有一个是完美的。

因此，在序列中的非平庸的分形关联可能意味着某些有趣的东西，但很可能不是一个有含义的序列。相比之下，**对不懂语言的人来说，有含义的序列很可能看上去是随机的**。例如，十进制形式的π或e的数字序列在统计上看起来是完全不相关的，但它们绝对是非常有含义的。蛋白质序列也是如此，在讨论到其折叠时，它们就不是随机的(10.6节)，但对于盲目的统计检验却显得是随机的。

15.3 熵 与 进 化

15.3.1 进化着的宇宙中的生命

等待我们的下一个问题是，这一切是怎么开始的？我们已经谈过一点关于生命进化的分子图景，其中不太复杂的形式逐渐发展成更复杂的形式。但是最简单的生命形式是从哪里发源的呢？按照达尔文主义的精神，答案是显而易见的：它们是一步一步地从无生命的世界进化而来的。这是怎样发生的呢？没有幸存的见证人——但也有零星的证据！当然，我们可以求助于理论和实验。那么，我们对在生命出现之前的进化了解些什么？

一些科学家认为，生命不是在地球上自发出现的，而是从外层空间携带而来的。然而，即使有一些关于这个想法的确凿证据(可能没有)，也不会有帮助。它只是改变游戏规则。我们仍然不得不回答生命是如何在另一个地方出现的问题。既然我们开始谈论宇宙，那么在此有必要提及，地球的年龄(4.5×10^9年)与整个宇宙的年龄(14×10^9年)是可以相比拟的。这就是为什么在宇宙演化的背景下，认为生命在地球上出现和进化是自然的。

我们的宇宙大约始于140亿年前的"大爆炸"。在最开始的时候，宇宙是无法想像的高度致密和高温，全部都是光(光子)。光的压力使宇宙膨胀。在膨胀的同时，宇宙变得更加稀薄，并逐渐冷却(这仍在继续中)。当它冷却下来时，其它的粒子开始成形——首先是电子和正电子，然后是质子、中子和对应的反粒子等。我们无法详述这一话题，只能在此推荐温伯格(S. Weinberg)所著的《最初三分钟(*The First Three Minutes*)》一书[42]，但其基本原理非常简单：**每种粒子在其可以忍受的最高温度下"凝结出来"而没有"解体"** ① 。特别要注意的是，**在每一个温度下，所有在能量上可能的粒子都形成了。**

最初，物质几乎是均匀地分布在宇宙中，但宇宙进行演化，并发展出**梯度**——所有一切(温度，密度、成分等等)的非均匀性。就像在大气中的温度和湿度的强烈不平衡会催生季风和飓风，所有尺度下足够陡峭的梯度会导致非平衡的耗散过程和诸如星系、黑洞、行星系统等结构。我们认为，从这个普遍的观点来看，生命只是这种非平衡耗散结构之一。一些理论学家认为，我们的宇宙只是多元宇宙的一部分——极大数目(或无限)个完全不同的宇宙之一。不管怎么说，我们的宇宙中的我们这一部分的条件和物理定律都有利于生命的进化，因为如果不是这

①可以把这个与日常物理学中的一些事实进行比较。以水为例。在273K(0℃)时晶体冰"解体"(熔化)；在373K(100℃)时水滴"解体"(蒸发)；在10^4K时分子"解体"成为分离的原子；在10^5K时原子失去电子，变成等离子，如此等等。温度越高，可能存在的单位就越小。

样——我们就不会在这里讨论它。这就是所谓的**人择原理**(anthropicprinciple)，这究竟是一个深刻的哲学原理还是一条不证自明的公理呢？我们把它留给读者去思考。

15.3.2　生命与热力学第二定律

　　进化论和热力学理论大约在19世纪中期同时发展起来的。其中的一些令教育程度较低的写作者们非常困惑的问题，是在达尔文进化论中越来越有组织的生命形式的逐步发展，与热力学第二定律所表明的任何孤立系统的熵都会增加之间似乎存在着对立。事实上，这两者之间并没有矛盾。因为任何特定的生物体或整个生物圈都不是一个孤立的系统：它们要消费自由能，这可能正是因为我们生活的地方具有足够陡峭的梯度。从某种意义上说，你可以说，表面温度在300K左右的地球使我们想起了一个水轮。是什么使水轮转动？显然，它转动是因为它处于一股下降水流的路途中。同样地，地球处于从炽热的太阳(表面温度接近6000K)喷向寒冷的外层空间(背景辐射的温度约为3K)的光"流"中。我们都知道，这股光"流"仍然正在转动着生命的"车轮"。

　　有时人们说一个生物体或生物圈需要消耗能量。这当然不是一个非常有含义的措辞，因为能量是守恒的，所以不能被"消耗""花费"或"浪费"。例如，平均来说，你的身体接收的能量与以各种形式释放出的能量数量相同，这对任何细菌、任何生物体或整个生物圈都是如此。但我们已经在7.8节中提到，某些形式的能量"比其它能量更平等"：生命消耗低熵的能量，并在高熵的情况下脱去相同数量的能量。的确，我们知道，并不是所有的能量都可以用来提取某种有用功，而只有一部分被称为自由能$F=E-TS$的能量可以做有用功。与能量不同，自由能不是守恒的，它可以被消耗，因为熵可以被制造。而且，实际上，熵是在各种耗散过程中——包括范围从洋流(如墨西哥湾暖流)到生命——产生的。

　　让我们把这个做得更定量一点。由来自太阳的光所输送的能量(主要是在可见光和近红外范围)已经知道得相当准确了：在地球轨道距离的太阳能流量称为太阳常数，它大约为$s \approx 1400$ W/m^2。地球半径$R \approx 6370$km，所以地球收到的能量功率$Q = s \cdot \pi R^2 \approx 1.8 \times 10^{17}$W(请确保你理解为什么用$\pi R^2$而非整个球的表面积$4\pi R^2$；此处最重要的是阻挡太阳光光路的横截面)。由于地球的旋转，这个功率分布在整个地球的表面；此外，入射光的一部分——称为反射率α——被反射回太空(主要是由于冰雪、白云和沙漠的反射)；$\alpha \approx 0.3$。总的来说，地球每单位面积接收的功率为$s(1-\alpha)\pi R^2 / 4\pi R^2 = s(1-\alpha)/4 \approx 245$ W/m^2。因为地球上的任何地方都没有多少能量积累，几乎相同数量的能量被地球发射回太空(主要是在远红外线范围内)。

首先，这种平衡决定了地球的温度，因为温度为T的物体的发射功率为σT^4每单位面积，其中$\sigma = \dfrac{2\pi^5 k_B^4}{15 h^3 c^2} \approx 5.7 \times 10^{-8} \mathrm{W/m^2 \cdot K^4}$ 叫**斯特藩–玻耳兹曼常量**(我们不会在此推导或解释这一结果，只提及这是在普朗克(Max Planck)引入的量子假说中的主要参数之一；而h和c分别是**普朗克常数**和**光速**)。输入功率和输出功率的平衡等价于一个关于地球温度的简单方程：$\sigma T_{\mathrm{Earth}}^4 4\pi R^2 = s(1-\alpha)\pi R^2$，推得$T_{\mathrm{Earth}} \approx 256 \mathrm{K}$。我们这个估算结果比实际平均表面温度低30~40 K，但我们在此不想去试图改善它[①]，而只是说，我们的结果是精确的，误差小于20%，并在这个水平上继续推导。

第二，通过分析从太阳到地球、再到外层空间的能量流，我们可以估算地球上所有活性过程所消耗的**自由能**的总量。为此目的，一个相当出人意料的类比证明是有用的，即地球和……热机——例如蒸汽轮机。思想如下。理想的热机在单位时间内从一个温度为T_1的高温物体——例如热蒸汽——接收一定量的热量Q_1；与此同时，有较少量的热能Q_2排出到温度为T_2(满足$T_2 < T_1$)的低温物体——例如周围的空气；两者之差$W = Q_1 - Q_2$是可以(不一定必须，但可以)提取出来的有用功。相当类似的是，地球从太阳那里，从热光子气体接收能量。它们是直接从太阳到达我们，因此，温度T_1就是$T_1 = T_{\mathrm{Sun}} \approx 5700 \mathrm{K}$——太阳表面层的温度。从太阳接收到的能量$Q_1 = (1-\alpha)Q$(因为$\alpha Q$的部分是"未经处理地"重新发射到太空)。热量的排出是发生在地球的表面层，其温度我们已经估算了：$T_2 = T_{\mathrm{Earth}} \approx 300 \mathrm{K}$。问题是，$Q_2$是多少？以及最重要的是，$W$是多少？

乍看之下，似乎有$Q_2 = Q_1$：的确，我们已经说过，从太阳到达的所有能量最终都会重新发射到太空中去。这是真的，所有能量最终都会重新发射出去——但这发生在T_{Earth}，一个比T_{Sun}低得多的温度，因此，从在T_{Sun}下吸收能量到在T_{Earth}下发射能量的过程中，某些部分的能量可以被用于驱动地球上所有的耗散过程。实际上，这种情况和发动机完全一样。例如，考虑一辆在水平道路上的汽车：从燃烧的燃料中提取出来的**所有**能量最终都会消散在环境中，但此过程中一部分能量克服摩擦力而做功——汽车驾驶员肯定认为这些功是**有用的**。

热力学第二定律对有用功W的可能总量设置了非常严格的上限。要看到这一点，人们必须认识到，**物体在温度T下吸收热量δQ时，熵的增量为$\delta Q/T$**。我们不会在此推导这个结果，我们希望读者已经认识到认真学习热力学的必

[①]要想得到一个更好的估算结果，必须包括诸如地表温度和云层温度之间的差异、温室效应、地热能(由于地球内部45亿年来并没有(至今如此！)达到平衡，并在持续耗散)和海洋中的潮汐波(耗散地球自转的动能)等细节。不过没有哪个被忽略的效应能会改变定性结论。

要性了①。但是，如果接受这一结果，那么就很容易求出一个热机的有用功或地球上可用的自由能的总量。具体来说，直接消散的热量必须足以增加全部的熵。要达到这一点，只要把一小部分的输入热量Q_2排放出去并满足$\dfrac{Q_2}{T_2} \geqslant \dfrac{Q_1}{T_1}$或$Q_2 \geqslant \dfrac{T_2}{T_1}Q_1$就够了。对于常规的热机，这就限制了可能的有用功的总量：

$$W = Q_1 - Q_2 \leqslant \left(1 - \frac{T_2}{T_1}\right)Q_1$$——著名的**卡诺定理**。这个公式应用于地球，可以告诉我们，可用于驱动活性过程的自由能的总量是$(1-\alpha)Q\left(1 - \dfrac{T_{\text{Earth}}}{T_{\text{Sun}}}\right)$ $\approx 0.66Q \approx 1.1 \times 10^{17}\text{W}$，或$230\text{W/m}^2$。正是总量这么大的自由能驱动了地球上所有的耗散过程，从巨大的飓风、季风、龙卷风、雷暴和洋流，到水循环(蒸发海水以产生云，然后降雨，形成河流)以及所有形式的生命②。

让我们强调，通过把所有的入射能量以"处理后"的形式在T_{Earth}下辐射出去，地球也释放了所产生的全部熵。因此，地球的能量及其熵基本保持不变。

事实上，生命只是在地球上的一个边际的自由能消耗者：所有的光合作用生物总共吸收大约1%的入射太阳光(而所有其它的生物，包括我们人类，都是从光合作用的生物上获得自由能)，而洋流和飓风等消耗了剩下的99%。这意味着进化有大量可用的自由能。这也可以通过对与生物世界高度组织化相关的熵进行简单估算来证实。

实际上，我们可以使用玻耳兹曼公式(7.2)来估算——例如——从人体部件构建成一个人体所需的熵代价。人体内大约有10^{13}个细胞，如果我们假设所有的细胞都是不同的，每个细胞都必须占据一个唯一的规定位置，那么它们的排列所造成的熵损失将是$k_\text{B}\cdot\ln(10^{13}!) \approx 10^{14}k_\text{B}$。类似地，每个细胞含有$10^8$个生物高聚物分子；再假设它们都是独特和不可替代的，我们就得到了每个细胞有$k_\text{B}\ln(10^8!)$ $\approx 10^9 k_\text{B}$，或体内所有细胞总共有大约$10^{21}k_\text{B}$。显然，最大熵量与所有细胞中的大量蛋白质的序列严格固定是相关的。所有的细胞总共大约有DNA中的10^{23}个碱基对和蛋白质中的10^{25}个残基。即使它们都具有唯一的位置，则所对应的熵代价分别为$k_\text{B}\cdot\ln 4^{10^{23}} \approx 10^{23}k_\text{B}$和$k_\text{B}\cdot\ln 20^{10^{25}} \approx 10^{26}$ k_B。因此，与人体高度组织化相关联的所有熵不超过$10^{26}k_\text{B} \approx 10^3$ J/K¹。这是一个很适中的熵量，在300K下相应的自由能是由太阳光在几小时内向地球表面的每平方米所提供的。

总之，生命和进化是以消耗太阳光所发送的自由能为代价的，这种自由能

---

①作为一个练习，读者可以用公式$\delta S = \delta Q/T$来证明热是从高温物体传到低温物体：想像一下，温度不同的两个物体进行接触，交换少量的热；根据"整个系统的熵必须增加"可以证明热是自发地沿哪个方向流动。

②请注意"驱动耗散过程的自由能"和"有用功"在基础物理学上的意义是相同的，只是我们不会把自己绕进去称呼飓风"有用"。

是——而且一直存在于地球的历史中——丰富的。当然，这只意味着熵并不是足够好的衡量生物组织特征的方法。但现在我们不得不问：这么丰富的自由能是如何被进化所利用的？

15.3.3 早期地球上的化学演化

在出现生命之前的早期地球上有什么？有空气、水和土地。当然还有来自太阳的阳光。发生着激烈的过程：风吹，浪打，河流冲刷，雷电和闪电撕裂空气，火山爆发……大气主要由最简单的气体组成：氮气、一氧化碳、水蒸气和氢气(最后一种气体迅速地从大气层中逃逸)。重要的是，没有氧气，所以大气在减少，而由于生命的原因，氧气随后出现。

可能发生些什么事？氮气N_2和一氧化碳CO，加上氢气H_2，一起生成氨气NH_3和甲烷CH_4(伴随着产生水)。至于其它气体……嗯，我们需要更多的例子吗？毕竟，即使最初的成分很少，任何简单的化合物也不是那么不可能最终被创造出来，可能发生的可能性是如此之多。在此处或彼处，在深水或浅水里，在空气中，或在沙子里。在任何时候，在数十亿年($\sim 10^9$年)里。数量或多或少。通过一连串或另一连串化学反应。如果某个特殊的反应需要自由能，那也没有问题。它可能是由太阳的紫外线辐射、闪电放电、热火山产物或冲击波等提供的，黏土可能起到了酶的作用。有24小时循环的光照、温度和湿度等不同条件……

毫无疑问，这为幻想提供了广阔的领域，但对科学研究也提供了同样多的机会。一种实验可以按如下方式来做。一个密封容器内充满固体、液体和气体成分等合适的混合物。提供适当的光照和放电。所有的条件(例如光的亮度、"闪电"放电的平均频率等)都是以这样一种方式来选择的，即实验的一周相当于大约50 000年的历史。最后，对所得混合物进行仔细分析。这些研究表明了什么？答案是：极大量的各种东西，高至包括为数不少的氨基酸。你只要浏览最终产品的清单，就能学到所有的化学知识。

总结来说，早期地球的化学演化遵循了我们之前提到的宇宙演化的原理：在每个阶段，你可以得到能量条件所允许的所有可能种类的粒子(或者说是分子，当我们讨论化学演化时)……所有的？真的吗？高聚物怎么样？嗯，在模拟生物起源前演化的实验中发现了一些类似蛋白质的高聚物——类蛋白(proteinoid)[1]。但是一旦我们开始谈论高聚物，我们就有大麻烦了。聚合反应真的能改变演化的整体特征：这个阶段从根本上揭示了化学演化与生物起源前演化和生物演化之间

[1]S.W. Fox and K. Dose, "Molecular Evolution and the Origin of Life(分子演化与生命起源)", Marcel Dekker, 1977.

的区别。

具有敏锐洞察力的人从来没有怀疑过生物进化要比化学演化复杂得多。作为一个例子，让我们引用伟大的德国科学家和哲学家康德(Immanuel Kant，1724—1804)(顺便说一句，他是第一个提出宇宙演化的科学理论的人，这在当时由太阳系为例所证实。特别是，他提出，行星是由炽热的星云物质凝聚而形成的)的话。这是康德在200多年前关于演化所写的："理解所有天体的创生及其运动的起因，换句话说，理解整个宇宙的现今组织结构的起源，比通过使用力学找出一片小草或一只毛毛虫是如何出现的要容易得多。"

15.3.4 一级聚合反应

从m种单体，你可以制造m^N种长度为N的不同的高聚物，尽管它们只是在单体单元的顺序上——即在一级结构中——不同，这种差异可能非常重要。因此，可能的高聚物的数量随着其长度的增加而呈指数增长$m^N = \exp(N\ln m)$。

物理学家知道，如果所讨论的指数中有一个大参数，就需要谨慎处理。我们在本书中已经遇到过这样的情况。m^N的表达式并不像看上去那么简单。它告诉我们，地球还不够古老，或者地球上没有足够多的物质，使所有可能的单体序列都已经尝试过。因此，当我们谈到宇宙演化和化学演化时，我们提到的那个原理(正如你所记得的，是所有可能的粒子都形成了)不再成立。这使我们进入了一个全新的、完全不同的进化阶段，我们认为，恰恰是在聚合反应阶段，第一个"类似生命"的特征开始露出面目。

让我们做些估算来证实我们刚才所说的话。例如，有多少条具有给定长度(例如，200个单体)的蛋白质链能够存在？对蛋白质，$m = 20$，如果我们取$N = 200$，我们就有$m^N = 20^{200} = 10^{200\log 20} \approx 10^{260}$。这个数字是异常巨大的。即使地球的整个表面(约$5 \times 10^8 km^2 = 5 \times 10^{14} m^2$)覆盖着10公里厚的一层类似蛋白质的高聚物，你也"只"需要用10^{44}条链来填充(这是因为每条含200单体的链所占据的体积大约是$200 \times 0.1 nm^3 = 2 \times 10^{-26}$ m^3)。现在想象在整个地球历史(4.5×10^9年)中每次分子碰撞(持续约10^{-11}s)导致的所有链的一级结构的更新(这听起来甚至比我们至今所说的任何其它事情都更不可能)，则即使到现在为止，也还"只有"大约10^{28}次尝试被实施过。因此，我们的超级慷慨的高估给出一个大约为$10^{44} \times 10^{28} = 10^{72}$个可能存在的一级结构的答案，这是一个巨大的数字，但仍然距离想要的10^{260}太远了。如你所见,指数不是好惹的[1]!

因此,有太多的序列需要尝试。现在还差得远呢。顺便问一下,我们是在谈论什么样的链?在过去的十几年中,已经收集到越来越多的证据,表明RNA在生物起源前演化的主要作用,那是某种"RNA世界"。的确,RNA可以执行DNA的"启发性"功能,并可以作为催化剂而工作(虽然不像蛋白质那样好)。

有趣的是,从分子生物学的发端时期开始,RNA的作用就困扰着科学家们。早在1954年,伽莫夫[2] 就创立了精英的"RNA领带俱乐部"。其目的是"解决RNA结构之谜,并理解它如何构建蛋白质"。该俱乐部由20个常任成员(每个氨基酸一个)和四个荣誉成员(每个核苷酸一个)组成。每个成员收到一条羊毛领带,带有绿色和黄色的螺旋形绣花(由伽莫夫构思和设计的)。这个俱乐部很有影响力,虽然碰巧基因密码不是由其成员破解的。最近十几年,对RNA的兴趣再次增长,这次主要是关于非编码的短microRNA在调控中的关键作用——这是本书框架之外的一个更有趣的课题。

在这里,我们并不怎么关心高聚物的特殊化学性质,更重要的是链式结构这一特有事实。正是因为所有的单体都排列在一条链中,所以最终我们得到了骇人数量的可能性,m^N,这是无法全部尝试个遍的。

在地球上早期演化产物的混合物通常被称为**原始汤**(primordial soup)。在这种汤中,有可以相互连接起来的单体,如果给定有利的条件,它们就会形成了一些高聚物链。这是一个公认的事实,通过实验室中的实验得到了证明。此外,一些新创建的高聚物具有轻微的作为催化剂的能力,这也被实验所证实了。然而,接下来可能发生的事情就不那么清楚了。

在文献中讨论的一种场景是偶然地形成了相互催化的高聚物。在哥廷根(德国)的马克斯·普朗克研究所的曼弗雷德·艾根(Manfred Eigen)及其同事研究出了一个称为超循环(hypercycle)的模型,它代表的是一种在高聚物水平上的演化[25]。这个模型穿上了微分方程的漂亮数学服装,但其本质是简单的。

假设一条高聚物链A_1是在原始汤中偶然制造出来的。完全出于偶然,它是一种弱催化剂,可以加速另一种高聚物A_2的生产;换句话说,它刺激了汤中的

---

[1]这一事实——指数的危险性——可以通过关于国际象棋发明的传说中(发明者请求国王在棋盘的第一格中放入一粒麦粒,后续每个格子中的麦粒都依次翻倍——译注)的国王的苦恼而理解,但他的问题只是2^{64} $\approx 1.84 \times 10^{19}$,而我们是无可比拟地更大。

[2]伽莫夫(George A. Gamow, 1904—1968)是一个非同寻常的科学明星,他在三个不相关的科学领域中创造了三个一流的想法:他是把放射性衰变解释为量子力学隧道效应的第一人;他是预测宇宙大爆炸的残迹——的第一人;他也是把遗传密码思想公式化的第一人。伽莫夫出生于敖德萨,在苏联早期岁月就读于列宁格勒(现在的圣彼得堡),在那里开始了与朗道(Lev D. Landau)和布朗斯坦(Matvei P. Bronshtein)的友谊。1934年,他移居美国。

单体相互连接，形成A_2链。类似地，我们假设A_2帮助制造A_3，等等，直至其它某种高聚物A_k能帮助制造A_1。应该清楚为什么这就是所谓的超循环！一旦这种结构出现在汤里，就会引发一种爆发！该系统将开始制作自己本身的副本，一个接一个。这将是一个遵循几何级数的滚雪球过程，直到汤中的所有单体被全部用完。由于突变和偶然错误，超循环不会彼此相同。如果某个超循环具有更高效的催化能力，它就会更迅速地复制生产自己。于是，将会有更多的相应类型的链。同时，原始汤中的单体储量是有限的，是全体共享的。而且，链倾向于时不时地会自动断裂。当一些链断裂时，单体被释放，并被重新使用于制造新链——它们最有可能被效率最高的超循环所使用，等等。

在原始层面上，这个故事非常类似于达尔文的"适者生存"所经常描述的。单体扮演着食物的角色，而自我复制的链或超循环扮演着在给定足够食物时自我繁殖的生物角色。作为竞争饲料的结果，只有最贪吃和多产的物种才能生存。近年来，利用RNA实现了这类相互催化体系[①]。然而，它如何在一个原始汤条件下开始，仍然是一个悬而未决的问题。

问题本质上是鸡与蛋孰先孰后，或者说，在分子生物学的形成中，哪一个功能首先出现，是一条携带着如何制作蛋白质蓝图的DNA链，还是一个能合成DNA的蛋白质？由于我们知道，并不是所有的序列都可以尝试，我们只好问：哪一部分序列能够，例如，相互催化、具有超循环样式，足够强大和足够有选择性地来启动反馈回路？我们是否能够计算一条随机拾取的单体序列能否成为一种功能性高聚物的概率？从某种意义上来说，这是一个与预测球状蛋白质的三级结构(第10章)相类似的任务。这两个问题都没有得到解决，但都得到了深入的研究。谁知道呢，也许本书的某些读者能够设法澄清这件事？

15.3.5　记住随机选择

我们在上一节结束时提出了一个问题。只是考虑到如果有人想对它进行尝试，我们应该解释：这个问题与我们在15.2.5节说到的在有含义文本和无含义文本之间的区别之间有何关联？爱丁顿的猴子实验提示，完全以偶然机会来产生任何具有合理长度的有含义文本是极不可能的。在原始汤里，我们似乎恰恰面临着这个问题——除非……

当爱丁顿猴子坐在打字机前的时候，某个懂得语言的人在猴子旁边观察，并等待着一个在这种语言中具有含义的片段。但是想像一下，我们要求猴子给我们

①T. A. Lincoln and G. F. Joyce, "Self-Sustained Replication of an RNA Enzyme(一种RNA酶的自我供养复制)" Science, v. 323, n. 5918, pp. 1229–1232, 2009.

的新电脑账户设置一个密码。那情况就完全不同了！很有可能，在接近100％的概率下，猴子会很快地生成一个极好的密码。而且一旦密码被输入并被计算机记住——它就变得具有高度含义，因为它把账户开设好了！在这种情况下，猴子是成功的，因为它从零开始创造了新的信息；你可以说它创造了这个词和一种语言——这个词在这种语言中具有含义。

对于当今的生物高聚物，"具有含义"是指与现有的其它所有生物高聚物相容，它出于偶然而被创造与出于偶然而写出一本文学名著一样是不大可能的。但是在原始汤中，当你只需要一些具有适度催化功能的高聚物时，情况可能会有所不同：不到完全结束之前无法确定最终结果。

顺便说一下，如果在任何环境条件下都可能发生自发性聚合反应，那为什么现在不发生呢？好吧，环境条件可能变了，例如，现在的大气是氧化的——但是也让我们回顾达尔文给他的朋友胡克(J. Hooker)的信中的一个非常精彩的片段："他们经常说，现今也具有与某段时间以前曾经出现原始生物时完全相同的环境条件。然而，如果现在(哦，真是一个很大的"如果"！)，在某个温暖的小池塘中含有所有必需的铵盐和磷盐，以及适合的光、热、电等的作用，那么来自化学反应结果中的蛋白质就能够进一步发生越来越复杂的变换。但是这种蛋白质将会立即被破坏或被吸收，而这在生物出现之前的时期里是不可能发生的。"换句话说，如果当今出于偶然而合成某条生物高聚物链，那么在可能发生任何有趣的事情之前就会被吃掉了。

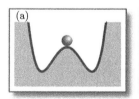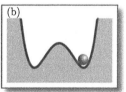

图 15.1　随机选择如何被记住的力学图示

这一情况有点类似于图15.1所示的简单力学模型。第一个图，图15.1(a)，描绘了一个完全对称但不稳定的系统。然后对称性被随机地(或者像人们常说的那样，自发地)打破。结果是，系统进入了一个稳定的位置(图15.1(b))。稳定性意味着已经作出的随机选择现在被"铭刻"到系统的记忆中。实际上，在聚合反应开始之前，许许多多高聚物序列是同等可能的——在这个意义上，它们是对称的；类似地，所有的字符组合对密码来说都是同等的候选者。但是**一旦做出选择**——因为你选择了密码，或者因为某些序列事实上已经出现并催化了它们的产品，**这个随机选择就被记住了，它给事物赋予了含义**。

对随机选择的记忆是一件非常有趣的事。让我们举几个例子。

15.3.6　自然界中的左右手对称性

大多数人的心脏不是在身体中间，而是在左手边。相反，DNA双螺旋、胶原蛋白的三螺旋和球状蛋白质的α螺旋都具有右旋结构。在工程学中，除了一些非常特殊的情况(比如自行车的左踏板)，都只使用右旋螺丝。为什么呢？

让我们从工程学开始。左旋螺纹不比右旋螺纹差。然而，想像一个孩子的DIY(自己动手做)工具包，右旋螺丝和螺帽与左旋类型的混合在一起。因此，对称性被保留着。但委婉地说，用它们来玩耍是相当尴尬的！这种尴尬来自于对称状态的不稳定。对称性破缺的方向(右旋螺丝)是在过去或多或少偶然发生的。然而，现在它已被良好确立，并被标准和传统所维持。换句话说，这个选择已经被记住，系统现在相当稳定。左旋螺丝突然盛行起来是无法想像的！

自然界中的分子"螺丝"的情况有点复杂。在原子核中存在着被称为**弱相互作用**的镜像非对称相互作用。它们确实很弱。至少，它们几乎不影响原子的性质。一段时间以前，这种影响甚至一直存在着争议。然而，在20世纪70年代，科学家们设法用铋蒸气进行了非常精细的光学实验来检测它。弱相互作用使右旋分子和左旋分子在能量上稍有不同。这种差别非常小，特征能量估计约为10^{-17}。我们个人赞同这样一种观点，即这种微小的偏差不可能起任何作用，而**现代生物圈完全是通过对随机选择的记忆而不对称的**。

关于这个主题有一个古怪的虚构故事，是关于一次海难的。受害者们都被饿死在一个无名小岛上——虽然岛上生长着美丽而丰富的水果。线索是这个岛实际上是在镜子后面的一块陆地。它是一个左旋DNA、左旋胶原蛋白和左旋α螺旋的国度。那里生长的水果无法食用。

另一个例子是驾驶。在大多数国家，人们都靠右行驶，但是有例外——例如英国、爱尔兰、日本等。你可以在互联网上找到一个地图，以不同的颜色显示道路靠左行和靠右行的国家。你会发现大部分靠左行的国家要么在岛屿上，要么在地理上与邻国完全隔绝。我们可以推测，在这个意义上，地球就像是一个岛屿，手性的初始随机选择[①]被记忆下来，并由传统所固定，在没有来自外界的强烈影

[①](原注)在驾驶方面，在许多情况下初始选择并不是独立的，而是由英国殖民当局强加的——但这与我们在此讨论的主题无关。(以下为译注)中国的公路和铁路行驶规则最早也来源于英国，都是靠左行驶。在第二次世界大战末期，美国向中国援助大量汽车装备，这些车辆是按靠右行驶而设计制造的，难以改装为适应靠左行驶，于是中国政府颁布法令把公路行驶规则改为靠右行驶。而铁路系统并无这样的外界影响，故维持为靠左行驶。

响时维持不变。关于左右不对称的许多令人着迷的细节可以在著作[46]中找到。

15.3.7 QWERTY [①]

你认识QWERTY这个"单词"吗？请看你的计算机键盘上的左上区域，看到了吗？为什么(几乎)所有的计算机，至少在讲英语的世界里，在键盘上有相同的字符顺序呢？

当今大部分通用键盘的布局最初是由C. L. 寿乐斯(Christopher Latham Sholes，1819—1890)——威斯康星州密尔沃基的一名记者和报纸编辑——于19世纪70年代所提议的。他关注着机械打字机在快速相继按下两个相邻按钮时的卡齿问题。一个常见的误解是，他想降低打字速度；而更可能的版本是，他试图想让高速打字更可靠，不卡齿。无论如何，他的想法是把最常见(在英语中)的字符对，如as、th或st，布置在键盘上尽可能远离的位置上。

当然，机械臂的卡齿对现代计算机来说不再是一个问题，但键盘的 QW-ERTY 布局仍然是最常见的。而且，西雅图的一位教育学教授August Dvorak早在20世纪40年代就证明了，甚至随机洗牌的键盘也比QWERTY键盘对打字者的手更方便……但QWERTY键盘仍然生存着。为什么呢？

当然，这里的解释是对随机选择的记忆。如此多的人们是如此习惯于当前的键盘布局，以至于改变它显得是不切实际的。这是一个在经济和政治等等中非常常见的情况。汽车上的主要控制部件的布置，铁路轨距，已接受的计算机程序的设置，家用电器的设计，一家公司与特定的顾问团或消费者群的关联，电网中的电压，废弃的法令和法令实施的法律实践——所有这些以及其它类似的例子都一次又一次地展示着随机选择某个选项的作用，事后要改变虽说不是不可能，但确实是非常困难的。QWERTY键盘是这类情形中的一个熟知的例子，而QWERTY这一"单词"则是一个无含义字符串由于对随机选择的记忆而获得"含义"的例子。

15.3.8 新信息的产生

生命的出现和进步并不是唯一一个基于不可能检验所有变体的演化的事例。还有其它的例子，比如语言、文学、艺术和科学、甚至象棋游戏的产生和发展。所有这些系统，在某种程度上，都和生物一样，做了同样的事情。你可以说，科学思想和文学作品也是生出来的。它们中的一些死掉了(但并非所有的！)。许多

---

①本小节是艾娄夫(A. Aerov)写的。

留下了后代(例如，首次推导热传导方程是基于这样一种信念，即热是由某种介质或由以太所携带的。因此，热传导方程是一个现在已经死亡的概念的后代。类似地，如果没有出现过一大堆现在已经被快乐地遗忘掉的中世纪骑士小说，我们的老朋友堂吉诃德也不可能出现)。对我们来说，最重要的是所有这类系统都是**通过记住随机选择**而发展的。例如，说英语的人用"number"这个单词来表示数字的概念或多或少是偶然的。我们可能已经有另一个字来代替(就像，例如，俄罗斯人所做的，他们称它为"chislo")。但是，一旦作出了选择，则随机选择的结果会由书籍和人们的记忆而固化。单词与其含义的黏附稳定性不弱于图15.1(b)中小球在小洞中的位置或右旋螺丝的技术标准。

有趣的是，在语言中有一些不依赖于随机选择——即特定单词偶然具有的含义——的一般规律。例如，诗歌的规律就是这样。从下面这段荒唐而"合理"的诗中可以清楚地看出这一点：

> Hunkle, chinkle, mrony phar,
> Brough I junder whow mee dar?
> Up above the fye bo clar,
> Hunkle, chinkle, lubby phar.

在生物高聚物物理学中有什么相似的东西，有不受随机选择影响的普遍规律吗？当然有！它们控制着DNA中结的形成(见2.6节)，球状蛋白质的疏水–亲水分离(见5.7节)，以及许多其它性质；大多数这些定律可能仍然是未知的。

当你(或你的计算机)解方程$2x = 4$并得到$x = 2$时，没有创造新信息。但当你从$x^2 = 4$出发并得到$x = 2$时——你就创造了一点信息，因为你已经选择了$+2$而舍弃了-2。你打破了对称性。信息是通过擦除两个先验的($a\ priori$)等价可能性中的一个而创造出来的。

正如亨利·夸斯特勒(Henry Quastler，1908—1963。他以在阿尔巴尼亚当医生开始，以在布鲁克海文国家实验室作为生物物理学家而终老)于1962年在他的随笔[23]——它在英语世界中显得像是没有得到足够的赏识——中所证明的，当一个系统记住一个随机选择（而且只有在这种情形下!），它就创造了一点全新的信息。这一新信息是关于事实的，从未被知晓或质疑过，甚至以前从未存在过的。例如，图15.1(b)中的球在哪个洞中？人类红细胞中运载氧气的蛋白质的一级结构是什么？哪个词被用于这个或另一个概念？汤姆·索亚到底是怎么把栅栏粉刷好的？凡此种种，不一而足。事实上，对随机选择的记忆也与艺术和科学中的创造性有关——但我们将不进一步讨论它了。

15.4　结　　论

　　从我们全部所说的，我们可以得出以下结论。有些系统，仅仅是因为可能性太多了，所以你无法在物理上尝试所有可能性。这类系统能发生演化的唯一途径是**记住随机选择**。这就是新信息是如何创造出来的。在历史上第一个、同时也是最简单的这种类型的事件，也许是原始汤中高聚物链的合成。这就是整个进化领域都与高聚物物理学密切相关的原因。

　　生命起源还有另一个让人着迷的方面。在宇宙中的其它地方有生命吗？谁说得出来！从物理的前瞻来看，主要栖息条件是要存在有丰富的自由能。确实有这样的地方。即使在火星上也值得搜索原始聚合反应的迹象。我们认为在太阳系中最有希望的地方是泰坦——土星的第六号卫星(简称土卫六)——上的甲烷海，或者是欧罗巴(木卫二)上覆盖着冰的海洋。遗憾的是，我们还不知道如何到达那里去检查。这就是为什么，正如在科学著作中经常说到的那样，我们把这留给读者当作练习……

　　作为结束语，我们想提醒你，也许并不是所有的专家都同意我们在本章中所说的话。有些人可能会认为，每当物理学家试图讨论这些问题时，都是幼稚的，毫无用处。我们想用著名的《费曼物理学讲义》中的如下语句来回应这种看法："在所有生物学中最重要的假设……是动物所做的一切，原子都能做。换言之，从它们都是由原子构成、都遵从物理定律而动作的观点来看，没有什么是生物体所做而不能被理解的。这不是从一开始就知道的：花费了一些实验和理论才提出这一假说，但现在它已被接受，而且它是在生物学领域产生新思想的最有用的理论。"还在其它地方有更多的话："当然没有哪个学科或领域正在比生物学在当前① 在如此多的前沿取得更大的进步，而如果我们需要在所有假设之中提名能引导我们不断地试图理解生命的最有力量的假设，那么就是，一切事物都是由原子构成的，而生命细胞所做的一切都可以根据原子的摇摇晃晃和摆动行进来理解。"

　　我们只能鼓励我们的读者继续探索这个奇妙的假说。祝你好运！

---

①这句话写于1963年，但是在21世纪20年代同样成立。

建议进一步阅读的书单

高分子物理专著与教材：

[1] Pierre-Gilles de Gennes, "Scaling Concepts in Polymer Physics", Cornell University Press, Ithaka, NY, 1979.

[2] Masao Doi and Sir Sam F. Edwards, "The Theory of Polymer Dynamics", Oxford University Press, Oxford, 1986.

[3] Alexander Y. Grosberg and Alexei R. Khokhlov, "Statistical Physics of Macromolecules", AIP Press, NY, 1994.

[4] Michael Rubinstein and Ralph H. Colby, "Polymer Physics", Oxford University Press, 2003.

软物质物理学：

[5] Jacob Israelachvili, "Intermolecular & Surface Forces", Academic Press, 1992.

[6] Paul M. Chaikin and Tom C. Lubensky, "Principles of Condensed Matter Physics", Cambridge University Press, 2000.

[7] Thomas A. Witten and Philip A. Pincus, "Structured Fluids. Polymers, Colloids, Surfactants", Oxford University Press, 2004.

[8] W.C.K. Poon and David Andelman, "Soft Condensed Matter Physics in Molecular and Cell Biology", Taylor & Francis, 2006.

分子生物学与生物物理：

[9] Bruce Alberts, Alexander Johnson, Julian Lewis, Martin Raff, Keith Roberts and Peter Walter, "Molecular Biology Of The Cell", Garland Publishing, 2007.

[10] Bruce Alberts, Dennis Bray, Karen Hopkin, Alexander Johnson, Julian Lewis, Martin Raff, Keith Roberts and Peter Walter, "Essential Cell Biology",

Garland Publishing, 2009.

[11] Philip Nelson, "Biological Physics. Energy, Information, Life", W.H. Freeman and Company, NY, 2004.

[12] Rob Phillips, Jane Kondev and Julie Theriot, "Physical Biology Of The Cell", Garland Publishing, 2008.

[13] Kim Snappen and Giavanni Zocchi, "Physics in Molecular Biology", Cambridge University Press, 2005.

[14] Charles Cantor and Paul R. Schimmel, "Biophysical Chemistry", W.H. Freeman & Company, NY, 1980.

[15] Mikhail V. Volkenstein, "Molecular Biophysics", NY Academic Press, 1977; "Physics and Biology", NY Academic Press, 1982;
"General Biophysics", NY Academic Press, 1983;
"Physical Approaches to Biological Evolution", Berlin & NY, Springer Verlag, 1994.

强调生物物理的物理学导论：

[16] Robijn Bruinsma, "Physics for Life Scietists", (Physics 6A, 6B, & 6C), UCLA, 1998.

[17] Ken A. Dill and Sarina Bromberg, "Molecular Driving Forces: Statstical Thermodynamics in Chemistry and Biology", Garland Science, 2003.

蛋白质物理：

[18] Carl Branden and John Tooze, "Introduction to Protein Structure", Garland Science, 1999.

[19] Alexei V. Finkelstein and Oleg B. Ptitsyn, "Protein Physics" (a course of lectures), Academic Press, 2002.

中译本：[俄] A.V. 芬克尔施泰因，O.B. 普季岑著，李安邦译：蛋白质物理学，科学出版社，2013.

[20] Gregory A. Petsko and Dagmar Ringe, "Protein Stuctureand Function", New Science Press, 2003.

[21] Eugene I. Shakhnovich, "Protein Folding Thermodynamics and Dynamics: where Physics, Chemistry, and Biology Meet", Chemical Reviews, v. 106,

pp. 1559–1588, 2006.

高聚物与演化：

[22] Ronald A. Fisher, "The Genetical Theory of Natural Selection", Oxford University Press, 1930.

[23] Henry Quastler, "The Emergence of Biological Organization", Yale University Press (New Haven), 1964.

[24] Manfred Eigen, "Selforganization of Matter and the Evolution of Biological Macromolecules", Die Naturwissenschaften, Springer, 1971.

[25] Manfred Eigen and Peter Schuster, "The Hypercycle, a Principle of Natural Self-Organization", Berlin-NY, Springer Verlag, 1979.

[26] Motoo Kimura, "The Neutral Theory of Molecular Evolution", Cambridge University Press, 1983.

[27] Andrew H. Knoll, "Life on a Young Planet: The First Three Billion Years of Evolution on Earth", Princeton University Press, 2003.

[28] Konstantin B. Zeldovich and Eugene I. Shakhnovich, "Understanding Protein Evolution: From Protein Physics to Darwinian Selection", Annual Review of Physical Chemistry, v. 59, pp. 105–127, 2008.

[29] Daniel F. Styer, "Entropy and Evolution", American Journal of Physics, v. 76, n. 11, pp. 1031–1033, 2008.

[30] Charles H. Lineweavera and Chas A. Egan, "Life, Gravity and the Second Law of Thermodynamics", Physics of Life Reviews, v. 5, n. 4, pp. 225–242, 2008.

[31] Eugene V. Koonin, Yuri I. Wolf and Georgy P. Karev, "Power Laws, Scale-Free Networks and Genome Biology", Springer, 2006.

DNA和高聚物中的拓扑学：

[32] Alexander V. Vologodskii, "Topology and Physics of Circular DNA", CRC Press, 1992.

[33] Andrew D. Bates and Anthony Maxwell, "DNA Topology", Oxford University Press, 2005.

[34] Enzo Orlandini and Stuart G. Whittington, "Statistical topology of closed curves: Some applications to polymers", Reviews of Modern Physics, v.

79, pp. 611–642, 2007.

生物物理的经典:

[35] Edward M. Purcell, "Life at Low Reynolds Number", American Journal of Physics, v. 45, pp. 3–11, 1976.

[36] Howard C. Berg, "Random Walks in Biology", Princeton University Press, 1993.

科普读物:

[37] Erwin Schrödinger, "What is life? the Physical Aspect of the Living Cell", Cambridge - NY, Cambridge University Press, McMillan, 1945; Enlarged edition, 1992.

[38] Richard P. Feynman, "Character of Physical Law", Cambridge, M.I.T. Press, 1967.

[39] Jacques Monod, "Chance and Necessity: an Essay on the Natural Philosophy of Modern Biology", NY Knopf, 1971.

[40] James Watson, "Double Helix", A Norton Critical Edition, edited by Gunther S. Stent, Norton, 1980. [This edition is particularly interesting, because it contains, along with the original book, also several brilliant reviews of it, along with interesting discussion.]

[41] Freeman Dyson, "Origins of Life", Cambridge University Press, 1985.

[42] Steven Weinberg, "The First Three Minutes: a Modern View of the Origin of the Universe", NY, Basic Books, 1988.

[43] Francis Crick, " What Mad Pursuit: A Personal View of Scientific Discovery", Basic Books, NY, 1990.

[44] Manfred Eigen and Ruthild Winkler, "Laws of the Game: How the Principles of Nature Govern Chance", NY, Harper & Row, 1983;
Manfred Eigen and Ruthild Winkler-Oswatitsch, "Steps Towards Life: a Perspective on Evolution", Oxford-NY, Oxford University Press, 1992.

[45] Maxim D. Frank-Kamenetskii, "Unraveling DNA", NY, VCH, 1993.

[46] Chris McManus, "Right Hand, Left Hand: The Origins of Asymmetry in Brains, Bodies, Atoms and Cultures", Harvard University Press, 2002.

分形：

[47] Benoit Mandelbrot, "Fractals: Form, Chance and Dimension", S.F. Freeman, 1977; " The Fractal Geometry of Nature", S.F. Freeman, 1982.

[48] H. Eugene Stanley, "Fractals in Science", Springer, 1994.

[49] Dietrich Stauffer and H. Eugene Stanley, "From Newton to Mandelbrot: A Primer in Theoretical Physics," Springer, 1995.

[50] R. Albert and A.-L. Barabasi, "Statistical Mechanics of Complex Networks", Review of Modern Physics v. 74, pp. 47–97, 2002.

纳米孔测序：

[51] D. Branton, D.W. Deamer, A. Marziali, H. Bayley, S.A. Benner, T. Butler, M. Di Ventra, S. Garaj, A. Hibbs, X. Huang, S.B. Jovanovich, P.S. Krstic, S. Lindsay, X.S. Ling, C.H. Mastrangelo, A. Meller, J.S. Oliver, Y.V. Pershin, J.M. Ramsey, R. Riehn, G.V. Soni, V. Tabard-Cossa, M. Wanunu, M. Wiggin and J.A. Schloss, "The Potential and Challenges of Nanopore Sequencing", Nature Biotechnology, v. 26, pp. 1146–1153, 2008.

光镊：

[52] S. P. Smith, S.R. Bhalotra, A.L. Brody, B.L. Brown, E.K. Boyda and M. Prentiss, "Inexpensive Optical Tweezers for Undergraduate Laboratories", American Journal of Physics, v. 67, pp. 26–35, 1998.

历史类书：

[53] Mitchell Wilson, "American Science and Invention: a Pictorial History", Simon and Schuster, New York, 1954.

[54] William Irvine, "Apes, Angels, and Victorians: Darwin, Huxley, and Evolution", Meridian Books, Cleveland and New York, 1967.

[55] George L. Trigg, "Crucial Experiments in Modern Physics", NY Van Nostrand Reinhold Co, 1971;

　　　"Landmark Experiments in Twentieth Centrury", NY, Crane Russak, 1975.

[56] Herbert Morawetz, "Polymers: The Origins and Growth of a Science", John Wiley & Sons, 1995.

[57] Dietrich Stauffer and Amnon Aharony, "Introduction to Percolation theory"', CRC Press, 1994.

索　引

膨胀率, 193
膨胀系数, 128
片层, 39, 48
片段平均浓度, 80
平方根定律, 76
平方根法则, 255
平衡溶胀度, 196
平衡态, 129
平滑曲线, 73
平行, 30
瓶颈, 32
普朗克常数, 259
普里昂蛋白, 169
普通玻璃, 27

QWERTY, 267
起伏长度, 113
气体压强, 126
潜热, 162
嵌段共聚物, 13, 37, 39
羟基, 20
亲水的, 46
亲缘度, 251
氢键, 45, 119
氢键的结合能, 45
清漆, 24
球形胶束, 39
球状蛋白, 157
驱动蛋白, 68
全同立构, 27
全原子模拟, 176
确定性分形, 239

RNA, 54, 263

染料, 24
热固性塑料, 28
热机, 69, 259
热力学第二定律, 259
热力学理论, 258
热力学演化, 72
热碰撞, 7
热软化塑料, 28
热振动的振幅, 97
人工细胞, 49
人造纤维, 30
人造序列, 167
人择原理, 258
溶胀, 147
溶胀系数, 139, 143, 200
熔球, 171
熔融曲线, 63
绒毛, 30
柔韧, 147
柔顺度, 216
柔性, 6, 78, 79
柔性高聚物链, 6
蠕虫状高聚物链, 80
蠕虫状链, 9
蠕虫状链的弯曲能, 113
蠕虫状链模型, 110, 112
蠕虫状柔性, 9
乳液聚合, 48

三醋酯纤维, 30
三级结构, 64
三体碰撞, 124
三维线团, 6

译 后 记

好几年以前，我耗费大量时间和精力，翻译了《蛋白质物理学》俄文第三版并交由科学出版社于2013年出版(本书的参考书目[19])。后来，该书的作者A.V.芬克尔施泰因（Alexei V. Finkelstein，俄罗斯科学院院士）询问我，是否有兴趣翻译他的朋友A.Y. 格罗斯贝格和A. R. 霍赫洛夫关于高分子聚合物的著作《无处不在的巨分子》(原名直译为《巨大的分子：这里，那里，到处都有》)。最初我很犹豫，因为我并非专门从事高分子聚合物的研究人员，担心翻译中出错；而且翻译科学著作很费时间和精力，回报却极其有限。但是另一方面，我回想起英国剑桥大学的C. 乔西亚(Cyrus Chothia)教授在《蛋白质物理学》一书的序言中说到，研究蛋白质的俄罗斯学者受到**高分子聚合物物理学的俄罗斯学派**的强烈影响，研究方法有其特色。因此也许把这本关于高分子聚合物的著作翻译出版有助于我国的研究人员了解俄罗斯学派的研究方法。我经过斟酌之后才决定翻译本书。

本书以原书英文第2版（2011年出版）为基础进行翻译，翻译过程中与作者之一A.Y. 格罗斯贝格多次交流，他不仅提供了即将出版的英文第3版的内容，而且还专门针对中国读者而撰写了相关章节。

在翻译过程中，最大的感受是作者能够深入浅出，从高分子聚合物的知识宝库中萃取精华并用通俗易懂的语言表述出来，虽然文字浅显，但学术思想却精准而深奥，其旁征博引的丰富信息和精彩纷呈的学术思想也能给读者很多启迪，衷心希望读者能喜爱本书。

书中有几个专有名词的翻译需要在此专门提及说明。（1）"polymer"一词的完整译名为"高分子聚合物"，通常简单地说成"高分子"，本书中译为"高聚物"；（2）"globule"一词通常译为"球体"或"球态"，在本书中译为"微球"；（3）"loop"一词译为"环线"。

虽然已作了最大努力，但是由于译者水平有限，不当之处在所难免，敬请广大读者批评指正。读者若有任何批评和建议，都可以发送给如下电子邮箱：anbangli@sina.com.cn 或anbangli@foxmail.com。本书的相关补充材料和重要的读者意见都将列于如下网址：http://blog.sina.com.cn/anbangli 。

李安邦

2019年10月